页岩气吸附、扩散、渗流与储层伤害

王　瑞◎著

中国石化出版社

内 容 提 要

本书介绍了页岩气的开发概况和储层特征，讨论了页岩气吸附、解吸、扩散、渗流和页岩气储层伤害评价实验存在的难点和改进方法；分析了页岩及其有机质和黏土矿物的等温吸附、孔隙体积分布测试和气体解吸扩散实验结果，以此阐述了页岩组成、孔隙性质和温压条件及样品含水率和粒径对页岩中气体吸附、解吸和扩散过程的影响规律；通过计算扩散系数和视渗透率，分析了气体在页岩中解吸、扩散和渗流耦合过程机理；在渗流机理分析的基础上，论述了页岩气储层伤害潜在因素、伤害机理与模拟方法，并以具体区块为例分析了页岩气储层敏感性、水锁和工作液伤害的评价结果。

本书可为从事页岩气资源评价、渗流机理及实验测试、产能模拟和储层保护方面的研究人员和工程技术人员提供指导与参考，也可作为石油院校相关专业非常规油气开发方向的参考书。

图书在版编目（CIP）数据

页岩气吸附、扩散、渗流与储层伤害 / 王瑞著.
—北京：中国石化出版社，2021.3
ISBN 978-7-5114-6114-8

Ⅰ.①页… Ⅱ.①王… Ⅲ.①油页岩资源-研究
②页岩-储集层-研究 Ⅳ.①TE155 ②P618.130.2

中国版本图书馆 CIP 数据核字（2021）第 042841 号

中国石化出版社出版发行

地址：北京市东城区安定门外大街 58 号
邮编：100011 电话：(010)57512500
发行部电话：(010)57512575
http://www.sinopec-press.com
E-mail：press@sinopec.com
北京科信印刷有限公司印刷
全国各地新华书店经销
*
787×1092 毫米 16 开本 10.25 印张 239 千字
2022 年 1 月第 1 版 2022 年 1 月第 1 次印刷
定价：72.00 元

前　言

页岩气是近年来世界非常规天然气开发的热点。为保障我国能源供给安全，满足天然气消费需求，2005 年我国开始了规模性的页岩气地质评价与勘探开发先导试验。经过近十年一系列的开采实践，我国页岩气开发取得了长足的进展和丰硕的成果，页岩油气革命已经影响到国家能源战略。邹才能院士在 2020 年提出立足“页岩油气革命”，加快“新能源革命”，开启中国“能源独立”之路，是中国未来能源发展的战略选择。2020 年全国实现页岩气产量 $200\times10^8m^3$，其中中国石油在蜀南的长宁、威远和昭通等区块实现页岩气产量 $116\times10^8m^3$，中国石化在涪陵、威荣页岩气田实现页岩气产量 $84\times10^8m^3$。随着页岩气开发的持续快速推进，初步预计到 2025 年我国页岩气产量将达到 $300\times10^8m^3$，到 2030 年将达到 $(350\sim400)\times10^8m^3$。

页岩气与常规天然气相比，在渗流方面存在特殊性：页岩储层中孔隙尺寸已经到了纳米级，与甲烷分子直径接近，这对渗流机理来说会产生两方面的影响：一是在孔径接近内含气体分子直径的微孔中，相对的两个孔壁对气体的吸附作用势场将发生重叠，使气体分子的吸附能很大，造成仅在低压时吸附量就已很大。二是通过对 Knudsen（克努森）数计算，气体在页岩储层中的流动已到了滑脱流区和过渡流区，需要考虑滑脱和扩散效应，即因为页岩纳米级孔隙的存在，需要考虑吸附与解吸附、扩散和渗流三种机理，此外，开采中的页岩气体系，储渗空间是从纳米级基质孔隙到微米级自然裂缝再到毫米级的人工裂缝最后至井筒，有着多尺度效应。

正因为页岩气有着上述特殊渗流规律，所以其对应的储层伤害机理与常规天然气也不同，如页岩的敏感性矿物、物性及孔隙结构、润湿性和含水饱和度等特征都特殊；除黏土矿物含量相对较高外，最关键的是其储层中孔隙直径低至纳米级，毛细管力高、渗透率极低，这就造成其对各类伤害可能特别敏感；同时，因为储层过于致密，使得经过特殊水力压裂后压裂液与储层的接触规模很大，且页岩气产出过程涉及气体吸附与解吸、扩散和滑脱，不能再以单一的渗透率伤害对其进行评价；此一系列问题在面对深层、高压、超高压页岩气层系时将更为突出。

所以，研究页岩气开采体系中的气体在多尺度储渗空间里的解吸、扩散和渗流耦合过程，以及对应的储层伤害机理和规律，对页岩气的科学开发有着重要意义。

笔者从 2011 年作为主要研究人员参与申请和研究国家自然科学基金项目“页岩及其

矿物和有机质成分对多组分气体的吸附与解吸附机理研究”至今，一直从事页岩气渗流机理方面的研究工作，对页岩气吸附、扩散和渗流实验装置与方法、理论规律开展了较系统的分析，发表了一系列相关成果，但也遇到过如等温吸附实验的误差控制困难和吸附实验耗时、费力等难题。期间主持和参与了延长石油、中国石化和中国石油的页岩气钻井液配伍性、页岩气吸附-解吸特征、水平井返排优化等项目的研究，收集了相关的资料和数据，也通过交流获得了新认识。这样持续积累经验，反复思考，逐渐认识到：页岩气渗流的研究方法和理论规律有着鲜明的特殊性，并且它与其储层伤害和保护研究关系密切。加之后来从事“油气储层保护技术”课程教学工作，越发觉得将页岩气渗流最新理论成果应用于它的储层伤害机理和储层保护技术研究是非常有意义的。因此，笔者在博士学位论文的基础上，总结并增添了后续研究成果，借鉴最新的相关文献，经过系统地补充和提高，形成了本书——《页岩气吸附、扩散、渗流与储层伤害》。

本书首先介绍了页岩气的开发概况和储层特征，接着讨论了页岩气吸附、解吸、扩散、渗流和页岩气储层伤害评价实验存在的难点和改进方法，再详细分析了页岩及其有机质和黏土矿物的等温吸附、孔隙体积分布测试和气体解吸扩散实验结果，以此阐述了页岩组成、孔隙性质和温压条件及样品含水率和粒径对页岩中气体吸附、解吸和扩散过程的影响规律，并通过计算扩散系数和视渗透率，分析了气体在页岩中解吸、扩散和渗流耦合过程机理，最后在渗流机理分析的基础上论述了页岩气储层伤害潜在因素、伤害机理与模拟方法，并以具体区块为例分析了页岩气储层敏感性、水锁和工作液伤害的评价结果。希望本书的出版能为从事页岩气研究的科技工作者提供有益的指导与参考，共同推动页岩气渗流和储层保护相关实验测试技术和理论体系的发展。

感谢陕西省自然科学基础研究计划(编号：2018JQ5148)、陕西省教育厅自然科学研究项目(编号：18JK0612)，西安石油大学青年科研创新团队(编号：2019QNKYCXTD04)，国家自然科学基金(编号：51374172)给予的资助。感谢西安石油大学张宁生教授和吴新民教授在本书相关内容研究过程中给予的指导和帮助。感谢延长石油(集团)公司研究院及延安分院、中国石化石油勘探开发研究院天然气所、川庆钻探长庆井下技术公司研发中心的科研人员在进行相关项目合作中给予的支持。本书部分相关的研究工作还有数位研究生和本科生的参与，这里一并表示感谢！

由于笔者能力有限，加之页岩气渗流和储层伤害机理涉及理论较多、范围较广，书中难免有不足或片面之处，敬请读者批评指正。

目　录

第1章　页岩气开发概况

1.1　页岩气的概念及地质与开发特征

1.1.1　非常规天然气的概念

页岩气是非常规天然气的一种。“非常规天然气藏”(实际上非常规油气藏中的“藏”，已不是传统意义圈闭形成的藏，也可称之为“场”，即非常规油气场)这一概念的发展，早期主要是从经济角度分析，将其认为是现有技术条件下不可经济开采的天然气聚集。20世纪80年代，美国政府为决定给某些产气井课税扣除的问题定义了致密气藏，认为其为气体流通的储层渗透率值应小于$0.1\times10^{-3}\mu m^2$的气藏，实际从地质角度，是指一般不受浮力驱动聚集的气藏，缺少底水，它们在区域上呈连续弥散的聚集，常常与构造和地层圈闭无关的气藏。后来，为了更多地从地质上对常规油气和非常规油气加以区别，美国地质调查局(USGS)在1995年美国油气资源评价中，提出连续油气藏(Continuous Accumulation)的概念，认为连续型油气藏是低孔渗储集体系中，明显不受水力驱动、无边底水、大面积分布的单一油气聚集。2006年美国地质调查局再次提出，深层气(Deep Gas)、页岩气(Shale Gas)、致密砂岩气(Tight Gas Sands)、煤层气(Coal-bed Methane)、浅层砂岩生物气(Shallow Microbial Gas Sands)、天然气水合物(Natural Gas Tydrate)为六种非常规天然气(Unconventional Gas)，并统称连续气(Continuous Gas)。

1.1.2　页岩气的概念

据美国页岩气研究领域的著名学者John B. Curtis在2002年的表述，页岩气在本质上就是连续生成的生物化学成因气、热成因气或两者的混合，它具有普遍的地层饱含气性、隐蔽的聚集机理、多种类型的岩性封闭以及相对很短的运移距离，可以在天然裂缝和孔隙中以游离方式存在、在干酪根和黏土颗粒表面上以吸附状态存在，甚至在干酪根和沥青质中以溶解状态存在。

国内学者张金川在2006年认为，页岩气是主要以吸附和游离状态同时赋存于暗色泥页岩、粉砂质泥岩、泥质粉砂岩、粉砂岩甚至细砂岩地层中的天然气。

1.1.3　页岩气的地质与开发特征

页岩气从成因、赋存相态、成藏机理、分布具有地质影响因素以及与其他类型气藏分布关系等方面都有多样性的特点。“多样性”意指页岩气与常规天然气、煤层气、致密砂岩气等资源的开发地质特征有交叉和渐变。非常规和常规天然气的地质特点见表1-1。

表 1-1 非常规、常规天然气地质特点(张金川，2008，有修改)

特 点	煤层气	页岩气	根缘气/深盆气（致密砂岩气属于此类）	常规储层气
界定	主要以吸附状态聚集于煤系地层中的天然气	主要以吸附和游离状态聚集于泥/页岩体系中的天然气	不受或部分不受浮力作用控制、游离相聚集于致密储层中的天然气	浮力作用影响下，聚集于储层顶部的天然气
储集介质	煤层及其中的碎屑岩夹层	页/泥岩及其间的砂岩质夹层	致密储层及其间的泥质、煤质夹层	孔隙性砂岩、裂缝性碳酸盐岩等
赋存	85%以上为吸附，其余为游离和水溶	20%～85%为吸附，其余为游离和水溶	吸附气量小于20%、砂岩底部含气、气水倒置	各种圈闭顶部高点，不考虑吸附
成藏动力	分子间吸附作用力等	分子间作用力、生气膨胀力、毛细管力等	生气膨胀力、毛细管力、静水压力、水动力等	浮力、毛细管力、水动力等
成藏机理	吸附平衡	吸附平衡、游离平衡	生气膨胀力与阻力平衡	浮力与毛细管力平衡
运聚	初次运移成藏	初次运移为主成藏	初次-二次运移成藏	二次运移成藏
成藏条件	自生自储	自生自储	致密储层与烃源岩大面积直接接触	运移路径上的圈闭
主控地质因素	煤阶、成分、埋深等	成分、成熟度、裂缝等	气源、储层、源储关系等	圈闭形成和天然气开始运移之后

页岩气既不同于常规天然气，也有别于致密岩性气、煤层气等非常规天然气，董大忠(2011)总结的页岩气的地质与开发特征要点如下：

(1) 页岩气可形成于有机质沉积、演化的各个阶段，包括生物气、干酪根热降解气和原油热裂解气。

(2) 页岩气大面积连续分布，资源规模大。

(3) 页岩气储层致密，以纳米级孔隙为主。

(4) 页岩气在成藏、开采机理上与其他类型天然气有明显的不同。

(5) 单井产量低，生产周期长，采收率变化较大。

1.2 中国页岩气勘探开发概况

1.2.1 中国页岩气勘探开发历程

页岩气是近年来世界非常规天然气开发的热点。美国页岩气由南部地区的巴内特，到海恩斯维尔，再到东部地区的马塞勒斯，10年连续获得重大突破，2012年页岩气产量达$2710\times10^8m^3$，约占美国天然气总产量的40%，使当年美国天然气对外依存度降至6%，美国页岩发展历程如图1-1所示。

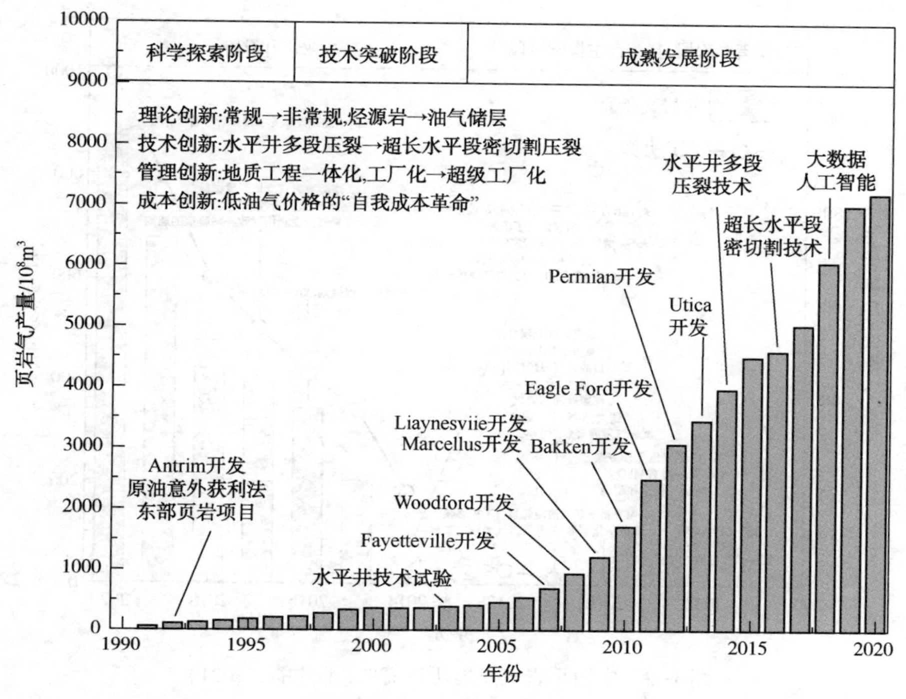

图 1-1 美国页岩气发展简图(邹才能，2021)

为保障我国能源供给安全，扩大天然气消费量，2005 年以来，随着能源需求的急剧增加和北美页岩气成功开发利用，我国开始了规模性的页岩气前期地质评价与勘探开发先导试验。2010 年我国在四川盆地南部率先实现页岩气突破，威 201 等多口井在下寒武统筇竹寺组和下志留统龙马溪组海相页岩地层获得工业气流。同年延长石油位于甘泉县下寺湾地区的柳评 177 井压裂试气并成功点火，成为我国陆相页岩气第一口产气井。2012 年，我国政府制定了《中国页岩气“十二五”发展规划》，目标是 2015 年页岩气产量达到 $65\times10^8m^3$，2020 年力争实现页岩气产量$(600\sim800)\times10^8m^3$。2014 年，在四川盆地南部海相页岩中多口井获工业气流，工业化试验区建设取得重大进展，海相页岩气基本实现规模化生产。2018 年，在四川盆地及其周边先后发现并落实了涪陵、长宁-威远、昭通等页岩气田，累计探明地质储量 $10450\times10^9m^3$，页岩气产量达 $110\times10^9m^3$，比上年增长 20%。2020 年，全国实现页岩气产量 $200\times10^8m^3$，其中中国石油在蜀南的长宁、威远和昭通等区块实现页岩气产量 $116\times10^8m^3$，中国石化在涪陵、威荣页岩气田实现页岩气产量 $84\times10^8m^3$。随着页岩气开发的持续快速推进，初步预计到 2025 年我国页岩气产量将达到 $300\times10^8m^3$，到 2030 年将达到$(350\sim400)\times10^8m^3$。我国的页岩气发展历程如图 1-2 所示。经过近年一系列的开采实践，我国页岩气开发取得了长足进展和丰硕成果，页岩气已成为我国天然气产量增长的重要力量，其中海相深层页岩气会是未来产量增长的主力(邹才能，2021；张金川，2021)。页岩油气革命已经深深影响到国家能源战略，邹才能院士在 2020 年提出立足“页岩油气革命”，加快“新能源革命”，开启中国“能源独立”之路，将会是中国未来能源发展的战略选择(邹才能，2020)。

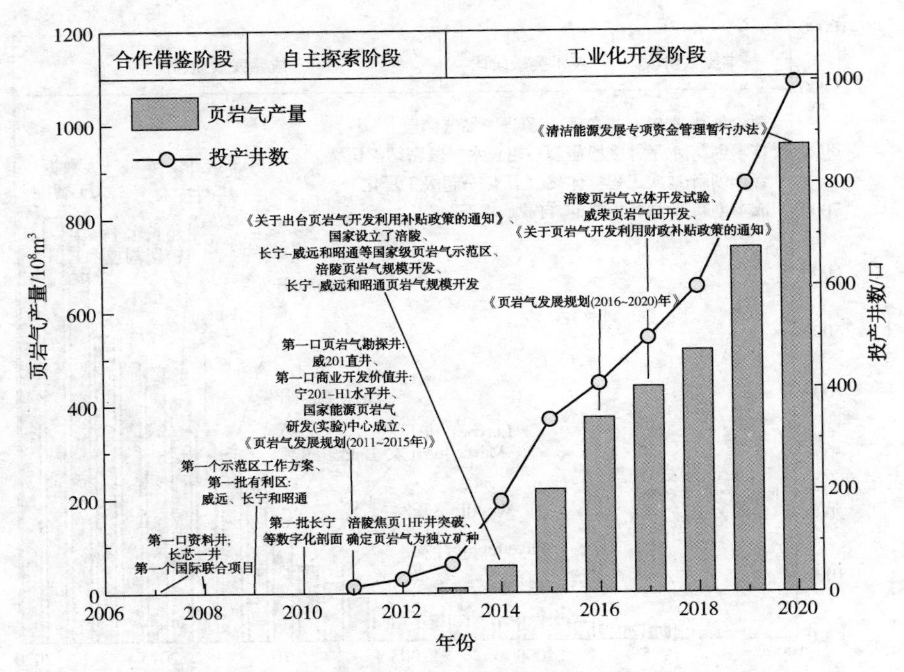

图 1-2 中国页岩气发展历程简图(邹才能，2021)

1.2.2 中国页岩气资源分布和资源量

张金川(2008)提出“页岩气在中国的分布具有普遍性意义”。据董大忠(2011)，中国陆上四川盆地、鄂尔多斯盆地、塔里木盆地和松辽盆地等部分沉积盆地泥页岩中有气(油)显示分布。

对中国页岩气资源量的多少有多家机构的多项结果，差别较大，如美国能源情报署在2011年报道：“中国有页岩气技术可采储量为$36.08\times10^{12}m^3$，居世界第一。”但世界能源理事会2010年《能源资源调查：聚焦页岩气》报告，中国页岩气资源量不太多(该机构2001年和2010年公布的研究数据差别巨大)，美国和苏联地区占全球页岩气资源量的60%，中亚和中国只约占2%，见表1-2。

表1-2 世界能源理事会2001年和2010年发表的世界页岩气资源量数据

地　区	页岩气资源量/$10^{12}m^3$	
	2001年	2010年
北美洲	108.7	126.6
拉丁美洲	59.9	10.6
西欧	14.4	15.8
中欧和东欧	1.1	15.8
中东和北非	72.1	37.0
撒哈拉沙漠以南	7.8	28.8

续表

地　区	页岩气资源量/$10^{12}m^3$	
	2001 年	2010 年
苏联	17.7	153.0
中亚和中国	99.9	10.5
太平洋	65.4	21.1
合计	447.0	419.2

中国沉积岩面积约 $670\times10^4km^2$，其中海相沉积岩面积近 $300\times10^4km^2$。据类比法预测，中国陆上富有机质泥页岩有利勘探开发面积约 $(100\sim150)\times10^4km^2$，厚度 20~300m，有机碳含量(*TOC*)0.5%~25.71%，成熟度(R_o)0.8%~4.5%，页岩气资源潜力约为 $(86\sim166)\times10^{12}m^3$，董大忠(2011)对中国各地区页岩气资源量预测见表 1-3，但同时他也提到此结果仍需进一步评价和证实。也有学者指出关注页岩气资源量的多少实质上意义不大，而可采储量才是关键。

表 1-3　中国各地区页岩气资源量预测

地区或盆地	面积/10^4km^3	厚度/m	有机碳含量/%	成熟度/%	资源量/$10^{12}m^3$	气显示情况
扬子地区	30~50	200~300	1.0~23.94	2.0~4.0	33~76	气显示与工业气
华北地区	20~25	50~180	1.0~7.0	1.5~2.5	22~38	气显示
塔里木盆地	13~15	50~100	2.0~3.0	0.9~2.4	14~22.8	气显示
松辽盆地	7~10	180~200	0.5~4.57	0.9~2.0	5.9~10.5	油气显示
渤海湾盆地	5~7	30~50	1.5~5.0	1.0~2.6	4.3~7.4	油气显示
鄂尔多斯盆地	4~5	20~50	2.0~22.21	0.8~1.3	3.4~5.3	气显示
准噶尔盆地	3~5	150~250	0.47~18.47	1.2~2.3	2.6~5.3	气显示与低产气
吐哈盆地	0.8~1.0	150~200	1.58~25.73	0.8~2.0	0.7~1.1	气显示与低产气

据最新数据，用《石油天然气控制储量计算方法》(Q/SY 179—2006)估算，我国埋深 3500m 以浅的中浅层海相页岩气可采储量为 $5900\times10^8m^3$，已建年产能 $200\times10^8m^3$；估算埋深为 3500~4500m 的海相页岩气可采储量为 $9000\times10^8m^3$，可建年产能 $300\times10^8m^3$(邹才能，2021)，其中规模性的深层页岩气资源量主要分布在四川盆地及其周缘地区，其次是鄂尔多斯、塔里木、准噶尔等大中型盆地(张金川，2021)。

1.3　页岩气的赋存形态和产出过程

1.3.1　页岩气的赋存形态

据美国页岩气研究领域著名学者 John B. Curtis 对页岩气的定义，页岩气的赋存形式一般认为有游离、吸附和溶解三种形态。

目前，学术界对游离、吸附气两种形态研究较多，对溶解气则较少关注。溶解气除溶解于页岩残余油中，还有固溶态(Solid Solution)甲烷的观点。文献中提到，乌克兰科学院Alexeev等(2004)用核磁共振氢谱和X射线衍射技术，发现甲烷能以固态晶体形式存在于煤基质中，而不仅仅是吸附态。基于此认识，可认为固溶态甲烷的存在使煤具有多级解吸动力学的特征，对其忽视可能导致煤层气资源评价的不准确。另外，还有学者探讨过煤层中天然气水合物存在的可能性。对于页岩有无可能存在这种结晶态的甲烷以及它与"固溶态"甲烷的异同还未知。页岩气井产量低但生产周期很长，达到三四十年，如果仅凭游离气和吸附气不太容易能供气如此长久，会不会在生产过程中还有一个生气的过程。"固溶态"甲烷和天然气水合物在储层中存在说法的提出似乎暗示页岩气的赋存研究还很不充分。

页岩储层游离气是常规气藏中天然气的赋存状态，对于吸附气量的多少目前学术界则存有争议，有学者认为它是页岩气的主体赋存形式，也有学者认为，热成因页岩气中游离气量大大高于有机质吸附气量，只有生物成因的页岩气主体才为吸附气。还有学者认为页岩气中不存在吸附气。对于溶解气，一般都认为其量很少，具体固溶态甲烷的含量国内外鲜有研究报道。

影响页岩气赋存的因素有内部和外部两部分。内部因素主要包括页岩的有机地球化学参数、矿物组成以及物性参数。其中，游离气含量内部主控因素是页岩孔隙度和气体饱和度，吸附气含量内部主控因素是有机质数量和有机质成熟度和黏土矿物含量，溶解气含量的内部主控因素是页岩中残留油的数量。外部因素主要包括深度、温度、压力。实际上，温度和压力条件控制着三种赋存状态气体的量和相互间的转化。

页岩含气量是指每吨岩石中所含天然气折算到标况下的天然气总量，包括主要的游离气量和吸附气量。其实验测试除测井外，主要有解吸和等温吸附模拟的方法。

1.3.2 页岩气的产出过程

页岩气开采中，气体产出过程一般认为要经历三个阶段：①在钻井、完井降压的作用下，裂缝系统中的页岩气流向生产井筒，基质系统中的页岩气在基质表面进行解吸；②在浓度差的作用下，页岩气由基质系统向裂缝系统进行扩散；③在流动势的作用下，页岩气通过裂缝系统流向生产井筒。F. Javadpour(2007)还认为，在气体从干酪根(或黏土)表面的解吸完成后，这种不平衡状态还会驱动气体分子从干酪根主体到干酪根表面的扩散，然后才是气体跨过吸附界面到孔隙网络的扩散(图1-3)，但一般还都认为页岩气产出的起点为孔隙内壁上气体的解吸。此外，S. M. Kang(2011)在研究CO_2在页岩中的存贮中提到气体进入的并联模式，类似反向过程会不会出现在页岩气的产出过程中还未知。

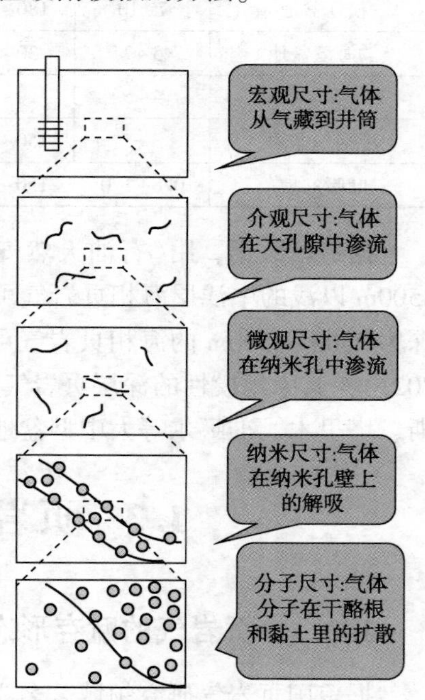

图1-3 不同尺寸的页岩储层中气体的析出和生产

1.3.3 页岩气的产出与储层伤害特殊性

页岩气与常规天然气相比，在渗流问题上存在两个特殊性：其一，页岩储层中孔隙的直径已经到了纳米级，与甲烷分子的直径(0.38nm)接近，这对渗流机理研究来说会产生两方面影响：①在孔径接近内含气体分子直径的微孔中，相对的两个孔壁对气体的吸附作用势场将发生重叠，使气体分子的吸附能很大，造成仅在低压时吸附量就很大；②通过对 Knudsen 数计算，气体在页岩储层中的流动已到了滑脱流区和滑脱与自由分子运动之间的过渡流区，需要考虑滑脱和扩散效应，即因为页岩纳米级孔隙的存在，需要考虑吸附与解吸附、扩散和渗流三种机理。其二，页岩气藏一般需经过特殊水力压裂后才能生产，如水平井多段压裂或体积压裂(水力压裂过程中，使天然裂缝不断扩张和脆性岩石产生剪切滑移，形成天然裂缝与人工裂缝相互交错的裂缝网络，从而增加改造体积的技术，这使得对于开采中的页岩气体系，除了在特殊裂缝网络中的渗流问题外，气体储渗空间是从纳米级的基质孔隙到微米级的自然裂缝再到毫米级的人工裂缝最后至井筒，有着突出的多尺度效应，机理复杂。

正因为页岩气有着上述特殊的渗流规律，所以其对应的储层伤害机理与常规天然气也不同，如除黏土矿物含量相对较高外最关键的是其储层中孔隙的直径已经到了纳米级，毛细管力高、渗透率极低，这就造成其对各类伤害可能特别敏感；同时因为储层过于致密，使得页岩气藏经过特殊水力压裂措施后压裂液与储层的接触规模就很大，且页岩气产出过程涉及气体吸附与解吸附、扩散和滑脱渗效应，这些都需要予以考虑。目前，国内对页岩气的研究仍集中在资源评价选区和裂缝扩展机理以及提升压裂工艺方面，对页岩储层伤害和保护关注较少。

所以，研究的页岩气开采体系中的气体在多尺度储渗空间里的解吸、扩散和渗流耦合过程和对应的储层伤害机理、影响因素和规律对页岩气的科学开发有着重要意义。

第2章 页岩气储层特征

2.1 页　　岩

页岩是黏土岩的一种。黏土岩是指以黏土矿物为主，且岩石组分中粒度小于0.005mm或小于0.0039mm(黏土矿物的粒径范围)的组分含量大于50%的沉积岩。页岩与泥岩在粒径上是相同的，区别仅在于页岩有页理。

页岩的成分包含矿物和有机质两部分。矿物成分以黏土矿物为主，其次为陆源碎屑物和非黏土矿物以及有机质。黏土矿物是一种含水的硅酸盐或铝硅酸盐矿物，可分为非晶质和结晶质两类。按晶体结构特征对黏土矿物分类为：简单层状的(高岭石、蒙脱石、伊利石、绿泥石)和混层状的等。非黏土矿物包括陆源碎屑矿物和化学沉淀的自生矿物，前者最主要是石英，后者有铁、锰、铝的氧化物和氢氧化物，含量小于5%。页岩中含有数量不等的有机物质，若剩余有机碳和氨基酸含量高、氨基酸总量与剩余有机碳比值低，则该黏土岩有机质丰度高，为良好的生油岩。与页岩有机质含量和品质相关的有机地球化学参数为：有机碳含量(*TOC*)、镜质体反射率(R_o)、干酪根类型(Ⅰ型、Ⅱ型)。

页岩可按结构、黏土矿物成分、混入物成分来分类。按成分可分为黑色页岩、碳质页岩、泥页岩、钙质页岩、硅质页岩、泥质页岩、黏土页岩、粉砂质页岩、油页岩。其中，对页岩气的开采有价值的是黑色页岩和碳质页岩，尤其是黑色页岩，它含较多的有机质与细分散状的硫化铁，有机质含量达3%~10%，外观与碳质页岩相似，区别在于黑色页岩不染手。

2.2 页岩气储层一般特征

2.2.1 储层矿物和地化特征

页岩储层为强非均质，其组成主要包括：有机质、无机黏土矿物、石英、碳酸盐、方解石和黄铁矿等。页岩气储层中有机质的含量(*TOC*)通常为1.0%~30.0%(质量分数)。美国页岩气藏的*TOC*含量一般在1.5%~25%，中国页岩气藏的*TOC*含量在0.2%~30%，分布范围较广。黏土矿物在页岩中的含量一般较有机质大。它们主要包括蒙脱土、伊利石、高岭土等。这些黏土颗粒细小，且有着相似的硅铝酸盐结晶层。

有机质含量及成熟度和岩样矿物含量的测定所用仪器分别为CS230碳硫分析仪和显微光度计以及X射线衍射仪，方法有行业标准《沉积岩中有机碳的测定》(SY/T 5116—2003)、《沉积岩中镜质体反射率测定方法》(SY/T 5124—2012)和《沉积岩中黏土矿物和常见非黏土矿物X射线衍射分析方法》(SY/T 5163—2010)。

2.2.2　储层孔隙性质和物性

1. 页岩孔隙类型和尺寸

生产的页岩气藏系统由四类多孔介质组成，无机质、有机质、自然裂缝、人工裂缝。邹才能(2011)提出的油气储层孔隙类型与特征对比见表2-1。

表2-1　油气储层孔隙类型与特征对比表(邹才能，2011)

类　型	毫米级孔隙	微米级孔隙	纳米级孔隙
孔喉半径大小	>1mm	1μm~1mm	<1μm
孔隙类型	原生、次生孔隙	原生、次生孔隙	原生孔隙为主
孔隙中流体运移规律	服从达西定律	基本服从达西定律	非达西定律
孔隙分布位置	粒间、粒内	粒内为主	晶间、粒内、有机质内
孔隙中油气赋存状态	游离油气	游离油气为主，吸附油气为辅	可能以游离油气与吸附油气为主
孔喉连通性	孔喉连通好	连通较好	连通或孤立
孔隙形状	规则、条带状	不规则形	椭圆形、三角形、不规则形
比表面积	小		大，可达200m^2/g
孔隙度/%	12~30		3~12
覆压基质渗透率/$10^{-3}\mu m^2$	>0.1		≤0.1
毛细管压力	无	低	较高
观测手段	肉眼、放大镜	显微镜、常规SEM	场发射扫描镜、纳米CT

页岩基质(无机质和有机质)孔隙从尺寸上又分为两类：微米孔和纳米孔。微米孔在硅质含量高的泥岩中经常见到，纳米最早报道于有机质和富含黏土的泥岩中。F. Javadpour(2009)用原子力显微镜(AFM，Atomic Force Microscopy)观察到的泥页岩中的纳米孔和纳米槽(图2-1)。C. H. Sondergeld观察了高放大倍数下的页岩样品SEM图像，发现孔隙直径达300~800nm。国内，邹才能(2010)利用场发射扫描电镜和Nano-CT在四川盆地志留系页岩气储层中首次发现了纳米孔，孔隙直径范围5~300nm，主体为80~200nm。页岩气储层中的纳米级孔隙的类型、分布、形态和尺寸如表2-2所示。纳米孔在页岩气储层中的分布量要高于在常规储层，其在页岩气系统中扮演着两个重要的角色：一是对于相同的孔隙体积，纳米孔的孔隙内表面积要大于微米孔，这为吸附气的附着提供了大量空间。二是纳米孔内气体的流动异于达西流。

表2-2　页岩气储层中的纳米级孔隙的类型、分布、形态和尺寸(邹才能，2011)

孔隙类型	在储层中的分布	形态与尺寸
有机质纳米孔	有机质内部或与黄铁矿颗粒吸附的有机质中	大小介于10~900nm之间，主要为150nm左右，孔隙呈规则凹坑近球状密集分布
颗粒内纳米孔	长石溶蚀、绿泥石等黏土矿物溶蚀形成	长石颗粒表面形成一系列60~150nm的纳米孔，形态为三角形或长条状；绿泥石等黏土矿物纳米孔为片状矿物之间的孔隙，孔径约100~500nm

续表

孔隙类型	在储层中的分布	形态与尺寸
微裂缝	有机质内部	缝宽约 300nm，延伸长度可达十几微米，裂缝呈明显的锯齿弯曲状

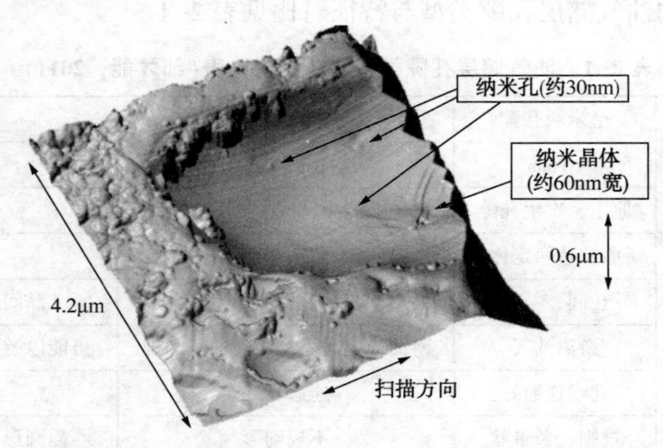

图 2-1 在泥岩中的纳米孔和纳米槽的 AFM 图像(Javadpour，2009)

除尺寸之外，从基质类型上看，有机质孔隙是页岩储层独有的孔隙类型，它是伴随油气生成而形成的，且数量随有机质热裂解过程的继续而增加。有机质孔隙既可吸附气体又可存贮气体，其孔隙尺寸范围为 5~1000nm。据美国 Barnett 页岩的数据，有机质中含有非常多的游离气，其孔隙度可 5 倍于矿物基质，最高可达到 25%。同时，有机质润湿性为油湿，利于单相气体的渗流，加之气体的滑脱效应，其渗透性也远高于矿物基质，Wang F P 称其为页岩储层中连接自然裂缝和人工裂缝的“高速公路”。

对页岩中的自然裂缝，丁文龙(2011)认为，页岩与其他岩石类型的储层相比，塑性相对较大的泥页岩储层在裂缝类型与成因、裂缝识别方法、裂缝参数估算、裂缝分布预测等方面既有共性也有其特殊性。依据成因将泥页岩储层裂缝划分出了构造裂缝和非构造裂缝两大类。构造裂缝主要为高角度剪切裂缝、张剪性裂缝和低角度滑脱裂缝等，属于韧性剪切破裂。非构造裂缝在泥页岩较其他岩性储层更发育，是由成岩、干裂、超压、风化、矿物相变、重结晶及压溶作用形成的收缩裂缝、缝合线、超压裂缝及风化裂缝等。页岩气藏一般需要经过特殊水力压裂后才能生产，对压裂后形成的人工裂缝，尺寸上可近似为毫米级。

2. 页岩储层孔隙结构

对于页岩储层的孔隙结构特征，F. Javadpour(2007)用超高压压汞法(415MPa)对三块页岩一块砂岩和泥岩样品做了压汞曲线。C. H. Sondergeld(2010)用高压压汞法获得了 Barnett 页岩的压汞曲线，发现美国 Barnett 页岩样品的孔隙喉道尺寸最低已达 1. 8nm，并且其孔隙喉道的分选性差。

3. 页岩储层物性

对于页岩储层的平均的孔隙度，有学者认为泥页岩的埋深一般大于 3000m，孔隙度一般小于 10%，超压带泥页岩孔隙度相对较高。对于孔隙度的测定，常规测试方法有氦孔法，

D. L. Luffel 等有测定建立泥页岩孔隙度的 GRI 法。但使用气测孔隙度的方法可能会受到页岩渗透性差的影响，造成测试结果偏低。对纳米级孔隙中渗透率的测定，F. Javadpour (2007)用压力脉冲法对来自美国 9 个气藏 150 块页岩样品的渗透率进行了测试，结果显示 90%的渗透率值小于 $150\times10^{-9}\mu m^2$。此外，页岩的密度为$(2.0\sim2.8)\times10^3 kg/m^3$，硬度一般为普氏硬度系数在 1.5~3，塑性指数范围为 5~23，页岩的弹性模量为 32GPa，较煤的高(25GPa)。

2.2.3　页岩储层温度和压力

页岩储层深度一般>2000m，储层温度和压力高于煤层的情况。统计文献中相关的页岩储层温压数据(表 2-3)，可见页岩储层压力一般<60MPa，储层温度一般<200℃。

表 2-3　文献中页岩储层温压数据

区　域	埋深/m	地温梯度/(℃/100m)	压力系数	计算得储层温压		出　处
				压力/MPa	温度/℃	
中国川西须家河组	1870~5000	3~4	五段：<1.1 三段：1.1~1.4 四段：1.1~1.4 二段：1.2~1.3 一段：>1.2	20.2~68.6	81~225	胡进科，2012
中国川东须家河组			1.0~1.2			
美国	200~2600	4~12	0.35~1.02	0.69~26.0	32~337	郑力会，2013；Sigal，2008
北美三大页岩产区	1219~4267	1.96~3.9			49~193	
美国 Barnett 页岩				6~60	76.9	

国内外典型页岩气田储层特征相关参数见表 2-4。

表 2-4　国内外典型页岩气田储层特征相关参数(邹才能，2021)

气田区块	美国 Marcellus	美国 Haynesville	蜀南/长宁	蜀南/威远	蜀南/太阳	涪陵
沉积盆地	Appalachian	Louisianasalt	四川	四川	四川	四川
地层时代	泥盆纪	侏罗纪	奥陶纪—志留纪	奥陶纪—志留纪	奥陶纪—志留纪	奥陶纪—志留纪
地层名称	Marcellus	Haynesville	五峰组—龙马溪组	五峰组—龙马溪组	五峰组—龙马溪组	五峰组—龙马溪组
深度/m	600~2500	3350~4270	1500~6000	2000~3700	500~2700	2000~4000
净厚度/m	18~83	61~107	60~80	30~60	30~50	40~80
沉积环境	陆表海	深水陆棚	深水陆棚	深水陆棚	深水陆棚	深水陆棚
TOC	4.4%~9.7%	0.5%~4.0%	1.9%~7.3%(4.0%)	1.0%~10.2%(2.8%)	2.5%~4.1%(3.0%)	1.5%~6.1%(3.5%)

续表

气田区块	美国 Marcellus	美国 Haynesville	蜀南/长宁	蜀南/威远	蜀南/太阳	涪陵
R_o	1.2%~2.6%	1.8%~2.5%	2.3%~2.8%	1.8%~2.4%	1.7%~3.1%	2.2%~3.1%
总孔隙度	9%~11%	8%~9%	3.4%~8.4% (5.5%)	1.7%~10.9% (5.6%)	4.0%~6.1% (5.6%)	3.7%~8.1% (5.8%)
基质渗透率/$10^{-6}\mu m^2$	0.10~0.70	0.05~0.80	0.22~1.90	0.01~7.10	0.01~44.4	0.01~5.70
含气量/(m^3/t)	1.70~2.83	2.83~9.34	3.10~7.80 (5.30)	2.30~7.50 (4.80)	2.20~3.30	1.30~6.30
游离气所占比例	40%~90%	80%	60%~80%	60%~80%	60%~80%	70%~80%
甲烷含量	80%~96%	>95%	96%~99%	97%~99%	98%~99%	96%~99%
脆性矿物含量	40%~70%	50%~70%	42%~95%	42%~96%	55%~70%	50%~80%
泊松比	0.15~0.35	0.20~0.30	0.16~0.33	0.12~0.26	0.12~0.20	0.11~0.29
压力系数	0.80~1.50	1.60~2.00	1.30~2.00	1.40~2.00	1.20~1.60	1.55
储量丰度/$10^8m^3\cdot km^{-2}$	8.00	13.00	8.30	7.40	3.72	0.00
2020年产量/10^8m^3	2375	941	56	39	4	67

2.3 页岩气储层特征实例分析

2.3.1 延安延长组页岩气储层特征

对鄂尔多斯盆地页岩气资源量与资源潜力的分析，据李建忠(2009)，盆地中生界三叠系延长组为优质的湖相暗色泥页岩烃源岩，主要分布于盆地的南部，有效烃源岩面积在$8\times10^4km^2$以上，厚度为300~600m，烃源岩体积为3×10^4~$4\times10^4km^3$。从延长组长10段到长1段有多套烃源岩，从有机质丰度、有机质类型、有机质成熟度和生油能力来看，长9段—长4+5段，尤其是长7段、长9段是中生界石油形成的重要烃源岩。徐士林(2009年)的研究也表明，鄂尔多斯盆地南部地区是三叠系延长组页岩气发育的有利区域，其中定边—华池—富县的“L”型区域是最有利发育区，向外围泥页岩气的潜力逐渐变小。周文(2011年)认为鄂尔多斯盆地富县区块中生界延长组“张家滩页岩”具备页岩气富集成藏的条件，指出该区块西南部和中部为下一步应关注的两个有利勘探目标。

这其中延安地区的延长组长7段储层岩性致密，裂缝、页理发育，为一套深湖相-半深湖相暗色泥岩，分布稳定，其厚度由几米到几十米，由厚层深灰、灰黑色泥页岩或炭质泥岩与灰绿色、深灰色泥质粉砂岩、粉砂质泥岩及粉、细砂岩的薄互层、韵律层组成。地化分析结果表明有机碳含量基本为1.76%~5.88%，平均含量3.24%，有机质干酪根类型以II_2型为主，据测定R_o为0.52%~1.13%，处于成熟阶段。

1. 储层矿物和地化特征

根据该区域的页岩气井——YY4、YY7、YY8、YY9井岩心的XRD矿物组分测试数据如表2-5、表2-6所示。

表 2-5 岩样 XRD 矿物组分析数据

取心位置	井深/m	矿物百分含量/%							
		黏土总量	石英	钾长石	斜长石	方解石	白云石	菱铁矿	黄铁矿
YY4 井	1373.85~1374.11	12.4	62.2	0.0	9.4	8.7	5.0	0.0	2.2
YY4 井	1373.85~1374.11	11.5	71.6	0.0	3.5	7.3	2.8	0.0	3.2
YY4 井	1373.85~1374.11	10.5	70.2	0.0	2.0	13.1	2.3	0.0	1.9
YY7 井	1149.98~1150.08	59.4	22.4	8.1	6.8	0.0	0.0	3.3	0.0
YY7 井	1144.25~1144.43	61.6	17.6	8.2	7.5	0.0	0.0	5.1	0.0
YY7 井	1144.25~1144.43	54.1	23.1	11.1	7.0	0.0	0.0	4.8	0.0
YY8 井	1144.25~1144.43	47.4	35.5	4.5	5.1	0.0	4.4	3.1	0.0
YY8 井	1445.83~1446.04	33.8	43.3	3.9	10.8	0.0	4.6	3.5	0.0
YY8 井	1445.83~1446.04	43.0	34.0	3.0	11.3	0.0	4.4	4.3	0.0
YY9 井	1519.72~1519.92	18.7	66.8	0.0	3.8	4.6	3.7	0.0	2.4
YY9 井	1519.72~1519.92	14.1	72.3	0.0	2.2	6.5	2.5	0.0	2.4
YY9 井	1519.72~1519.92	17.7	68.8	0.0	3.4	5.6	2.4	0.0	2.1
露头	—	43.6	26.0	6.8	23.7	0.0	0.0	0.0	0.0
露头	—	37.5	23.5	23.0	16.0	0.0	0.0	0.0	0.0
露头	—	49.4	19.9	5.6	25.1	0.0	0.0	0.0	0.0
平均		34.31	43.81	4.95	9.17	3.05	2.14	1.61	0.95

表 2-6 黏土矿物组分相对含量分析

取心位置	井深/m	黏土矿物相对含量/%					间层比/%
		伊利石(I)	蒙脱石(S)	伊/蒙(I/S)	高岭石(K)	绿泥石(C)	
YY4 井	1373.85~1374.11	84.4	0.0	1.3	6.3	7.9	5
YY4 井	1373.85~1374.11	87.8	0.0	0.2	4.9	7.1	5
YY4 井	1373.85~1374.11	76.9	0.0	11.5	5.2	6.5	10
YY7 井	1149.98~1150.08	59.4	0.0	9.1	18.9	12.6	10
YY7 井	1144.25~1144.43	62.4	0.0	2.8	19.7	15.1	5
YY7 井	1144.25~1144.43	50.7	0.0	6.3	23.4	19.5	5
YY8 井	1144.25~1144.43	68.5	0.0	12.0	10.2	9.3	10
YY8 井	1445.83~1446.04	66.7	0.0	10.5	12.4	10.3	10
YY8 井	1445.83~1446.04	59.0	0.0	18.7	13.0	9.3	15
YY9 井	1519.72~1519.92	75.6	0.0	14.2	4.2	6.0	10
YY9 井	1519.72~1519.92	77.2	0.0	14.9	2.9	4.9	10
YY9 井	1519.72~1519.92	78.5	0.0	13.0	3.2	5.3	10
露头	—	36.9	0.0	24.2	11.1	27.8	15
露头	—	49.9	0.0	18.2	7.4	24.5	
露头	—	62.4	0.0	11.1	7.6	18.9	
平均		62.53	0.00	13.26	10.46	13.72	

可见，延长组长7段页岩水敏性矿物含量较少，无蒙脱石，但有伊蒙混层。储层中存在部分高岭石，以及微晶石英、微晶长石。

2. 储层孔隙结构特征

由延长组长7段页岩储层28块岩心的孔隙度数据得到，孔隙度分布范围在0.43%～3.80%之间，孔隙度平均值为1.38%(图2-2)。由34块页岩岩样的渗透率数据得到，渗透率值为0.00034×10^{-3}～$7.6544\times10^{-3}\mu m^2$，主要分布于$0.05\times10^{-3}\mu m^2$以下，频率达52.94%(图2-3)。页岩储层为特低渗、特低孔储层。

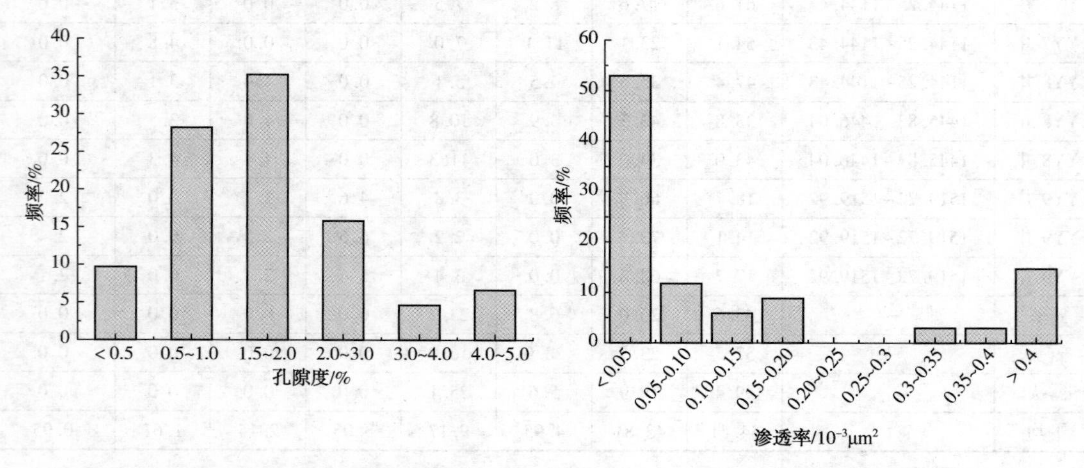

图2-2 延长组长7段页岩孔隙度分布图　　图2-3 延长组长7段页岩渗透率分布图

压泵法主要用来分析页岩中的大孔，岩石压汞曲线大多位于含汞饱和度与毛细管力半对数直角坐标系的右上方，说明孔喉分布偏细，分选中等偏差。所测得孔喉半径主要分布在0～100nm，大孔孔喉孔径均值为50～70nm(图2-4、图2-5)。

液氮吸附法测定的是页岩中孔和微孔孔径分布以及比表面积。孔径分布结果显示长7段页岩孔径分布相对集中，孔径在1～55nm，主峰在2～5nm之间，即页岩孔径已到达纳米级。长7段页岩的比表面积在$0.397\sim0.861m^2/g$，平均$1.931m^2/g$(图2-6、表2-7)。

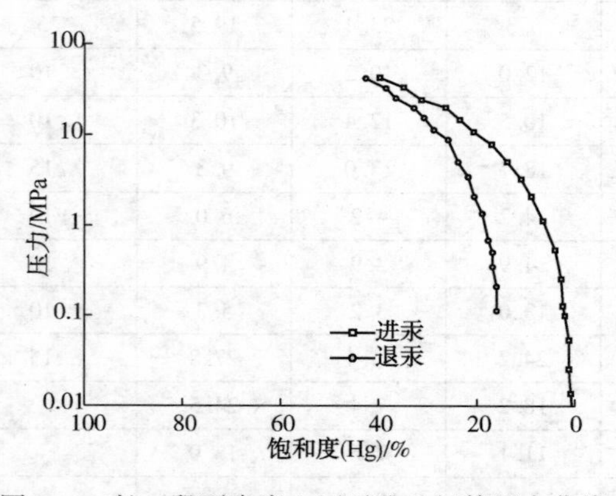

图2-4 长7段页岩岩心压汞法毛细管压力曲线

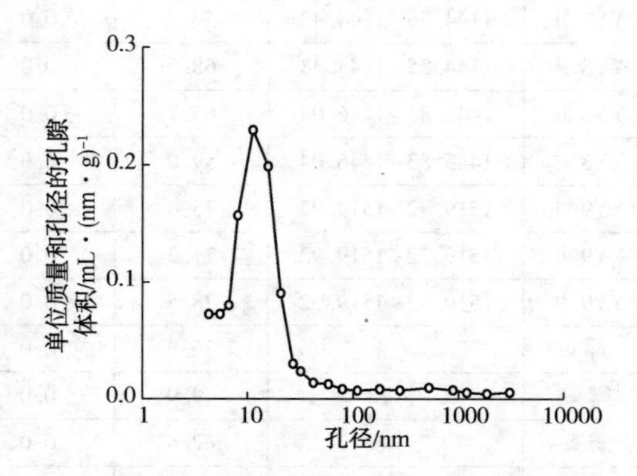

图2-5 长7段页岩孔径分布大小图(压汞法)

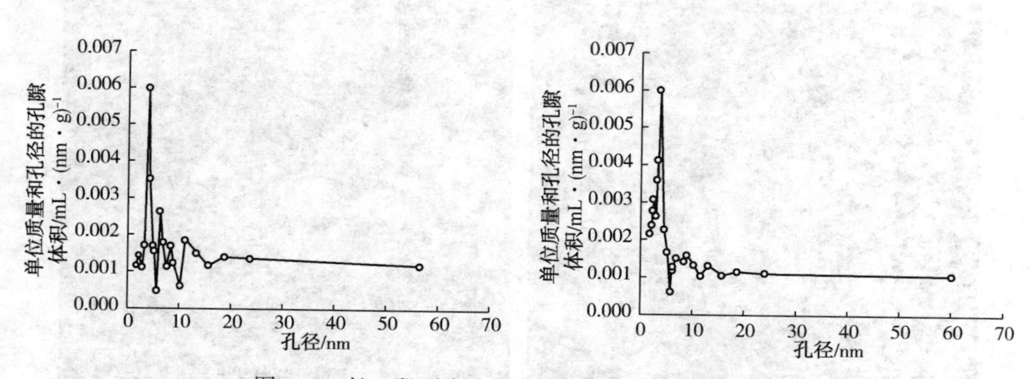

图 2-6 长 7 段页岩孔径分布大小图(液氮吸附法)

表 2-7 长 7 段页岩比表面积测试数据

编 号	比表面积/(m^2/g)	孔隙体积/(cm^3/g)	平均孔径/nm
1	2.728	0.0109	7.980
2	1.288	0.0042	6.576
3	1.494	0.0054	7.211
4	0.434	0.0011	4.980
5	1.411	0.0052	7.380
6	0.476	0.0014	5.774
7	0.485	0.0011	4.709
8	0.488	0.0014	5.582
9	2.275	0.0062	5.474
10	0.397	0.0010	5.056
11	0.702	0.0020	5.834
12	1.038	0.0023	4.494
13	8.610	0.0221	5.136
14	3.590	0.0140	7.815
15	3.554	0.0151	8.502
平均	1.93	0.0062	6.167

储层孔隙喉道半径非常小，达纳米级，细小孔喉会存在较大的毛细管压力，液相侵入储层后，附着在孔隙喉道壁面成不可流动态，形成水锁，降低储层渗透率，对储层造成一定的伤害。

从扫描电镜照片上看：来自不同取样点的页岩压实程度高、结构紧密，微裂缝发育，自然状态下微裂缝开度可达 5μm，并伴有孔洞，微裂缝的发育将破坏岩石的完整性，弱化原岩的力学性能(图 2-7)。

微裂缝

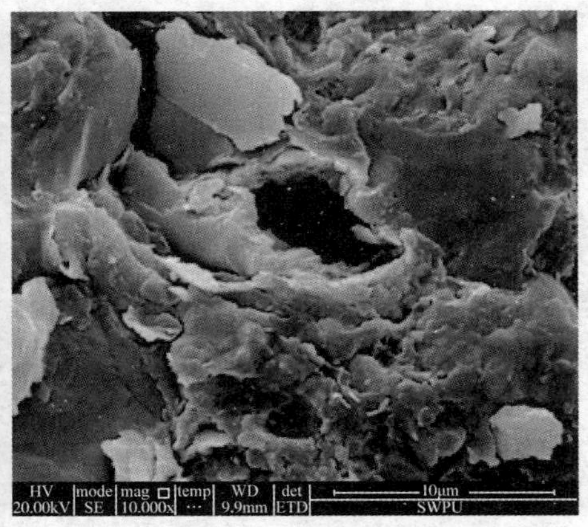

孔洞

图 2-7 长 7 段页岩扫描电镜照片

2.3.2 涪陵龙马溪组页岩气储层特征

四川盆地页岩气资源丰富，其中龙马溪组和筇竹寺组两套海相页岩气分布稳定，页岩气总资源量 $39.05\times10^{12}m^3$。中国石化页岩气地质资源量 $38.84\times10^{12}m^3$，可采资源量 $7.23\times10^{12}m^3$，其中四川盆地及周缘占 55%，可采资源量 $3.98\times10^{12}m^3$，勘探开发潜力大。涪陵页岩气田位于重庆市涪陵区，构造位置属于川东高陡褶皱带万县复式向斜，矿权面积 $7307.77km^2$，地质资源量 $7895\times10^8m^3$，具备规模开发的资源基础。“十二五”期间，涪陵页岩气田主要一期产建区开展产能建设工作，提交探明储量 $3805.98\times10^8m^3$。涪陵一期产能建设完钻平台 63 个，部署开发井 259 口，截至 2017 年 3 月底，涪陵页岩气田累计产气超过 $100\times10^8m^3$。

1. 储层矿物和地化特征

根据涪陵区块 41-5HF 页岩气井(层位为龙马溪组，深度 2576~2609m)的岩心分析数据，X 衍射测试得到的 5 块页岩样品的主要矿物为石英、伊利石和绿泥石，其中：伊利石含量为 22.9%~43.7%，平均 31.42%；绿泥石含量为 0.9%~3.3%，平均为 1.7%；斜长石、黄铁矿和白云石的平均含量都较低。测得 10 块页岩样品的 *TOC* 含量为 2.91%~4.89%，平均为 3.77%，*TOC* 含量较高。10 块页岩样品的镜质体反射率为 1.68%~2.26%，平均为 2.04%，为过成熟阶段。

2. 储层孔隙结构特征

由五峰组—龙马溪组一段 28 块页岩样品的统计结果表明：孔隙度为 1.17%~8.61%，平均值 4.87%，孔隙度大于 2%的样品占总样品的 99.10%。渗透率为 $(0.0011\sim335.2)\times10^{-3}\mu m^2$，垂直渗透率低，平均为 $0.0032\times10^{-3}\mu m^2$，水平渗透率高，平均为 $0.25\times10^{-3}\mu m^2$。

2.3.3 彭水龙马溪组页岩气储层特征

彭水地区位于四川盆地外的川东南褶皱区，包括桑柘坪、武隆、道真、湾地、大石坝等构造单元，总面积 $1.3\times10^4km^2$。该区龙马溪组与四川盆地同属深水陆棚相，具有相似的页岩气基本地质条件，优质页岩厚20~40m，*TOC*为2%~5%，R_o为2%~3%，埋深1500~3500m。彭页HF-1井测试日产气$2.52\times10^4m^3$，经过三年试采，目前日产气$(0.6\sim1.0)\times10^4m^3$。彭页HF-1井突破，明确渝东南志留系龙马溪组是页岩气勘探重点领域，促进了中国石化四川盆地及周缘页岩气勘探开发步伐。武隆向斜隆页1井钻获良好页岩气显示，优质页岩32m，*TOC*平均为4.36%；R_o平均为2.54%，脉冲孔隙度平均为4.95%，现场含气量测试为$1.18\sim3.55m^3/t$，平均为$2.38m^3/t$。

1. 储层矿物和地化特征

根据彭水区块LY1页岩气井（层位为龙马溪组，深度2809~2836m）的岩心分析数据，X衍射测试得到的5块页岩样品的主要矿物为石英、伊利石、斜长石，其中伊利石含量为10.2%~27.6%，平均为17.76%，无绿泥石；斜长石含量为5.2%~13.4%，平均为8.64%；黄铁矿和白云石的平均含量分别为4.66%和2.66%，都较低。测得10块页岩样品的*TOC*含量为3.90%~5.97%，平均为5.06%，*TOC*含量高。5块页岩样品的镜质体反射率为2.30%~2.42%，平均2.35%，为过成熟深部高温生气阶段。

2. 储层孔隙结构特征

由研究区两块页岩样品的氩离子抛光-扫描电镜照片（图2-8），发现结构致密，各类矿物定向分布，有机质多呈填隙状充填石英微晶间孔隙，见方解石颗粒发育溶蚀孔。

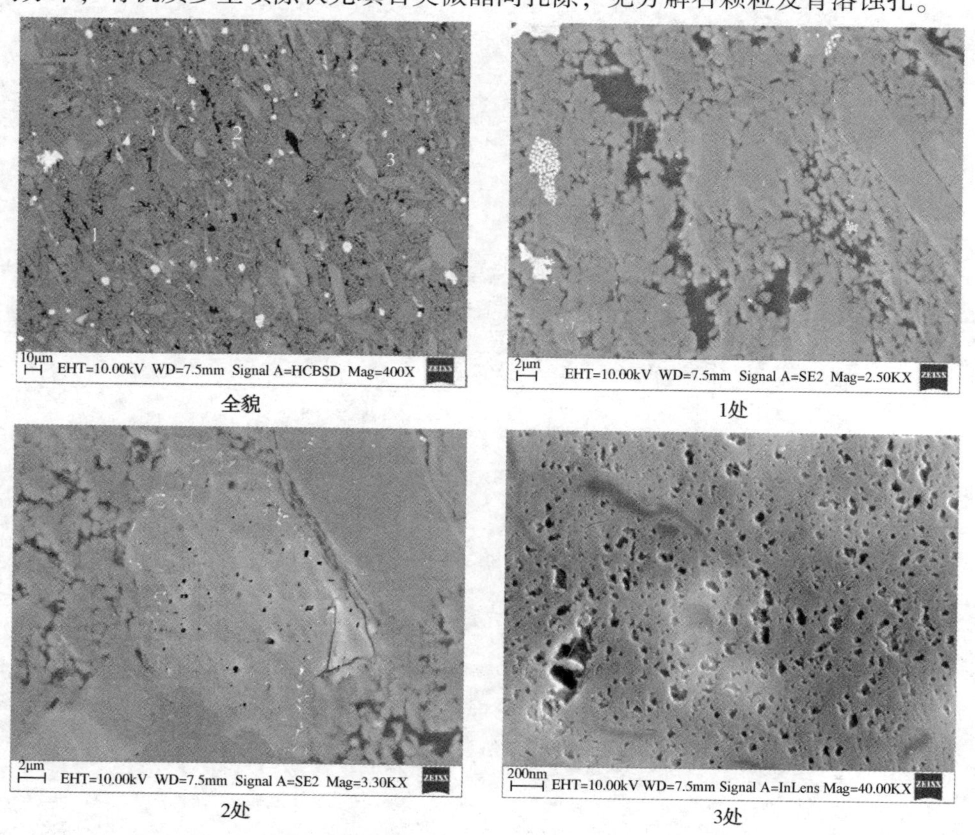

图2-8　岩样PK2的氩离子抛光-扫描电镜照片

液氮吸附测得的 5 块样品的孔隙结构数据如表 2-8 所示，可见比表面积平均为 20.3301m^2/g，中孔所占孔体积平均为 60.33%。微孔比表面积所占比表面积的比平均为 82.67%，孔径分布曲线呈多峰，峰值主要在 2~4nm、8~10nm、20~28nm、32~45nm 处。统计了五峰组—龙马溪组 15 块页岩样品的孔隙度为 1.17%~7.98%，平均 4.6%。渗透率为 $(0.0042\sim0.035)\times10^{-3}\mu m^2$，平均 $0.016\times10^{-3}\mu m^2$。

表 2-8 液氮吸附法测孔隙结构结果

样品	总比表面/(m^2/g)	平均孔径/nm	孔体积/(cm^3/g)				孔体积比例/%			微孔比表面积/(m^2/g)	微孔比表面所占总比表面比/%
			微孔	中孔	大孔	总孔	微孔	中孔	大孔		
PK2	22.7640	5.88	0.00455	0.01085	0.00156	0.01696	26.83	63.97	9.20	18.0268	79.19
PK4	19.1060	6.49	0.00364	0.00860	0.00233	0.01457	24.98	59.03	15.99	14.5951	76.18
PK5	20.7651	6.16	0.00401	0.00828	0.00219	0.01448	27.69	57.19	15.12	16.2444	78.23
PK6	20.7339	5.87	0.00422	0.00769	0.00150	0.01341	31.47	57.34	11.19	18.9278	91.29
PK7	18.2815	6.47	0.00350	0.00949	0.00181	0.01480	23.65	64.13	12.22	16.2380	88.82
平均	20.3301	6.17	0.00398	0.00894	0.00187	0.01484	26.92	60.33	12.74	16.8064	82.67

第3章 研究方法及其分析

3.1 研究方法概述

页岩气的吸附、解吸、扩散和渗流规律，和对应储层伤害机理研究有室内实验、数值模拟及分子动力学模拟和矿场测试等方法。

实验测试方面，John B Curtis(2002)提出的页岩气储层资源评价的五个关键参数是：成熟度(Thermal Maturity)、吸附气所占比例(Sorbed-gas Fraction)、厚度(Reservoir Thickness)、有机碳含量(Total Organic Carbon Content)、含气量(Volume of Gas in Place)。中国石油勘探开发研究院提出的页岩气测试项目有五大类共计32项(表3-1)，所以需要从中选取与页岩气渗流和储层伤害相关的实验项目，如孔隙结构、吸附-解吸、扩散和渗流等。

数值模拟及分子动力学模拟方面，利用一些涉及分子动力学概念的经验公式对宏观渗流模型进行修正，此外还有用数字岩心及孔隙网络模型结合格子模拟的方法。分子动力学模拟虽然弥补了常规吸附实验研究的缺陷，但在模拟体系、分析算法、构建模型和真实储层的差异的方面还待完善。

表3-1 中国石油勘探开发研究院廊坊分院提出的页岩气实验测试项目

类别	序号	项目	类别	序号	项目
岩石学参数分析	1	薄片鉴定	质密岩石专项分析	18	核磁共振有效孔隙度
	2	岩石结构特征测定		19	核磁共振渗透率
	3	岩心描述		20	核磁共振含油饱和度
	4	扫描电镜分析		21	核磁共振可动流体百分数
	5	岩石元素分析		22	氦孔隙度
	6	钾、钍、铀含量，全波谱数据		23	含水饱和度
	7	X衍射全岩分析和黏土矿物测定		24	含油、含气饱和度
地球化学分析	8	有机碳测定		25	柱塞微裂缝渗透率
	9	岩石热解		26	毛管压力及孔径分布测量
	10	有机成熟度或反射率(R_o)		27	基质渗透率
	11	干酪根显微组分及类型		28	扩散系数
含气性分析	12	页岩含气量测定		29	储层敏感性评价实验
	13	岩石真密度		30	岩石单轴抗压强度实验
	14	岩石视密度		31	岩石单轴压缩变形实验
	15	页岩等温吸附实验		32	岩石三轴压缩及变形实验

在上述实验和数值模拟研究手段的支持下，可提出页岩气吸附、解吸、扩散与渗流规律和对应储层伤害机理的研究思路(图3-1)。

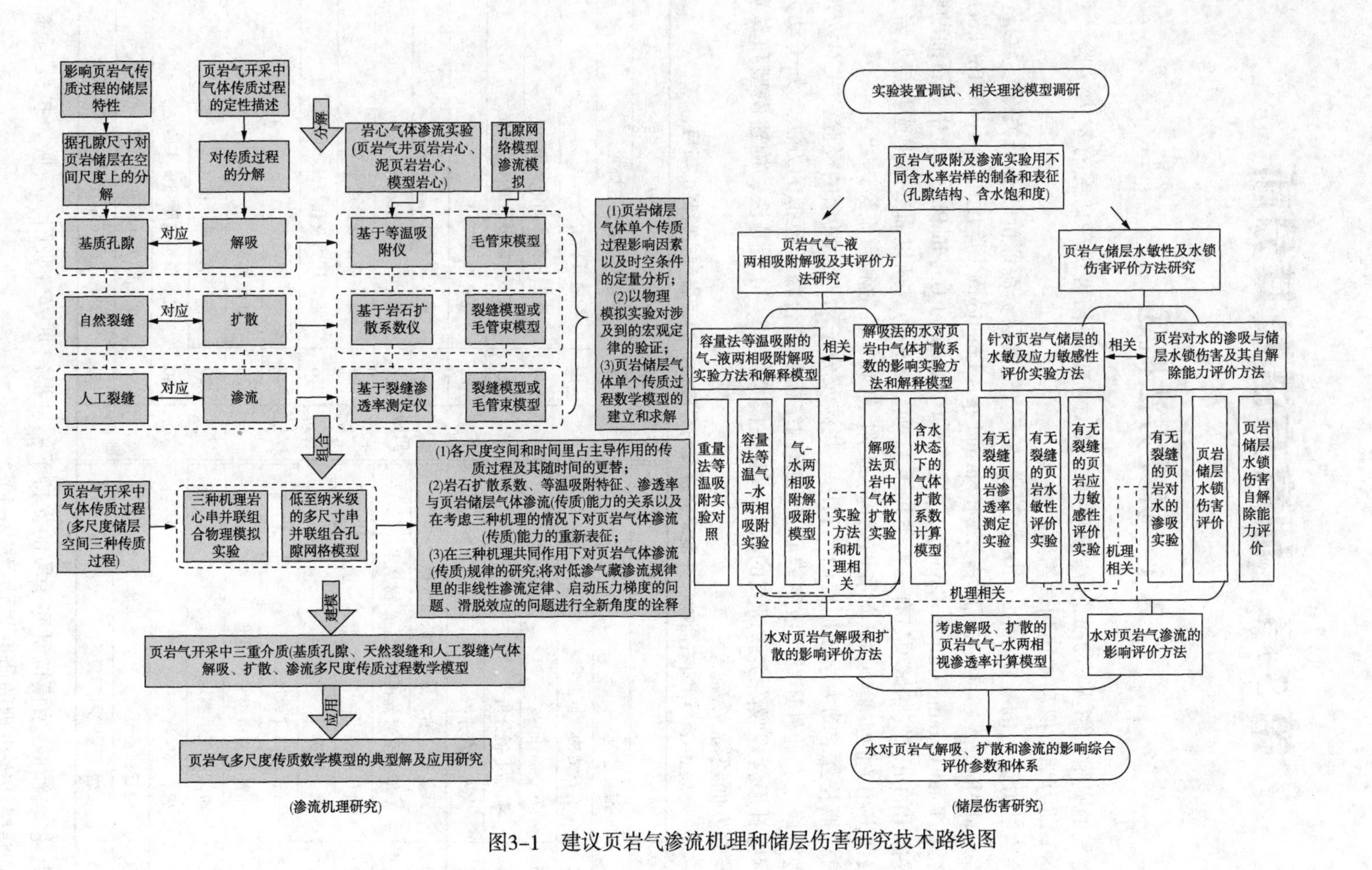

图3–1 建议页岩气渗流机理和储层伤害研究技术路线图

考虑研究的可行性，因为页岩气的产出过程——吸附解吸、扩散、渗流及耦合和储层伤害机理研究中，前两项吸附与解吸附和储层伤害的研究仅通过宏观吸附、解吸和渗透率实验就可进行，所以此方向研究在吸附和解吸扩散方面、页岩气储层伤害评价方面以实验为主，包括容量和重量法的页岩等温吸附实验、等温解吸扩散实验、渗透率测定实验、储层敏感性伤害评价实验、水锁及渗吸伤害评价、工作液污染伤害评价实验及工作液对扩散和解吸伤害评价实验六项，而渗流及三种机理耦合和储层伤害模拟部分则可侧重于相关理论计算。本章后几节对研究所用的实验材料及其制备、所用的实验装置和相应实验方法进行了说明和分析讨论。

3.2　岩样制备和实验材料

3.2.1　页岩等岩样的制备

页岩气吸附、解吸、实验所用样品为黑色页岩，为了对比其与煤的差异以及分析有机质和矿物成分的影响，还可选用煤样、干酪根以及高岭土、蒙脱石和伊利石三种黏土矿物、石英样品(表3-2)。对它们的加工制备涉及颗粒岩样的粒径控制、柱塞岩样的造缝、页岩成分的提取和含水率控制等，目前此方面还缺少明确的行业标准。

表3-2　实验用页岩、矿物和干酪根等样品及参数

试　样	来源产地	层　位	深度/m	*TOC*/%	R_o/%	黏土/%	石英/%	密度/(kg/m^3)
1#页岩	陕西靖边	三叠系延长组	2000	2.00	1.28	12.7	46.8	2.566
2#页岩	陕西靖边	三叠系延长组	2000	2.24	1.30	10.3	55.4	2.550
3#页岩	河北宣化	长城系常州沟组	露头	0.74	1.37	4.0	33.0	2.626
4#页岩	宁夏庆阳	三叠系延长组	1760	2.72	1.26	43.3	50.3	2.586
5#页岩	浙江建德	侏罗纪寿昌组	露头	0.95	1.42	3.0	38.7	2.592
1#无烟煤	宁夏银川	侏罗系中—下统	500	有机质94%				1.358
Ⅱ型干酪根	新疆吉木萨尔油页岩提取	二叠系芦草沟组	露头	有机质86%				
油页岩	新疆吉木萨尔	二叠系芦草沟组	露头	21.03	1.18	2.1	38.7	2.128
高岭土	国药集团试剂公司		化学纯			99		
蒙脱石	国药集团试剂公司		化学纯			99		
伊利石	河北灵寿顺源粉体厂		矿石粉					
石英	国药集团试剂公司		化学纯				99	
沸石	国药集团试剂公司		化学纯					

1. 颗粒岩样的制备

页岩及其成分的颗粒样品除主要用于吸附机理的研究外，在基础参数测量和扩散机理的分析中也会有所涉及。颗粒状样品的最大优点是规避了页岩岩心中的裂缝等，相应缺点是对岩样的原始状态改变大，同时岩样的不同粒径还可模拟储层中不同的压裂裂缝规模，

即可根据裂缝密度和相似原理确定页岩样品的粒径。

实验中采用多种粒径的岩样，页岩、煤、干酪根有 40~80 目、80~160 目、<160 目三种粒径，黏土矿物粒径为<160 目。操作用研钵等器具将岩样捣碎，过振动筛，取得相应目数的试样即可。

在煤的等温吸附实验行标中建议的煤样粒径是 60~80 目(0.25~0.18mm)。在实际研磨过程中发现，页岩粒径在 60~80 目范围内的岩样量很少。这是否意味着对于煤样应是 60~80 目范围内的颗粒量最多，因而才如此要求。将所用页岩等岩样全部研磨至粒径<40 目的颗粒，上振动筛进行筛析，得到各粒径范围颗粒所占质量比(表 3-3)。

表 3-3 各粒径范围的岩样所占总样的质量比

岩样	总质量/g	40~60 目 0.25~0.38mm		60~80 目 0.18~0.25mm		80~160 目 0.096~0.18mm		<160 目 <0.096mm	
		质量/g	比例	质量/g	比例	质量/g	比例	质量/g	比例
1#页岩	1116.60	377.80	0.34	46.00	0.04	543.50	0.49	149.30	0.13
2#页岩	442.90	142.20	0.32	27.90	0.06	136.00	0.31	136.80	0.31
3#页岩	1202.30	409.10	0.34	18.90	0.02	315.50	0.26	458.80	0.38
4#页岩	330.80	116.00	0.35	27.60	0.08	134.60	0.41	52.60	0.16
5#页岩	491.30	169.30	0.34	36.40	0.07	212.40	0.43	73.20	0.15
1#无烟煤	1450.70	460.90	0.32	62.30	0.04	477.80	0.33	449.70	0.31

可见，对于 1#无烟煤样，60~80 目范围内的颗粒所占质量比例同样最少，与页岩的情况并无区别。此外，页岩各粒径范围样品组分略有差别，这可由其颜色看出，灰色为黏土，黑色部分是有机质，所以分析不同粒径页岩样品的吸附、扩散特性时必须先测定其矿物和有机质成分与含量。

2. 柱塞岩样的制备

真实页岩中的裂缝无法准确观测和描述，所以可对无裂缝的页岩岩样人工造缝。具体方法可用巴西劈裂法(图 3-2)，使岩心中形成一条规则裂缝。造缝完成后需要气测裂缝宽度，并可改变气体渗流实验时的围压或在剖面加不同粗细的金属丝以对其进行控制。

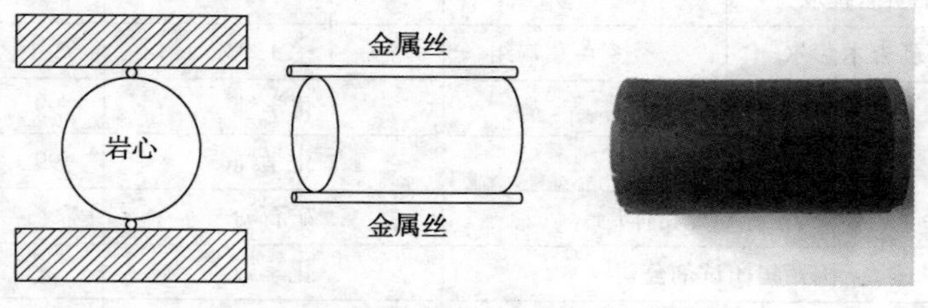

图 3-2 页岩用巴西劈裂法人工造缝

此外，还可用页岩颗粒在高压下压制成人造页岩岩心。常用的人造岩心是石英砂添加黏土矿物以环氧树脂混合胶结，再压制烘干而成。对于页岩，可尝试按真实页岩黏土矿物和有机质的比例以黏土矿物、有机质或真实页岩粉碎颗粒为材料制作成页岩环氧树脂人造岩心，但因压实程度模拟困难，可实现的最低渗透率有限。

3. 页岩成分的提取

页岩的成分为有机质和黏土矿物，其中有机质(干酪根)可从页岩或油页岩中提取，黏土矿物有商品。干酪根提取方法有《沉积岩中干酪根分离方法》(GB/T 19144—2010)，具体步骤为：①前处理，用蒸馏水浸泡岩样，使所含泥质充分膨胀并去除；②酸处理，用盐酸及氢氟酸进行酸洗，去除碳酸盐；③碱处理，用氢氧化钠进行碱洗；④重液浮选，取出上部干酪根；⑤冷冻、干燥；⑥氯仿清洗可溶有机质；⑦烧失量的测定，过程如图 3-3 所示。实验发现油页岩提取出的干酪根量远远高于页岩中的量。高岭土、蒙脱石和伊利石三种黏土矿物及石英和提取出的干酪根样品如图 3-4 所示。

图 3-3　干酪根样品提取各流程

4. 岩样的含水控制

岩样的烘干处理，即将岩样在烘箱中烘至恒重，其问题主要在于烘干时间和温度。实验中样品烘干温度设定为 110℃，时间 48h。每隔 6h 称量一次，至相邻两次称量变化不超过试样质量的 1%为止。也有文献(Busch，2004)中提出为不改变页岩中有机质的性质，样品应在 40~60℃下烘 72h 的做法。

颗粒岩样的含水率控制原理为将试样置于不同湿度的空气环境中，待其水分含量与外界环境湿度达到平衡，此时试样水分含量将保持恒定，且分布均匀，避免用直接烘干或微波加热造成的水分分布差异。不同湿度的空气环境由不同饱和盐溶液获取(表 3-4)，其中硫酸钾过饱和溶液使用较多。其中平衡水分条件下的样品(简称平衡湿样)是将已烘干的样品直接置于干燥器中，而饱和水分条件下的样品(简称饱和湿样)是将干样加入定量的蒸馏水后放入干燥器中润湿，发现其含水率减小后再补充水量，直到各自质量恒定后得到的。

图 3-4 黏土和干酪根样品照片(依次为高岭土、蒙脱石、伊利石、石英、干酪根)

表 3-4 23℃时不同饱和盐溶液及其对应的相对湿度

化学名称	化学分子式	相对湿度/%
氯化锂	LiCl	11.3±0.3
氯化镁	$MgCl_2$	32.8±0.2
溴化钠	NaBr	57.6±0.4
氯化钠	NaCl	75.3±0.1
氯化钾	KCl	84.3±0.1
硫酸钾	K_2SO_4	97.3±0.5

柱塞岩样含水率的控制方法有浸泡、加压饱和、离心、驱替和自吸等。游利军(2005)认为鉴于致密岩石普遍存在超低含水饱和度现象，利用烘干法(或风干法)、离心法和驱替法建立低于束缚水饱和度的含水饱和度状态十分困难，从而提出了一种建立含水饱和度的毛管自吸法。

3.2.2 气样及其物性计算

页岩气的组成与常规天然气的成分无异，如重庆市彭水县境内的渝页 1 井的气样色谱分析结果为：在 138.13～138.46m 井深样品中的甲烷、乙烷和丙烷体积含量分别为 42.43%、0.42%、0.01%，其余为 N_2、CO_2和 O_2等大气成分。页岩气从气体性质上与常规天然气也没有任何区别，基本的物性计算方法与天然气所用相关算法相同。天然气中各组分及实验和计算用气体的分子量和临界参数如表 3-5 所示，气样的物性经验公式计算方法如表 3-6 所示。实验用气体常包括 N_2、CH_4、He、CO_2。

表 3-5　天然气及实验用气中各组分的相对分子质量和临界参数

序号	种　类	组　分	分子式	相对分子质量	分子直径/nm	临界温度/K	临界压力/MPa	标况密度/(10^{-3}g/cm^3)
1	烃类	甲烷	CH_4	16.034	0.38	190.55	4.604	0.770
2		乙烷	C_2H_6	30.070	0.40	305.43	4.880	1.340
3		丙烷	C_3H_8	44.097	0.42	369.82	4.249	1.964
4		丁烷	C_4H_{10}	58.124	0.43	425.16	3.797	0.578
5		异丁烷	$i-C_4H_{10}$	58.124	0.51	408.13	3.648	0.557
6	非烃类	氮气	N_2	28.013	0.364	126.10	3.399	1.250
7		二氧化碳	CO_2	44.010	0.33	304.20	7.376	1.977
8		氦气	He	4.003	0.26	5.20	0.227	6.134
9		氩气	Ar	39.948	0.34	150.80	4.874	1.784

表 3-6　天然气物性计算经验公式

参数名称	符　号	单　位	经验公式计算方法
相对分子质量	M	无量纲	常数
黏度	μ	Pa·s	Lee-Gonzalez-Eakin 法
密度	ρ	kg/m^3	气体状态方程
偏差因子	Z	无量纲	Dranchuk-Purvis-Robinson 法

3.2.3　液样及其性能测试

实验涉及的液体样品有不同矿化度的盐水、酸液、碱液、钻井液、压裂液。这些流体样品的成分及其配制和性能测试都有相应的行业标准，如《储层敏感性流动实验评价方法》(SY/T 5358—2010)和《水基压裂液性能评价方法》(SY/T 5107—2005)。

3.3　页岩气吸附相关实验

在吸附现象研究中，等温吸附线(温度一定时，吸附量与气相压力的关系)是表示吸附性能最常用的方式，其形状能很好地反映吸附剂和吸附质的物理、化学相互作用。它是由等温吸附实验来获取，分为容量法和重量法两种实验。容量法等温吸附实验是将一定粒度的页岩样品置于密封容器中，测定其在相同温度、不同压力条件下达到吸附平衡时所吸附的甲烷气体的体积。重量法是用高精度的磁悬浮天秤直接称量页岩样品吸附气体的重量，从而得到吸附量。两类实验得到吸附量随压力的变化数据，再结合相关吸附理论，即可计算出吸附特征参数以及绘出相应等温吸附曲线。

在煤层气研究中的等温吸附实验测试技术是比较成熟的，但对页岩，等温吸附实验方法还存有争议，各实验室做出的结果也不尽相同。在页岩等温吸附实验中需要考虑实验方法及误差、实验用气体种类、实验温压范围和实验用样品的成分和种类的差异，具体进行分析。等温吸附实验解释模型使用最广泛的是 Langmuir 方程，该方程最早用于煤层气，众多学者对其在页岩气方面的应用及修正进行了探讨。如 Ray J. Ambrose 等(2011)和 Robert C. Hartman 等(2011)分析了多组分气体对页岩吸附的影响并建立了相应模型；于荣泽等(2012)认为，在多组分气体吸附解吸附中，Langmuir 等温吸附定律仍旧存在一定问题；郭平等(2012)认为，对页岩来说考虑温度变化的 Bi-Langmuir 模型要优于单分子层 Langmuir 模型；张志英等(2012)认为，对黏土含量较大的页岩修正的 Bi-Langmuir 模型(假设有黏土和有机质两种吸附质)比 Langmuir 模型拟合效果要好。

3.3.1 容量法等温吸附实验

1. 实验装置

1）装置的基本结构

对商品容量等温吸附仪调研发现，等温吸附仪在以前主要用在煤层气的研究方面。1994 年煤炭科学研究总院西安分院在国内最早引进了煤等温吸附仪[图 3-5(a)]。目前，市场上等温吸附仪产品中最著名的是美国 Terra TeK 公司(已被斯伦贝谢收购)的 ISO 系列。目前，最新的型号是 ISO-300[图 3-5(b)中国石油勘探开发研究院廊坊分院的 ISO-300 等温吸附仪]。浙江泛泰仪器有限公司于 2012 年 6 月发布的国内首款自主研发的等温吸附仪 FINESORB-3120[图 3-5(c)]。此外，还有西安科技大学于 2004 年、2006 年自行研制的 AST-1000 型及改进的 AST-2000 型大样量煤层气吸附解吸仿真实验装置[图 3-5(d)]，后者的特点在于参考罐和样品罐容积较大，可放样品量多，以及样品的粒度最大可达块状等。调研发现等温吸附仪一般由样品罐、参考罐、加热器、真空泵、温度传感器、压力传感器和气源等元件组成。基于其相对简单的原理，可进行实验装置试制。

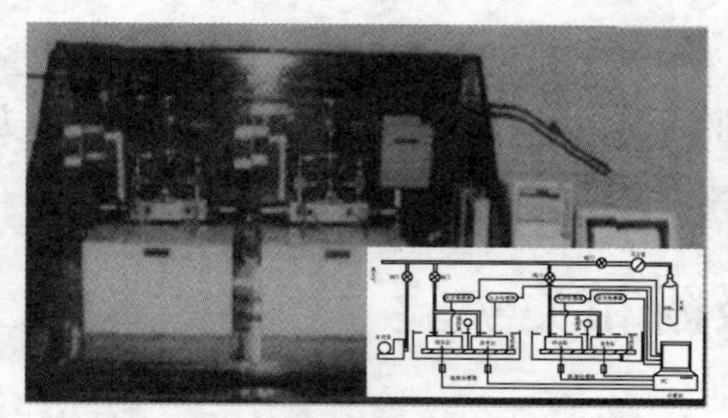

(a)煤等温吸附仪

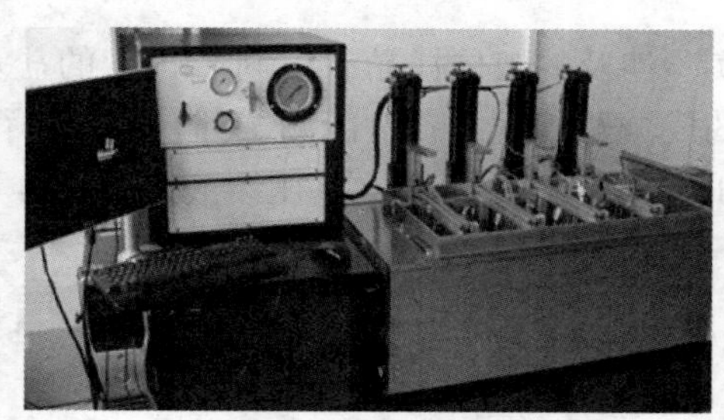

(b)ISO-300等温吸附仪

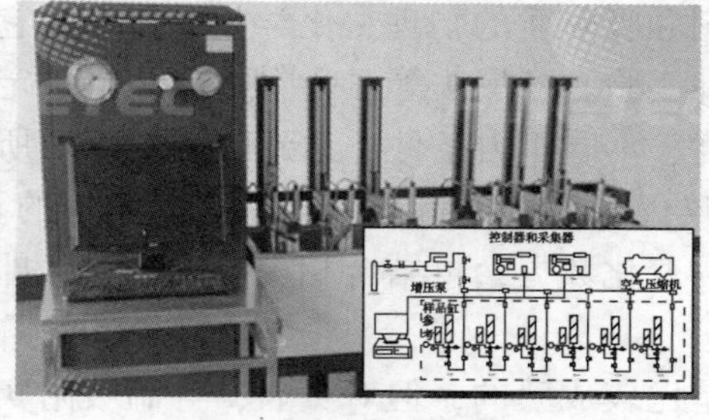

(c)FINESORB-3120等温吸附仪

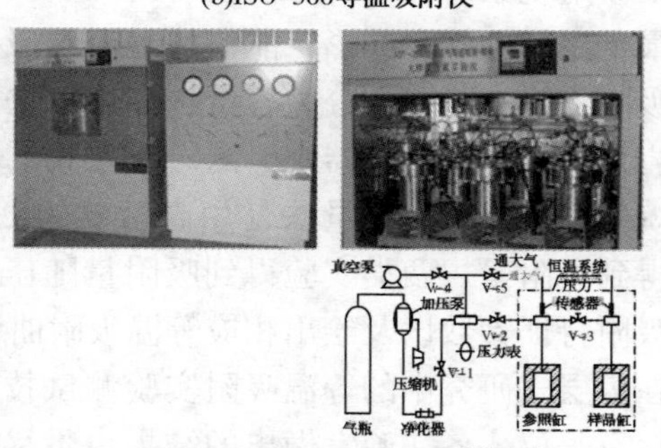

(d)AST-1000、AST-2000吸附解吸仿真实验装置

图 3-5 相关等温吸附仪外观和结构示意图

2）试制的等温吸附和解吸装置

以参考罐和样品罐各一、恒温水浴、真空泵、压力传感器、气瓶、数据采集计算机以及相关管线阀门组成最简单的单对罐的等温吸附装置。经实验发现，在气密性、抽真空、压力调节、温度控制以及数据记录方面单对罐等温吸附仪都可基本满足要求，自制实验装置可行。因等温吸附实验耗时漫长，获取一条等温吸附曲线需持续实验一周的时间所以在单对罐等温吸附仪的基础上再增加四对罐以加快实验进程，调整了压力传感器的安放位置，并逐步添加了气体手动和自动增压、气体回收装置和解吸气计量装置。最终装置的结构示意和实物图见图3-6~图3-8，所用元器件参数见表3-7，与商品等温吸附仪技术参数对比见表3-8。

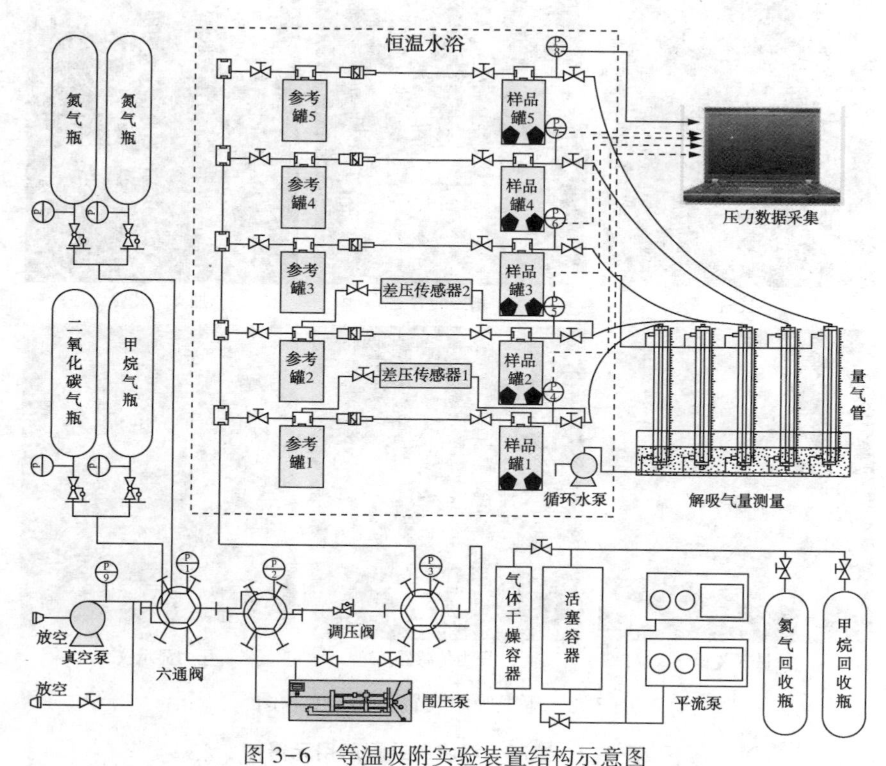

图3-6　等温吸附实验装置结构示意图

图3-7　等温吸附实验装置整体实物图

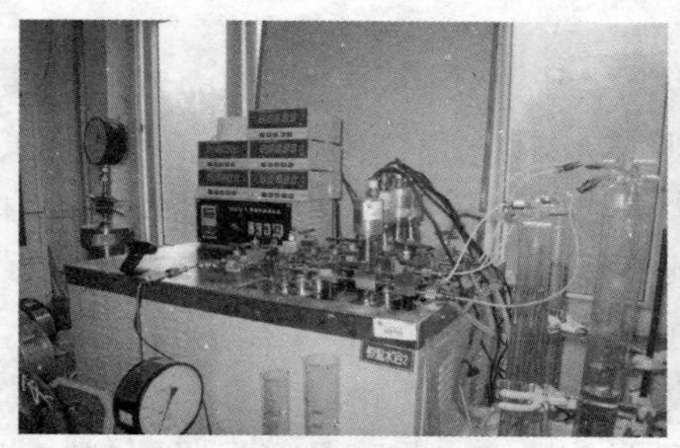
水浴

参考罐和样品罐

气瓶

增压装置

抽真空装置

量气装置

压力传感器

压力显示仪表

图 3-8　等温吸附装置各部分实物图

表 3-7　试制等温吸附装置所用元器件

名　称	型号和规格	数 量	厂　商
样器罐	200mL，16MPa	5	南通华兴石油仪器厂
参考罐	100mL，16MPa	5	南通华兴石油仪器厂
样器罐	200mL，50MPa	1	南通华兴石油仪器厂
参考罐	100mL，50MPa	1	南通华兴石油仪器厂
活塞中间容器	1000mL，60MPa	1	南通华兴石油仪器厂
恒温水浴	HWY-1 型低温恒温水浴，0~100℃	1	上海昌吉地质仪器公司
真空泵（有真空表）	BH-Ⅰ型岩心抽空加压饱和仪	1	江苏海安石油仪器厂
高压手动计量泵	BH-Ⅰ型岩心抽空加压饱和仪	1	江苏海安石油仪器厂

续表

名　　称	型号和规格	数　量	厂　　商
平流泵	29B00C，30mL/min，20MPa	1	北京卫星仪器厂
平流泵	LB-1C，10mL/min，40MPa	1	北京卫星仪器厂
常用气瓶减压阀	—	4	青岛华清仪表
压力调节阀	YT-5	1	江苏华安石油仪器厂
压力传感器	AK-4 型，10MPa，精度等级 0.5	2	空气动力技术研究院
压力传感器	AK-4 型，20MPa，精度等级 0.5	2	空气动力技术研究院
压力传感器	AK-4 型，40MPa，精度等级 0.5	1	空气动力技术研究院
差压传感器	量程 20kPa，最小刻度 0.01kPa	2	宝鸡华强传感测控公司
精密压力表	25MPa	4	西仪集团
精密压力表	40MPa	2	西仪集团
压力显示仪表	TS-5 型	5	空气动力技术研究院
管线、六通阀、阀门、接头	钢制，承压 50MPa	若干	南通华兴石油仪器厂
钢制气瓶	氮气、甲烷、二氧化碳、氦气	5	西安天泽公司

表 3-8　试制等温吸装置与商品等温吸附仪技术参数对比

元件或材料		NESORB-3120	ISO-300	AST-2000	试制装置
名　称	参　　数				
岩石样品	质量/g	200	125	1250~2500	100
	粒度/目	60	60	可大块状	<40
样品罐	体积/mL	385	—	1000~2000	100，200
	内径×长度/mm	50×180	—	—	—
	耐压/MPa	60	—	25	40
	耐温/℃	200	—	—	—
	拆卸接头耐压/MPa	50	—	—	—
参考罐	体积/mL	100	—	1000~2000	100
	内径×长度/mm		—	—	—
	耐压/MPa	40	—	25	40
水(油)浴	温度范围/℃	室温~100	室温~100	—	0~100
	精度/℃		±0.1	—	—
	工作室长×宽×高/mm	600×320×240	—	—	—
压力传感器	量程/MPa	0~40	0~40	—	0~40
	精度/%	±0.1	±0.1	—	精度等级 0.5
温度传感器	量程/℃	0~200	—	—	0~100
	精度/℃	±0.1	—	—	±0.1
管线、阀门	耐压/MPa	50	—	—	—
	尺寸/mm	6×12	—	—	—

续表

元件或材料 名称	参数	NESORB-3120	ISO-300	AST-2000	试制装置
气源	压力/MPa	20	—	—	13
气体增压泵	增压比	1∶60	—	—	—
	最大出口压力/MPa	50	—	—	40
	最大流量/(L/min)	40	—	—	无流量控制
	解吸装置	无	无	无	有

3）HX-Ⅰ型容量法吸附、扩散和渗流参数综合测试装置

在试制的等温吸附和解吸装置的基础上，2017 年西安石油大学石油工程学院王瑞开发了 HX-Ⅰ型容量法吸附、扩散和渗流参数综合测试装置，实现了等温吸附实验测试的自动化，并通过多种接口可进行扩散系数、渗透率、液体作用状态下的实验测试。仪器的结构示意图、实物图，和配套的数据记录、数据处理软件界面如图 3-9 和图 3-10 所示。

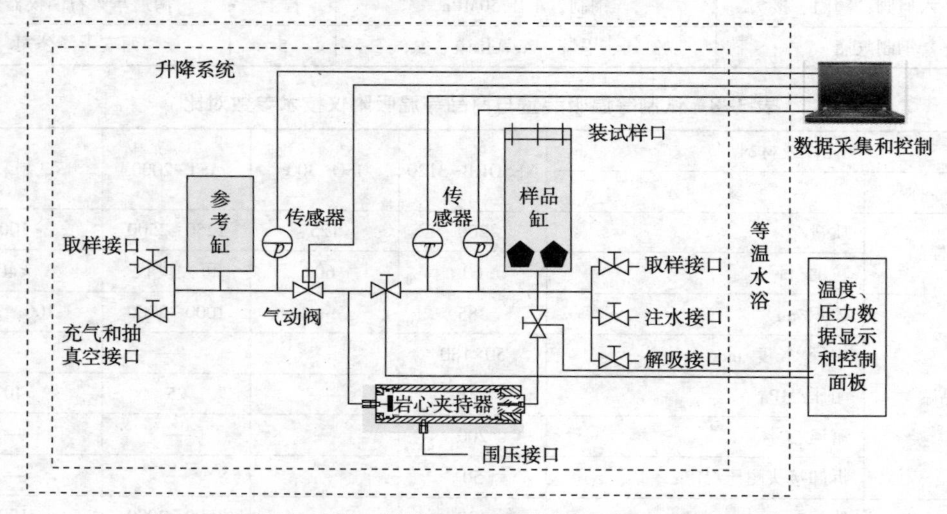

图 3-9　页岩气吸附、扩散和渗流参数综合测试装置结构示意图

4）装置的相关技术问题

（1）参考罐和样品罐的气密性。

因为等温吸附实验所测参数为罐中气体压力，所以气体密闭性至关重要。整个实验系统的密封方式分为硬密封和软密封两种，前者如钢制管线接头密封，实验中发现其特点是气压越高，密封性越差，所以接头需拧紧；后者主要为橡胶密封圈密封，实验中发现其特点是气压越高，因气体浸入橡胶使其膨胀，密封性反而越好，但与气体类型还有关系。

具体检查实验中的系统漏气，主要发生是在双罐堵头处(图 3-11)，即因堵头橡胶密封圈破损引起。实验中还发现橡胶密封圈即便无损伤，经过一到两次吸附实验后就会变形(特别是做 CO_2 吸附时)。所以每次实验前都要检查橡胶密封圈是否完整，每两次实验后需更换新的密封圈，并用肥皂水重新检验气密性。

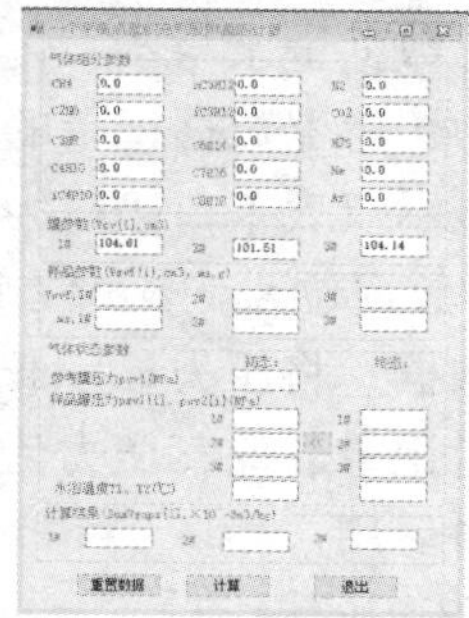

图 3-10　HX-Ⅰ型容量法等温吸附测试装置实物图和测试软件界面(西安石油大学)

图 3-11　样品罐漏气现象和破损的及 CO_2 导致膨胀变形后的密封圈

(2) 参考罐和样品罐的隔水。

前期以沸石试做实验结束后，打开双罐发现：①样品罐螺纹处有水渍并且其所盛样品顶部有明显打湿的现象；②参考罐内有明显的积水；③称得实验前后试样的质量，在已有明显损失(试样颗粒已通过管线、六通阀进入参考罐，滤网上有黏附)的情况下，实验后试样质量仍高于实验前的，意味着有水进入，试样含水量改变。对实验仪器和方法做如下改进：①抬升参考罐使其开口端也露出水面；②用肥皂水检查完气密性后，打开双罐，拭干水渍后放于恒温中烘一段时间后再取出装好；③每次实验前用 N_2 对全部管线进行吹扫以确保无水分。

(3) 放气时试样颗粒回流进入管线。

在等温吸附实验中的脱附阶段，前期实验中以 120 目不锈钢筛网黏贴于样品罐堵头上，实验结束后发现筛网已被气冲下，参考罐中有明显试样颗粒，即样品罐中颗粒通过管线已回流入参考罐。后改用外径 4cm(与样品罐内径相同)的塑料盖旋夹两层 300 目不锈钢筛网置于样品罐中经实验证明样品罐中试样颗粒无再回流入管线的现象，此问题解决。

（4）实验气体增压及回收。

因所购气瓶中气体最高压力一般约为12MPa（CO_2气瓶最高压力为7MPa），且随着用气的耗费气压将降低，为满足吸附实验需求，需增添气体增压装置。实验后的气体也可通过添气体增压装置压入回收气瓶，重复利用。

对于不溶于水的气体（CH_4、He、N_2）可使用平流泵和活塞中间容器进行自动增压，经实验发现1000mL中间容器中1MPa氮气可增至11MPa，满足需求。高压吸附实验中，活塞中间容器压力已经可增至40MPa。因自动增压装置中，顶动活塞容器中活塞的流体为水，实验发现在容器内会有轻微水量渗出的情况，所以对于溶于水的气体（主要是CO_2）使用手摇计量泵手动增压。

（5）数据记录与压力传感器精度的问题。

压力传感器数据记录的采用串口数据传输和摄像结合的方式。与压力传感器数据相配的压力显示仪表串口接口为RS-232C兼容标准，数据传输率为2400bps，讯号形式为：起始位1、数据位8、停止位1、编辑标准ASCII码。仪表自动向外发送数据，每秒3次采样和发送数据。将压力显示仪表与电脑串口卡通过数据线相连，再结合串口数据读写程序，即可实时记录、保存压力传感器示数。摄像记录数据即定时拍摄压力显示仪表示数，保存视频以备后用。

5）装置的标定

参考罐和样品罐实际容积（实验中双罐上相关阀门控制范围以内所有空间的容积，包括管线、接头、阀门、罐堵头、传感器内孔里的容积，对于样品罐还去除滤网盖的体积）是后续实验所需要的基础参数，如不准确将会极大影响等温吸附实验的结果，需对其进行标定。采用得方法有抽真空法吸水法、注水量水法、几何尺寸测量法，将三者平均得到最终双罐实际容积标定结果。

2. 实验方法

现在行业内还没有统一的针对页岩的等温吸附实验方法标准，实验具体步骤主要参考《煤的高压等温吸附实验方法——容量法》（GB/T 19560—2004）。

1）自由空间体积的测定

容量法自由空间体积测量方法为，将氦气充入参考罐，打开阀门，气体进入样品罐，记录初态和平衡终态时参考罐和样品罐内气体压力，接着两罐隔开，重复前一过程，直至达到最高实验压力。所用自由空间体积计算式见式（3-1）：

$$V_{\mathrm{svf}}=-\frac{Z_{\mathrm{sv1}}(p_{\mathrm{cv1}}Z_{\mathrm{sv2}}T_2-p_{\mathrm{sv2}}Z_{\mathrm{cv1}}T_1)}{Z_{\mathrm{cv1}}(p_{\mathrm{sv1}}Z_{\mathrm{sv2}}T_2-p_{\mathrm{sv2}}Z_{\mathrm{sv1}}T_1)}V_{\mathrm{cv}} \tag{3-1}$$

式中，V_{svf}为样品罐装样后的自由空间体积（$V_{\mathrm{svf}}=V_{\mathrm{sv}}-V_{\mathrm{s}}$），$cm^3$；$V_{\mathrm{s}}$为样品的体积，$cm^3$；$p_{\mathrm{cv1}}$、$p_{\mathrm{sv1}}$和$p_{\mathrm{cv2}}$、$p_{\mathrm{sv2}}$为初态和平衡终态时参考罐和样品罐内气体压力，$p_{\mathrm{cv2}}=p_{\mathrm{sv2}}$，MPa；$Z_{\mathrm{cv1}}$、$Z_{\mathrm{sv1}}$和$Z_{\mathrm{cv2}}$、$Z_{\mathrm{sv2}}$为和平衡终态时初态参考罐和样品罐压力内气体的压缩因子，$Z_{\mathrm{cv2}}=Z_{\mathrm{sv2}}$，无量纲；$R$为气体常数$8.341\times10^{-6}$，$MPa\cdot m^3\cdot mol^{-1}\cdot K^{-1}$；$T_1$、$T_2$为初态和吸附平衡终态时的水浴温度，K；$V_{\mathrm{cv}}$、$V_{\mathrm{sv}}$为参考罐和样品罐自由空间的容积，$cm^3$。

2）气体吸附量的测定

气体吸附量的测定方法与自由空间体积的相同，只是用了吸附性气体。

一次平衡时吸附量的计算式为：

$$V_{\mathrm{gads}}=\frac{V_{\mathrm{m}}}{m_{\mathrm{s}}}\left[\frac{p_{\mathrm{cv1}}V_{\mathrm{cv}}}{Z_{\mathrm{cv1}}RT_{1}}+\frac{p_{\mathrm{sv1}}V_{\mathrm{svf}}}{Z_{\mathrm{sv1}}RT_{1}}-\frac{p_{\mathrm{sv2}}(V_{\mathrm{cv}}+V_{\mathrm{svf}})}{Z_{\mathrm{sv2}}RT_{2}}\right] \tag{3-2}$$

式中，m_s为岩石的质量，kg；V_{gads}为在这一吸附达到平衡过程中单位质量岩石样品所吸附的气体在标况下的体积，cm^3/g；V_m为气体摩尔体积，22.4L/mol。需要注意，等温吸附曲线中的吸附量为累积吸附量，而不是单次平衡时的吸附量，相应所用吸附量计算式见式(3-3)。

$$\begin{cases} n_{\mathrm{gads}}\big|_{i}=\left[\dfrac{p_{\mathrm{cv1}}V_{\mathrm{cv}}}{Z_{\mathrm{cv1}}RT_{1}}+\dfrac{p_{\mathrm{sv1}}V_{\mathrm{svf}}}{Z_{\mathrm{sv1}}RT_{1}}-\dfrac{p_{\mathrm{sv2}}(V_{\mathrm{cv}}+V_{\mathrm{svf}})}{Z_{\mathrm{sv2}}RT_{2}}\right]\Bigg|_{i} \\ V_{\mathrm{gads}}\big|_{i}=V_{\mathrm{m}}\cdot\dfrac{1}{m_{\mathrm{s}}}\sum\limits_{j=1}^{i}n_{\mathrm{gads}}\big|_{j} \end{cases} \tag{3-3}$$

式中，n_{gads}为岩样所吸附的气体的物质的量，mol；$(V_{gads})_i$为第 i 次吸附平衡后压力单位质量岩石样品所累积吸附的气体在标况下的体积，简称吸附量，$10^{-3}m^3/kg$。

3）数据处理

吸附量测试完成后，绘制吸附量$(V_{gads})_i$随平衡压力p_{sv2}的关系曲线，即得到等温吸附曲线。

此后还需要用吸附模型对吸附量数据进行拟合。在研究中用 Langmuir 和 Dubinin-Astakhov(D-A)两种吸附模型，拟合参数的优化用最小二乘法结合多元非线性拟合在 Origin Pro 9.0.0 上进行。

Langmuir 方程是经典的描述均质多孔介质上的单分子层吸附的模型，式为：

$$V_{\mathrm{gads}}=\left.\frac{V_{\mathrm{L}}p}{p_{\mathrm{L}}+p}\right|_{\mathrm{T}} \tag{3-4}$$

式中，V_{gads}为甲烷气体吸附量，$10^{-3}m^3/kg$；p 为吸附平衡压力，MPa；V_L为饱和吸附量(Langmuir 体积常数)，$10^{-3}m^3/kg$；p_L为吸附常数(Langmuir 压力常数，吸附量为 $V_L/2$ 时的平衡压力)，MPa；T 为等温吸附实验温度，K。

D-A 模型是描述微孔填充的吸附模型，表示为：

$$V_{\mathrm{gads}}=V_{0}\exp\left[-\left(\frac{RT}{E}\right)^{m}\ln^{m}\left(\frac{p_{0}}{p}\right)\right] \tag{3-5}$$

式中，V_0是可填充的微孔极限吸附空间体积(D-A 饱和吸附量)，$10^{-3}m^3/kg$；E 是特征吸附能，J/mol；m 是结构非均质性参数(值为 2~6，$m=2$ 表示有大量的尺寸在 1.8~2nm 间的微孔，$m>2$ 表示有大量的尺寸$<$2nm 的微孔)，无量纲；p_0为气体饱和蒸汽压[由 Dubinin 法计算，$p_0=p_c(T/T_c)^2$，p_c和 T_c是临界压力和温度，对甲烷分别为 4.59MPa 和 190.55K]。

3.3.2　容量法吸附测孔隙结构实验

容量法等温吸附实验还可测页岩孔隙结构，在研究中，气体吸附法测量岩样的孔隙体积分布用了液氮吸附和二氧化碳吸附两种方法。样品对氮气在-196℃的吸附在西安交通大学多相流与动力工程国家重点实验室 Micromeritics® ASAP(Accelerated Surface Area and Porosimetry)2020 system 全自动物理化学吸附仪(图 3-12)上进行。实验系统的介绍详细见文献

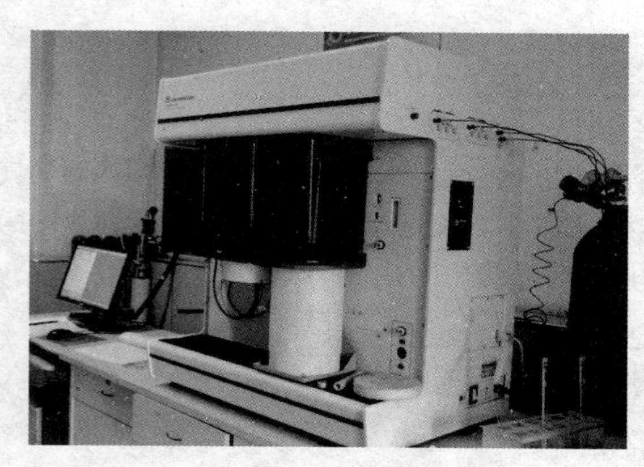

图 3-12　Micromeritics® ASAP 2020 system
全自动物理化学吸附仪实物图

(Figueroa 和 Gerstenmaier 等，2014；Ross 和 Bustin，2009)。样品对二氧化碳在 0℃ 的吸附就是前述容量法等温吸附装置上进行。

具体实验方法：

(1) 液氮吸附确定孔隙分布。

在得到样品对氮气在 -196℃、压力<0.111MPa(氮气此温度下的饱和蒸汽压)的吸附解吸附曲线后，用 Barrett-Joyner-Halenda(BJH)法可计算并绘出各样的孔径分布曲线。样品的比表面积可用 Brunauer-Emmett-Teller(BET)法求得。研究中，所得数据由 ASAP 2020 所附带的软件自动处理。

(2) 二氧化碳吸附确定孔隙分布。

方法与样品吸附甲烷的等温吸附实验相同，只是实验温度为 0℃。在研究中最大吸附平衡压力为 3MPa，因为低压重量法(0.1MPa)的测试结果和高压容量法(3MPa)的测试结果是相一致的。测试时吸附压力逐渐增加，单个压力点的吸附时间最少 12h，直至达到吸附平衡压力最大设定值。

0℃时样品对二氧化碳的吸附完成后，可用其等温吸附曲线来计算样品的微孔体积分布。研究使用 Medek 方法(Medek，1977)，方程为：

$$\frac{dW}{dr_e}=W_0 3m\left(\frac{k}{E}\right)^m r_e^{-(3m+1)}\exp\left[-\left(\frac{k}{E}\right)^m r_e^{-3m}\right] \tag{3-6}$$

式中，W 为吸附空间的填充体积，$10^{-3}m^3/kg$；W_0为吸附空间的填充体积的最大值，常用来表示微孔体积 V_{micro}，$10^{-3}m^3/kg$；m 为与孔隙非均质性相关的系数(值为 2~6，$m=2$ 表示有大量的尺寸在 1.8~2nm 间的微孔，$m>2$ 表示有大量的尺寸<2nm 的微孔)，无量纲；E 为特征吸附能，J/mol.；r_e为孔隙的等效半径，m；k 为常数，$k_{CO_2}=3.145kJ\cdot nm^3\cdot mol^{-1}$。相应的有效比表面积和孔隙等效半径由式(3-7)和式(3-8)计算：

$$S_{micro}=2W_0\left(\frac{E}{k}\right)^{\frac{1}{3}}\Gamma\left(\frac{3m+1}{3m}\right),\ r'_e=\frac{2V_{micro}}{S_{micro}}=\frac{\left(\frac{k}{E}\right)^{1/3}}{\Gamma\left(\frac{3m+1}{3m}\right)} \tag{3-7}$$

式中，S_{micro}是微孔有效比表面积，$10^3m^2/kg$；Γ 是 gamma 函数；r_e'是等效孔隙半径。方程中的参数 W_0、E、m 由样品对二氧化碳在 0℃时的吸附数据通过 Dubinin-Astakhov(D-A)方程拟合而来：

$$W_0=\frac{V_0M_{CO_2}}{V_m\rho_{CO_2-ads}},\ V_{gads}=V_0\exp\left[-\left(\frac{RT}{E}\right)^m\ln^m\left(\frac{p_0}{p}\right)\right] \tag{3-8}$$

式中，二氧化碳在 0℃的饱和蒸汽压为 3.48MPa；M_{CO_2}为二氧化碳的摩尔质量，kg/mol；ρ_{CO_2-ads}为二氧化碳在 0℃时的密度，取 $1.072\times10^{-3}kg/m^3$。

3.3.3 重量法等温吸附实验

1. 实验装置

研究中，重量法等温吸附实验在西安石油大学低渗透油气田勘探开发国家工程实验室的 Rubotherm 磁悬浮天平等温吸附仪(图 3-13)上进行。吸附仪的关键装置为磁悬浮天平，它的称量精度可到 μg 级。以此称出样品所吸附气体的质量，求得其吸附量数据。

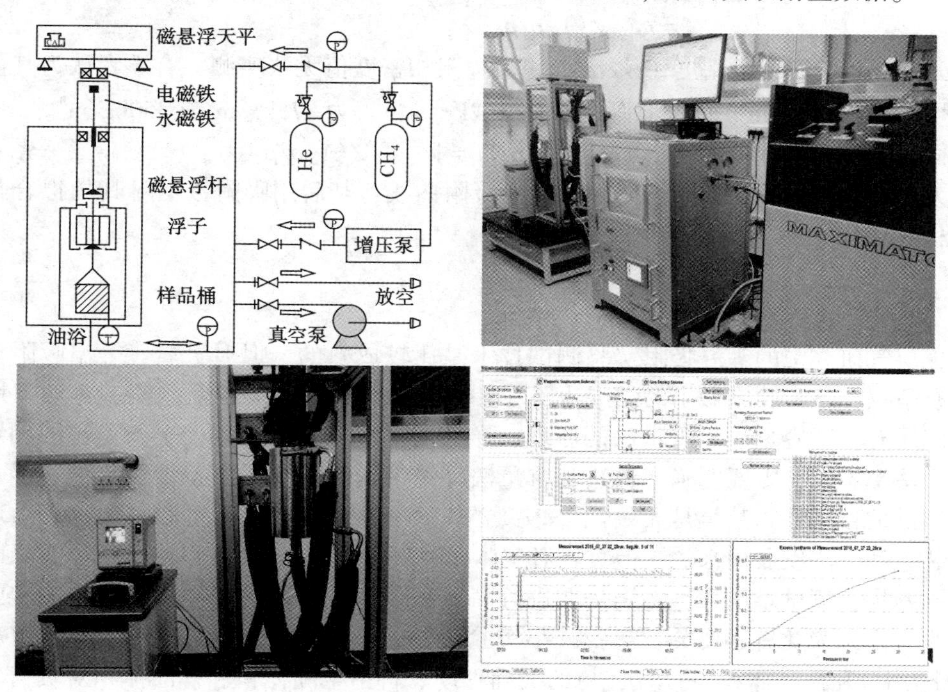

图 3-13 磁悬浮天平等温吸附仪结构示意、实物图和测试软件界面

2. 实验方法

1) 浮力测试

重量法等温吸附实验中，测量样品体积的方法为：将氦气充入样品室，记录不同压力下磁悬浮天平读数的变化，从而得到样品所受的重力与氦气浮力之差，结合氦气密度，计算得到样品的质量和体积。所用计算式为：

$$m_{bal}=(m_s+m_b)-\rho(V_s+V_b) \tag{3-9}$$

式中，m_{bal}为磁悬浮天平称得的示数，g；m_s为样品的质量，g；m_b为样品桶的质量，g；ρ为气体的密度，g/cm^3；V_s为样品的体积，cm^3；V_b为样品桶的体积，cm^3。

2) 吸附测试

方法与浮力测试相同，只是所用气体为吸附气体。计算式为：

$$m_{bal}=(m_s+m_b+m_{gads})-\rho(V_s+V_b) \tag{3-10}$$

$$m_{gads}=m_{bal}-m_s-m_b+\rho(V_s+V_b) \tag{3-11}$$

式中，m_{gads}为样品吸附气体的质量，g。

这样，吸附量 $V_{gads}=m_{gads}/\rho/m_s$，$10^{-3}$m^3/kg，此实际为过剩吸附量 $V_{gads-exc}$，因吸附相的

存在，其体积 $V_{ads-phase}=m_{gads}/\rho_{ads-phase}$ 也占据了部分体积，所以还需要校正成绝对吸附量 $V_{gads-abs}$，计算式为：

$$\begin{aligned} m_{bal} &= (m_s+m_b+m_{gads-abs})-\rho(V_s+V_b+V_{ads-phase}) \\ &= (m_s+m_b)-\rho(V_s+V_b)-\left(1-\frac{\rho}{\rho_{ads-phase}}\right)m_{gads-abs} \end{aligned} \tag{3-12}$$

$$\begin{aligned} m_{gads-abs} &= m_{bal}-m_s-m_b+\rho(V_s+V_b)/(1-\rho/\rho_{ads-phase}) \\ &= m_{gads}/(1-\rho/\rho_{ads-phase}) \end{aligned} \tag{3-13}$$

式中，$\rho_{ads-phase}$ 为吸附相的密度，g/cm^3。甲烷吸附相密度值无法实测，有学者认为其值小于液态甲烷密度(425kg/m^3)而大于临界密度(162kg/m^3)，为 375kg/m^{3}或 350kg/m^3。

这样，绝对吸附量为 $V_{gads-abs}=m_{gads-abs}/\rho/m_s=V_{gads-exc}/(1-\rho/\rho_{ads-phase})$。获得了一系列吸附平稳压力下的吸附量数据，即可绘出等温温吸附曲线，其后用吸附数据对其的拟合与容量法中的相同。

3.3.4 实验方法的分析

在煤层气研究中的等温吸附实验测试技术是比较成熟的，但对页岩，等温吸附实验方法还存有争议，各实验室做出的结果也不尽相同。总结页岩气等温吸附实验方法目前需要关注的问题有：①容量法和重量法的原理、样品用量、预处理流程、平衡条件的判定、数据处理方法都不同，需要明确容量法和重量法等温吸附实验的适用条件和测试边界，以减少实验测试的盲目性，甚至是无效性。②页岩气的等温吸附实验装置和方法都是由煤层气的实验装置和方法发展而来的，但页岩对气体的吸附量是煤的 1/10 以内，所以其吸附实验误差控制麻烦，测试难度大，特别是在进行高压吸附以及在进行湿样吸附的影响实验时问题将更为突出。为此有必要分析寻找减小实验误差方法，这里重点是提高测量自由空间体积(容量法中)和样品体积(重量法中)的准确程度。自由空间体积和样品体积对页岩气吸附实验结果的影响在本书 4.5 节有详细的测试分析。③含水样品的等温吸附曲线测试方法需要关注，因湿样的样品状态、孔隙结构、力学性质与干样的不同，故要求也不同。对湿样吸附的测量容量法具有优势，因为该方法可在吸附时注入液体，也可精确控制样品含水率的变化，而重量法中岩样是装在样品桶中悬挂于磁悬浮天平下，无法在吸附解吸过程中注入液体，且若是预先设定好含水率的湿样又因吸附发生在敞开空间，随着充气放气过程，也无法控制样品含水率。④目前等温吸附实验为静态法，等待吸附平衡时间太长，获得一个平衡点数据至少要 12h，费时费力，所以有必要探索动态吸附实验方法，即不用达到吸附平衡就可测出吸附特征参数的方法。

3.4 页岩气扩散和渗流相关实验

3.4.1 页岩气扩散系数测定实验

扩散系数的实验测定是通过记录在一定时间内通过岩石样品的扩散量(具体有闭式实验和开式实验之分)，再由 Fick 定律计算求得的。据《岩石中烃类气体的扩散系数测定》(SY/T

6129—1995)，常用的烃类气体在岩石中扩散系数测定仪基本原理为，在柱塞状岩样前后端设置两气室，前室中充入烃类气体，后室中充入氮气，在无压差的环境下两室通过岩样连同后测定各自中两组分气体的浓度随时间的变化，再基于费克(Fick)第一定律计算得到扩散系数。除上述行业标准中的实验方法外，还有的以解吸数据计算出扩散系数的方法，详述如下。

1. 实验装置和方法

实验装置：

1）装置基本结构

在研究中，气体在岩样中扩散系数的测定在自制造的气体解吸扩散实验装置上进行。它是在前述容量法等温吸附装置的基础上增加解吸气计量装置而成的。解吸气计量部分由量气管、水槽、烧杯、循环水泵组成，结构示意图和实物图见图3-14、图3-15，所用元器件参数和规格见表3-9。

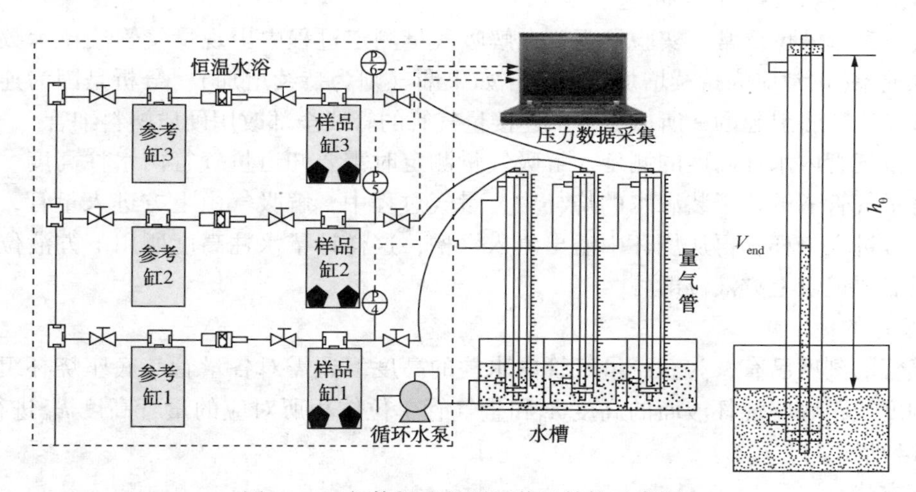

图3-14　气体解吸量测量装置结构示意图

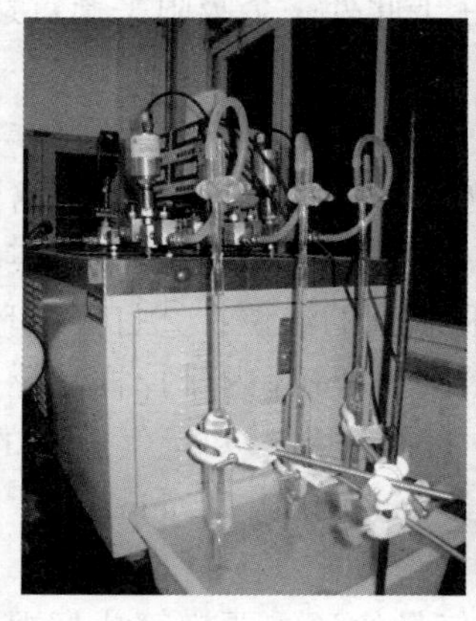

图3-15　气体解吸量测量装置实物图

表 3-9 试制等温解吸附装置所用元器件

名 称	型号和规格	数 量	厂 商
带循环水套量气管	100mL	3	西安天易化玻
不带循环水套量气管	500mL	2	西安天易化玻
不带循环水套量气管	1000mL	1	西安天易化玻
水槽		1	
烧杯	200mL	3	
烧杯	150mL	3	
刻度尺	0.4m	3	
循环水泵	1500mL/h	1	中山市日旺电器
快速接头、三通、管线		若干	

2）装置的相关具体技术问题

(1) 量气管液位反常。实验发现，在解吸气量测定过程中出现量气管液位示数先增后降的反常现象(正常应为持续增加至恒定，如果漏气则为持续增加)。分析是因为连接所用橡胶软管受压膨胀引起的，所以装置中连接量气管的管线全部改用硬质塑料细管。

(2) 量气管内水柱高度的测定。解吸气量测定时需要知道量气管内水柱高度。为方便计量，将量气管下端置于装满水的烧杯中，量气过程中，解吸气由上方进入量管，量气管中水由下方进入烧杯，再从烧杯中溢出流入水槽，这样计量水柱高度所用下方液位就保持恒定，只需要记录上方液位即可。

3）装置的标定

量气管的刻度已有，为获得量气管内水柱的高度但还需对各量管与底座烧杯组合后的量管零刻度线距底座烧杯液面的高度 h_0 和量气管单位体积所对应的量管高度 k_{vh} 进行标定，如图 3-14 所示。

实验方法：

1）样品对气体的吸附

方法与前述容量法等温吸附实验中的相同相似，区别在于此处一个吸附平衡点达到后，接着进行解吸，而非继续充气。

2）气体解吸量的测定

(1) 气体解吸量的测定。吸附完成后进行气体解量的测定。方法参考《煤层气含气量测定方法》(GB/T 19559—2008)和《煤层气测定方法》(MT/T 77—1994)，并据实际实验装置情况进行修改。具体步骤为：①量气管吸满水，记录量管和水槽的液位；②打开循环水泵，量气前至少持续 30min，使量管内温度与样品罐温度一致；③在 1min 内排掉样品罐中的游离气，使气罐压力降至大气压；④关闭样品罐排气阀门，打开样品罐和量气管间的阀门，解吸气进入量管，持续记录量气管示数，时间间隔依次为 1min10 次、5min2 次、10min3 次、30min2 次、60min4 次。

(2) 测定结果的数据处理。直接由量气管测得的解吸气量值还需要换算成标况下，算式如下：

$$\begin{cases} V_{\text{des-st}} = V_{\text{des-o}} \dfrac{p_{\text{mg}} T_{\text{st}}}{p_{\text{st}} T_{\text{mg}}} \\ V_{\text{des-o}} = \dfrac{V_{\text{end}} - V_{\text{initial}}}{m_{\text{s}}} \\ p_{\text{mg}} = p_{\text{atm}} - \rho_{\text{water}} g h_{\text{end}} - p_{\text{svp}} \\ h_{\text{end}} = h_0 - V_{\text{end}} k_{\text{vh}} \end{cases} \tag{3-14}$$

式中，$V_{\text{des-st}}$、$V_{\text{des-o}}$分别为标况和实况下的解吸气体积，m^3；T_{mg}、T_{st}分别为量管内的水温和标况温度，K；p_{mg}、p_{st}、p_{atm}、p_{svp}分别为量管内气压、标况压力、大气压、量管内水的饱和蒸汽压，Pa；V_{end}、V_{initial}分别为量气开始和量气结束时量气管示数，m^3；m_s为样品质量，kg；h_{end}、h_0分别为量气结束时量管内的水柱高和量管零刻度线距底座烧杯液面的高度，m；k_{vh}为量气管单位体积所对应的量管高度，m/m^3。

3）数据处理

由不同时间岩样解吸出(或吸附)的气体量数据，利用单孔隙扩散模型计算得样品的扩散系数，研究采用解吸数据。球坐标下的 Fick 第二扩散定律为：

$$\frac{D}{r^2}\frac{\partial}{\partial r}\left(r^2\frac{\partial C}{\partial r}\right) = \frac{\partial C}{\partial t} \tag{3-15}$$

式中，r 为半径，m；C 为吸附相浓度，kg/m^3；D 为扩散系数，m^2/s；t 为时间，s。

对其求解详细过程见文献(杨其銮，1986)，最终得到：

$$\frac{M_t}{M_\infty} = 1 - \frac{6}{\pi^2}\sum_{n=1}^{\infty}\frac{1}{n^2}e^{\frac{Dn^2\pi^2 t}{r_p^2}} \tag{3-16}$$

式中，M_t为时间 t 内的扩散物质的总质量，kg/m^3；M_∞ 为总的吸附质量，kg；r_p为扩散路径长度，m。也可写成：

$$\frac{V_t}{V_\infty} = 1 - \frac{6}{\pi^2}\sum_{n=1}^{\infty}\frac{1}{n^2}e^{\frac{Dn^2\pi^2 t}{r_p^2}} \tag{3-17}$$

式中，V_t为时间 t 气体吸附的体积，cm^3/g(标态)；V_∞ 为总的吸附或解吸附体积，cm^3/g(标态)；当时间间隔 t 很小时[文献(Crosdale 等，1998)认为在 600s 内]，式(3-17)可简化成：

$$\frac{V_t}{V_\infty} = 6\left(\frac{D_e t}{\pi}\right)^{0.5} \tag{3-18}$$

式中，D_e 为有效扩散系数($D_e = D/r_p^2$)，m^2/s；即得到有效扩散系数为：

$$D_e = \frac{\pi}{t}\left(\frac{V_t}{6V_\infty}\right)^2 \tag{3-19}$$

研究中，取解吸开始后 10min 的解吸数据，首先得到样品气体解吸率随时间开方的数据点分布，再对其进行线性拟合，据拟合直线的斜率，计算得到扩散系数，其中数据拟合在 OriginPro 9.0.0 上进行。

2. 实验方法的分析

页岩气扩散系数测定实验方法目前存在的主要问题是：对扩散的类型、扩散浓度的概念、对应的测试方法、所测结果所代表的意义存在争议。有的学者认为扩散浓度为单位体积岩石中的游离气量(仅仅是游离气量，游离态中含扩散和渗流过程)，有的学者认为天然气主要是通过岩石中的孔隙水进行扩散，所以扩散浓度应为单位体积孔隙水中的溶解气量，有的学者认为扩散浓度应为单位体积岩石中溶解的气量，甚至还有的学者认为天然气主要是通过岩石中孔隙气进行的扩散，在天然气组分简化为甲烷一种气体时，就不存在扩散浓度的提法，因而也就不存在扩散。针对这些争议，柳广弟等(2012)提出对应不同的扩散浓度含义，扩散系数实验测定数据的处理方法有游离烃浓度法、水溶烃浓度法和时滞法三种，研究中应注意保持扩散量计算中的浓度含义与扩散系数测定中的浓度含义一致。郝石生等(1994)改进了实测天然气扩散系数的方法，测试了不同岩性、温度、压力、天然气组分和饱和介质条件下的扩散系数，其数据处理方法为游离烃浓度法。李海燕等(2001)对实测干岩样扩散系数结果进行了饱和介质由气到水的转换，并用修正后的斯托克斯-爱因斯坦方程对它进行了温度校正，其数据处理方法为水溶烃浓度法。另，周建文等(1998)针对用稳态模型处理非稳态的扩散实验过程导致所求取值产生偏差的问题，提出了用实测数据求取扩散系数的非稳态模型。

通常情况下，因为页岩气产出时的扩散过程分为气体在储层连通的孔隙和裂缝中由高浓度区域向低浓度区域的扩散，和气体在气体从基质(或干酪根主体)到基质表面的扩散两过程。所以对这两个不同阶段，扩散系数测定方法及原理不同，孔隙和裂缝中的扩散系数通过测量柱塞岩心前后气室的气体浓度变化来计算得到(浓度法)，基质中的扩散系数可用气体在颗粒岩样中的解吸或吸附数据结合扩散模型计算得到(解吸法)(图 3-16)。但这两种测试方法所得到的结果还需要比对。

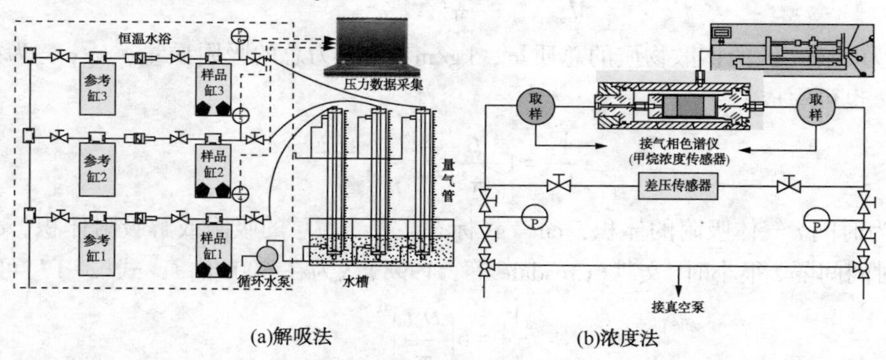

图 3-16 扩散系数测定实验装置示意图

3.4.2 页岩气的渗透率测定实验

页岩岩样渗透率的测试方法分常规渗透率测定、压力脉冲法渗透率测定、颗粒岩样渗透率测定三种。常规渗透率测定只能用于有裂缝岩心，付静(2007)在常规渗流实验岩心夹持器末端增加了一套回压控制装置通过给岩心施加不同的回压，测量了储层在有裂缝且变压条件下的渗流能力。测渗透率的高压力脉冲的瞬态法(Transient Pulse Method)由 W. F. Brace 等于 1968 年提出。此方法的优点在于：可用于测量超低渗样品(可低至 $10\times10^{-6}\mu m^2$)

并且不需要流量计，只进行时间和压力的测定，但所测结果的可靠性不存在争议。

1. 实验装置和方法

1）实验装置

脉冲衰减法测渗透率装置，由体积为 V_1 的上流气体箱、能提供高围压(通常是等压的)的可装孔隙体积为 V_p 的岩样的岩心夹持器和体积为 V_2 的下流气体箱组成，其中一个压差传感器测量两个气罐之间的压差，另一个传感器测量下流气体箱的绝对压力。脉冲衰减法测渗透率装置的结构示意和实物图如图 3-17 和图 3-18 所示。实验所用西安石油大学的 RTR-1000 高温高压岩石真三轴测试系统(Rapid Triaxial Rock Testing Systems)附带脉冲渗透率测量装置。

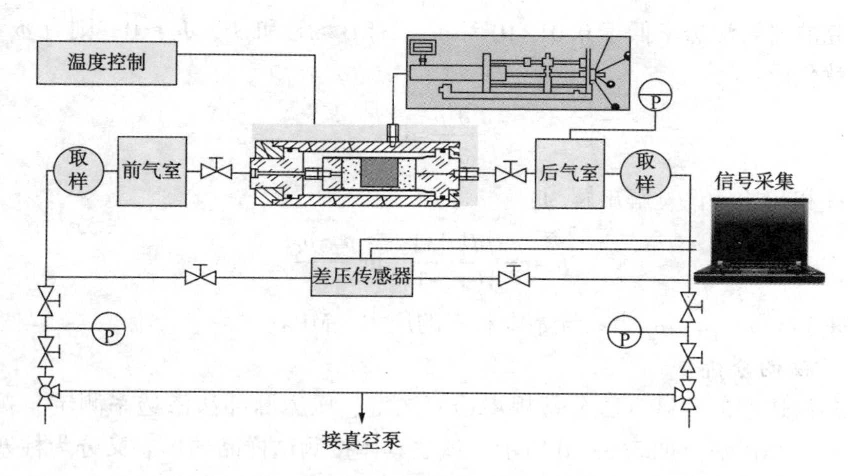

图 3-17　脉冲衰减法测渗透率装置结构示意图

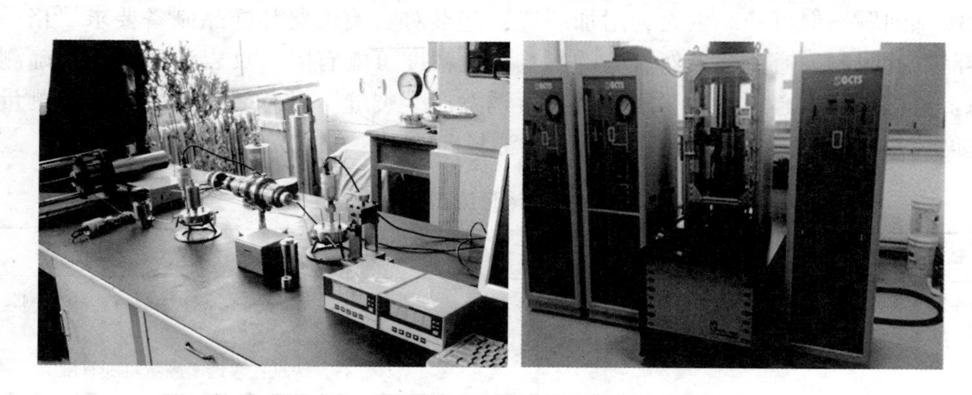

图 3-18　脉冲衰减法测渗透率装置实物图

2）实验方法

实验测得前后气室压力随时间的衰减曲线，结合一维气体不稳定渗流微分方程(如式所示)，可求解出渗透率。具体为：记录一段时间上、下端压力差的变化绘制出 lg(Δp)与 t 间的关系曲线，通过方程 $p_1 - p_f = \Delta p e^{-[kA/(\mu\beta L)](1/V_1+1/V_2)t}$ 拟合，确实出$[kA/(\mu\beta L)](1/V_1+1/V_2)$，从而求解出渗透率。

$$\frac{\partial^2 p}{\partial x^2}=\frac{\mu\beta\phi_e}{K}\frac{\partial p}{\partial t},\ \phi_e=\phi_c+\frac{\beta_r-(1+\phi_c)\beta_a}{\beta} \tag{3-20}$$

边界条件为：$\begin{cases}\dfrac{\partial p}{\partial x}=\dfrac{\mu V_1\beta}{AK}\dfrac{\partial p}{\partial t},\ x=0\text{ 且 }t>0\text{ 时}\\ \dfrac{\partial p}{\partial x}=\dfrac{\mu V_1\beta}{AK}\dfrac{\partial p}{\partial t},\ x=L\text{ 且 }t>L\text{ 时}\end{cases}$，初始条件为：$\begin{cases}p(x,\ 0)=p_0,\ 0<x<L\\ p(0,\ 0)=p_0+\Delta p\end{cases}$

式中，p、Δp 为压力和压力脉冲幅度，MPa；x 为离样品上端的距离，m；μ 为气体黏度，Pa·s；t 为 Δp 的衰变时间，s；ϕ_e、ϕ_c 为样品的有效孔隙度和连通孔隙度，%；β、β_r、β_a 为气体的样品和样品基岩的压缩率；V_1、V_2 为样品上端容器和下端容器的体积，m^3。

因所研究的岩石渗透率低于 $0.01\times10^{-3}\mu m^2$，有 $\beta\gg\beta_r$ 和 β_a，$\phi_c\approx0$，则有 $\phi_e=0$，上面的微分方程就化成：

$$\frac{\partial^2 p}{\partial x^2}=0$$

结合边界条件和初始条件，解出解为：

$$K=c-\frac{\mu\beta LV_1V_2}{A(V_1+V_2)}\ln\frac{p_1-p_f}{t} \tag{3-21}$$

式中，c 为积分常数；p_1、p_f 为系统始末状态的压力，MPa。

2. 实验方法的分析

页岩岩样渗透率的测试方法分常规渗透率测定、压力脉冲法渗透率测定、颗粒岩样渗透率测定三种，其优缺点如表 3-10 所示。该法具体按测试样品的形态又分为柱塞样品和岩屑样品渗透流压力脉冲衰减测试方法，它们的优劣在于，前者精度较高，可改变围压以研究应力敏感问题，但可能产生人为附加裂缝，并且对实验仪器和样品制备要求严格，后者不受样品形状限制，避免了天然裂缝的影响，但精度可能有限。页岩渗透率的准确测量需要考虑：对无裂缝岩心用脉冲法测量时是否诱发产生裂缝，对有裂缝岩心渗透率测量时的裂缝宽度控制，以及页岩中两相相渗透率的测量问题。

表 3-10 各种页岩渗透流测定方法的优缺点

测试方法	实验装置特点	岩样形状	优缺点
裂缝岩心渗透率测定	常规渗透率测定装置	有裂缝柱塞状	优点：无需特殊装置，还可测传导系数、裂缝宽度； 缺点：渗透率测量范围有限
压力脉冲法渗透率测定	岩心前后两的气室的压差要实时记录	无裂缝柱塞状	优点：可测低至纳达西渗透率； 缺点：在测量时可能形成裂缝
颗粒岩样渗透率测定	气体吸附解吸装置	颗粒状	优点：可避开裂缝的影响，可与解吸和扩散参数测定结合，分析耦合规律； 缺点：无法对岩样施加围压，较难模拟地层状

3.5 页岩气储层伤害相关实验

目前，页岩气储层伤害仍然主要依据碎屑岩和碳酸盐岩研究方法，仅仅重点研究渗流能力影响因素，已取得的基本的认识有，伤害内因主要是孔隙度低易水锁，黏土矿物含量较高易水化膨胀堵塞通道，页岩表面毛细管力增加气体流动阻力，高温高压环境削弱工作流体性能易增加储层液相残留量；伤害外因主要是工作液抑制能力不足造成储层黏土水化膨胀，工作液侵入、工作液残留、工作流体添加剂残留、工作液生成生物被膜阻碍气体流动，生产压差过小导致井眼附近液相挥发速度较慢造成水锁堵塞渗流通道等。主要实验项目包括岩心敏感性评价、水锁伤害评价、钻井液伤害评价三项实验。

3.5.1 储层敏感性伤害评价实验

1. 实验装置和方法

1）实验装置

有裂缝岩心敏感性评价实验装置(图3-19)，由ISCO泵、真空泵、围压泵、岩心夹持器、中间容器、流量计算装置、氮气瓶、恒温箱组成。无裂缝岩心敏感性评价实验装置，由美国GCTS公司的RTR-1000型高温高压岩石真三轴测试系统(Rapid Triaxial Rock Testing Systems)附带的脉冲法测渗透率仪、BH-Ⅰ型岩心抽空饱和仪、氮气瓶组成。

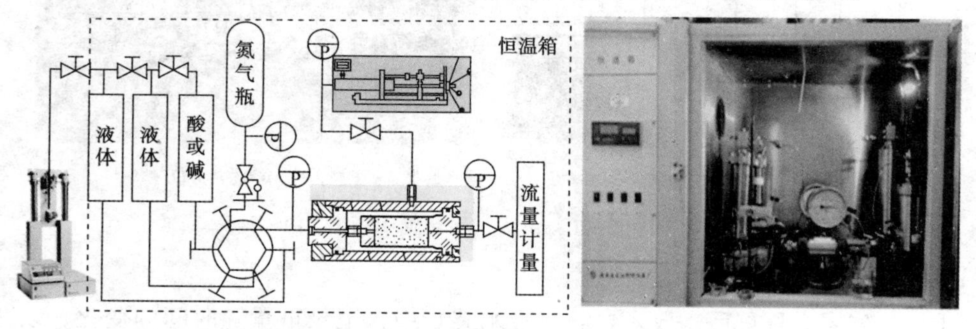

图3-19 有裂缝岩心敏感性评价实验装置

2）实验方法

有裂缝岩心敏感性评价按《储层敏感性流动实验评价方法》(SY/T 5358—2010)进行。无裂缝岩心敏感性评价，在岩心抽空饱和仪中对岩心进行抽真空，再用配置好的盐水、碱液(与裂缝岩心敏感性所用液体相同)对其饱和12h，之后用脉冲法渗透率仪气测其渗透率变化，得到水敏和碱敏评价结果(所以基质未做速敏实验)，应力敏感通过改变围压进行。

2. 实验方法的分析

传统的储层敏感性评价方法是基于对渗流能力伤害的评价，对页岩气储层，特殊性也是关键在于对渗透率的准确测定和如何模拟液体对岩样的作用。页岩岩样渗透率的测试方法分常规渗透率测定、压力脉冲法渗透率测定、颗粒岩样渗透率测定三种。模拟液体对岩样的作用，有抽真空饱和、加压饱和、浸泡烘干、离心、驱替、毛管自吸等方式。具体敏感性伤害评价方法为，对裂缝型页岩岩心，用常规渗透率测定方法进行敏感性实验，对无裂缝岩心或裂缝不规则岩心可用巴西劈裂法对其人工造缝；对基质型或无裂缝型页岩岩心，可先将岩样用液体饱和等方式模拟流体作用，再使用压力脉冲衰减法测渗透率的变化，进行盐敏、水敏、碱敏分析，对应力敏感，改变岩心加持器围压即可，如赵立翠(2013)等用此法分析了渗流通道类型对应力敏感的影响。

目前，页岩储层敏感性评价实验方法面临的突出问题是，评价裂缝型岩心敏感性伤害时裂缝宽度的变化需要监测并分析其对结果的影响，评价基质型岩心敏感性伤害时因页岩太致密导致岩样液体饱和程度无法判断和有效控制。

3.5.2 水锁及渗吸伤害评价实验

1. 实验装置和方法

1）实验装置

岩心自吸水装置，BH-Ⅰ型岩心抽空饱和仪和 MiNiMR-HTH 型核磁共振仪(HP-NMR Displacement Image Instrument)(图 3-20)。

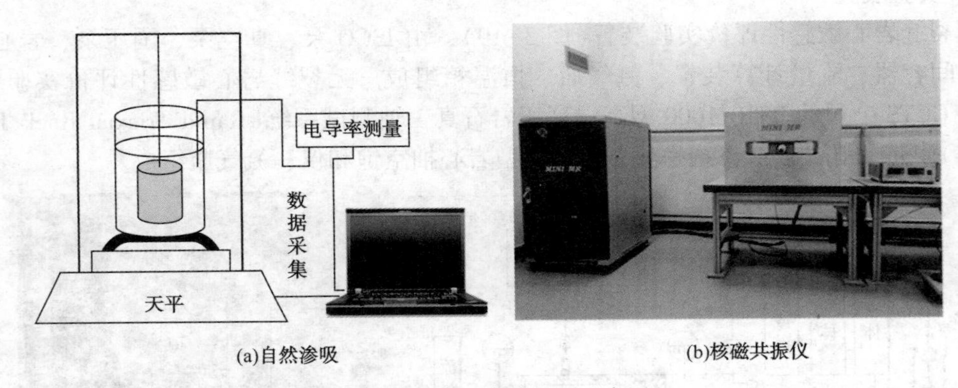

(a)自然渗吸　(b)核磁共振仪

图 3-20　渗吸实验装置示意图

2）实验方法

将干燥页岩岩心称重后，放入岩心自吸水装置中，记录重量随时间的变化，以此得到自吸水量随时间变化，再计算出自吸水量占孔隙体积和侵入岩心深度；在岩心抽空饱和仪中对岩心进行抽真空，并用配置钻井液的清水对其饱和 12h，之后取出擦干表面浮后水，用核磁共振仪测其 T_2 谱分布，再计算得到含水饱和度。

2. 实验方法的分析

对页岩气储层水锁及渗吸伤害和返排时的伤害解除的评价，目前主要有页岩对压裂液的渗吸实验和模拟压裂液返排实验两种方法。渗吸实验分自然渗吸和应力状态下渗吸，自然渗吸实验是将称重后的干燥页岩岩心放入用于配置的工作液中并悬挂于天平下部，记录重量随时间的变化，通过质量变化反映自吸水量，应力状态下的渗吸是在岩心加持器中进行(图 3-21)。返排模拟实验就是对液体饱和后的岩心进行气体驱替，以模拟返排过程。目前评价实验存在的问题是，如何在储层温压条件下进行，特别是因工作液渗吸引发的微裂缝扩展缺乏可靠的评价方法。

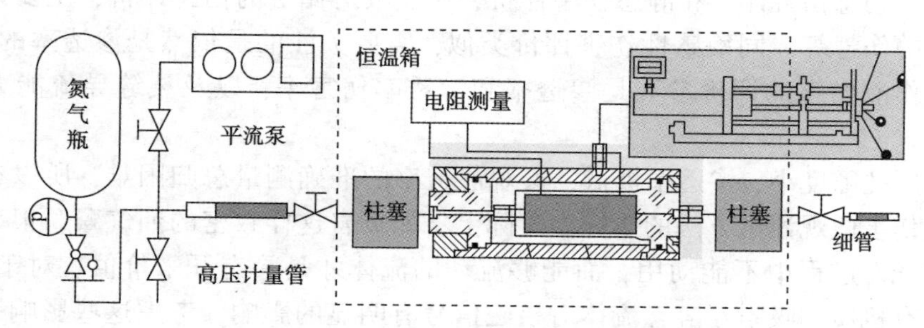

图 3-21 应力状态下渗吸实验装置示意图

返排时的伤害解除评价参数包括：返排率、初始和终期含水饱和度及其分布特征、渗吸曲线特征、渗吸速率、液相扩散系数、诱发微裂隙尺寸和条数、黏土水化作用参数等，目前详细的评价体系还待建立。

3.5.3 工作液污染伤害评价实验

1. 实验装置和方法

1）实验装置

JHMD-Ⅱ型高温高压岩心损害评价系统（图 3-22），Olympus DSX-500 型三维成像测量显微镜。

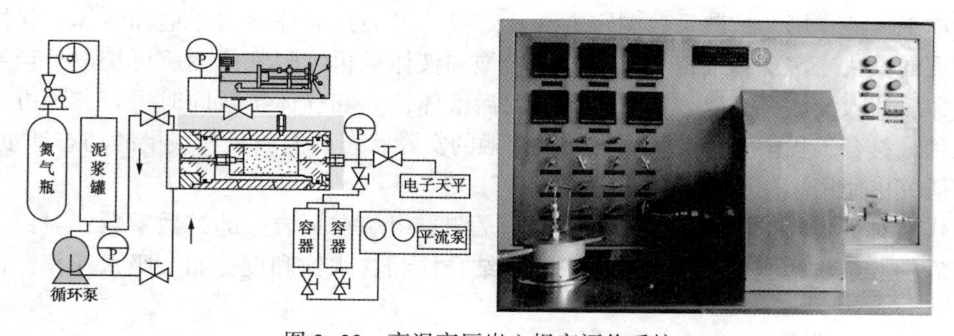

图 3-22 高温高压岩心损害评价系统

2）实验方法

按行业标准《钻井液完井液损害油层室内评价方法》（SY/T 650—2002）和《水基压裂液性能评价方法》（SY/T 5107—2005）进行。动态和静态污染，都在高温高压岩心损害评价系统动岩心进行，差别只是静态污染时钻井液不循环，实验时间为 2h，温度 50℃，围压 6MPa，压差 3. 5MPa，结束后对取出岩心用氮气进行驱替，直到气测渗透率稳定（即钻井液侵入液体基本被驱出）后记录数据，之后再测用毛刷刷岩心污染端面和切 0. 7cm 污染端面后的渗透率值，以此评价钻井液侵入深度。有、无裂缝岩心渗透率测定方法与岩心敏感性评价中的方法相同。最后使用显微镜，对钻井液污染前、污染后及切除污染端面后的岩心端面进行观察对比，以进一步判断岩心钻井液污染程度。

2. 实验方法的分析

工作液对储层伤害的评价宏观实验方法，页岩气与常规气藏的类似，即钻井液对储层的伤害评价分动态伤害评价和静态伤害评价，压裂液对储层的伤害评价，主要评价其对裂缝导流能力的伤害等，同敏感性伤害评价类似，需要关注的是依然是渗透率的准确测量。页岩储层工作液伤害的评价参数是渗透率和渗透率伤害率，以及裂缝导流能力及其伤害率等。

页岩储层孔隙度小、渗透率极低，宏观渗透率的准确测量总归困难，所以有必要进行页岩气储层伤害微观评价方法的研究。实际上，如页岩这样致密的油气藏，很大一部分流体在常规的开发过程中不能动用，而能够流动的流体才是具有开采价值。对于页岩储层，流体类型、有机质和吸附互溶态流体对核磁信号有明显的影响，考虑这些影响因素，核磁共振技术可用于页岩储层可动流体的评价，并以可动流体饱和度这一参数为基础，从微观尺度进行页岩油储层的敏感性、钻井液和压裂液伤害评价。

3.5.4 对扩散和解吸的伤害评价实验

1. 实验装置和方法

实验装置和方法都是基于湿样的扩散系数测定和吸附、解吸参数测定，区别有二：一是所用液体为工作液，其理化特性以及与岩石的相互作用机理不同。二是要模拟在实际工程中工作液与岩样的作用方式和程度，而不简单地仅在实验前对岩样的含液处理。

2. 实验方法的分析

1）对页岩气扩散的伤害实验

考虑工作液作用的扩散系数测定方法，解吸法可通过对柱塞岩心饱和液体，并控制含水饱和度的做法来实现；浓度法有颗粒岩样饱和液体后再吸附气体然后再扩散、颗粒岩样吸附气体后注入液体再扩散、颗粒岩样吸附后液体注入和气体扩散同时进行三种方法，其中第三种最符合工程中工作液与页岩储层接触的实际状态，但液量和气量的动态计量困难，故目前研究中使用第一种方法的居多。

工作液对页岩气扩散伤害的评价参数，是测量甲烷在页岩中的扩散系数，对比工作液使用前后扩散系数的变化，求出变化率，再结合样品含水饱和度分布、吸水速率，评价其影响。

2）对页岩气解吸的伤害实验

在研究工作液对对页岩气吸附的影响(伤害)时，模拟工作液的作用与解吸法测扩散系数类似，有两种方法：颗粒岩样饱和液体后再吸附气体，颗粒岩样吸附气体过程中注入液体，同样后者较符合工程实际状态，但液量和气量的动态计量困难。在具体吸附实验中，容量法具有优势，因为该方法可在吸附时注入液体，也可精确控制样品含水率的变化。目前在页岩气吸附解吸实验研究中还没有考虑页岩对液相水的扩散和渗吸这一动态过程，主要分析了水对岩样中气体吸附解吸影响，没有涉及工作液及其成分，缺少吸附解吸时液量和气量的精确计量。

工作液对页岩气解吸伤害的评价参数，可测量页岩对甲烷的等温吸附曲线、解吸曲线，拟合得到吸附特性参数，对比工作液使用前后特性参数的变化，求出变化率，再结合样品含水饱和度分布、吸水速率，评价其影响。须注意，如果用的是吸附参数，因解吸是其逆过程，所以评价应相反。

3.5.5 页岩气储层伤害评价体系

工作液对页岩气产出的影响和伤害，具有多机理和空间及时间的多尺度性，也是页岩储层敏感性和工作液侵入伤害、页岩对工作液渗吸引起的水锁及自解除、工作液体对页岩气吸附解吸扩散的影响三者共同作用的结果。所以，单一机理单一尺度的伤害评价离页岩气的实际产出和与工作液的作用仍有距离，需要进一步研究工作液对页岩气多机理多尺度传质过程的伤害评价体系。

根据前述分析可见，页岩气储层工作液伤害评价参数而应包括以下几类：①用于有裂缝储层敏感性和工作液伤害评价的渗透率及其恢复率；②用于无裂缝储层敏感性和工作液伤害评价的渗透率及其恢复率；③用于页岩对液体渗吸和水锁及自解除评价参数，如：返排率、初始和终期含水饱和度及其分布特征、渗吸曲线特征、渗吸速率、液相扩散系数、诱发微裂隙尺寸和条数、黏土水化作用参数等；④用于液体对气体吸附、解吸和扩散影响评价参数，如：吸附特性参数变化率、扩散系数变化率、样品含水饱和度分布、吸水速率；⑤工作液对页岩储层伤害微观评价参数；⑥工作液对页岩气多尺度传质伤害评价参数，视渗透率等。工作液对页岩气产出的伤害评价参数之外，对各项参数相互关系、所占比重及评价体系，文献中还未见有系统研究。

第4章 页岩气吸附影响因素及特征

页岩气的解吸，也就是页岩气开采后气体由吸附态向游离态的转化。解吸是指吸附质离开界面使吸附量减少的现象，为吸附的逆过程，所以可通过先分析吸附，一定程度上来研究气体解吸过程。吸附的定义是两相体系中某个相的物质密度或溶于该相中的溶质浓度在两相界面上发生改变的现象。影响页岩吸附气体能力的因素主要有机碳含量 *TOC*、镜质体反射率 R_o、矿物和有机质种类以及温度和压力等。熊伟等(2012)通过实验发现，随着页岩 *TOC* 以及 R_o 的提高，页岩的吸附能力增加；当页岩的 *TOC* 相近时，页岩的 R_o 越高，吸附能力越强；当页岩的 R_o 相近时，页岩的 *TOC* 越高，页岩的吸附能力越强。薛海涛等(2003)发现泥岩的吸附量大于灰岩，干酪根的吸附量远大于泥岩和灰岩，吸附量随温度升高而降低，随压力升高而增加。

4.1 页岩成分及其含量对页岩气吸附的影响

近来相关研究表明页岩的成分及其含量对它吸附气体有着较大的影响。

页岩为强非均质，其组成主要包括：有机质、无机黏土矿物、石英、碳酸盐、方解石和黄铁矿等，其中与气体吸附有关的主要成分为前两者。页岩中有机质不但可以产生天然气，还能因自身的微孔结构为吸附气体提供吸附位。干酪根是页岩中有机质的主要部分，它可用一定的方法从页岩中提取出来。黏土矿物颗粒细小，且有着相似的硅铝酸盐结晶层，此种层结构也可为气体的吸附提供大的比面积和吸附位。

一些实验研究通过关注页岩、有机质和矿物对甲烷的等温吸附曲线特征来确定页岩成分对吸附的影响。其实验用的吸附材料不仅有页岩岩心或露头，还包括活性炭、提取的干酪根和纯黏土矿物(分别用来替代真实页岩中的有机质和黏土)等，实验方法主要有容量法和重量法。这些研究大多表明有机质对气体的吸附在页岩气的存贮中有着重要的作用，气体吸附量和页岩全碳含量(*TOC*)间有着近似的线性关系。而对该问题目前研究的争议则主要在于：首先，黏土矿物在页岩吸附气体中的重要程度。Zhang 等(2012)认为无机矿物的存在掩盖了页岩有机质中的活性吸附位，导致页岩吸附气体的量较低。可 Liu(2013)和 Heller(2014)等持黏土对页岩吸附气体贡献很大的观点。其次，页岩对气体吸附等温线的形态和对应吸附模型。多数研究认为页岩对甲烷的等温吸附曲线是 IUPAC(International Union of Pure and Applied Chemistr，国际纯化学与应用化学联合会) I 型等温线，其吸附规律符合 Langmuir 方程。但是也有不同观点，如 Gasparik 等(2014)观察到的页岩吸附甲烷等温线有阶梯状突变，Ross 等(2009)发现部分 Jurassic 页岩对甲烷的吸附曲线不是I型等温线，Lu 等(1995)认为 Langmuir 方程的均质性假设不再适用于描述高黏土含量的页岩对气体的吸附等。最后，目前的研究考虑到页岩成分参数的吸附模型还很少。如在 Lu 等(1995)的 Bi-Langmuir 模型中，与页岩成分相关参数仅是由拟合确定的。

在本节研究中，进行了干酪根、黏土和页岩干样对甲烷的容量法等温吸附甲烷实验，以量化页岩中有机质和黏土矿物在整个页岩吸附气体中的贡献，并在此基础上提出一个考虑页岩组成的吸附模型，探讨了它的适用性。

实验所用材料为1#无烟煤、干酪根、高岭土、蒙脱石、伊利石、石英和1~5#页岩样品，全为干样，样品参数如表4-1所示。实验装置和实验方法为容量法。实验温度设定为20℃、30℃、40℃，压力设定为<10MPa。

表4-1 实验用页岩、矿物和干酪根样品的质量和含水率

编号	干样			湿样				实验种类
	质量/g			平衡湿样		饱和湿样		
	40~80目	80~160目	<160目	含水率/%	质量/g	含水率/%	质量/g	
1#页岩	104.1	148.6	146	0.89	109.7	0.90	107.9	容量法
2#页岩	164.6	132.9	160.7	—	—	—	—	容量法
3#页岩	139.0	132.2	52.6	—	—	—	—	容量法
4#页岩	53.2	35.4	44.5	—	—	—	—	容量法
5#页岩	247.8	216.8	113.9	0.55	195.2	5.02	132.2	容量法
5#页岩	2g	—	—	—	—	—	—	重量法
1#无烟煤	111.0	118.6	94.2	9.02	42	9.05	41.9	容量法
Ⅱ型干酪根	—	—	247.8	—	—	—	—	容量法
高岭土	—	—	104.1	1.164	28.3	4.65	47.6	容量法
蒙脱石	—	—	164.6	13.583	52.5	8.048	130.5	容量法
伊利石	—	—	139.0	9.297	108.7	6.970	116	容量法
石英	—	—	129.1	—	—	—	—	容量法
样品所用于的章节	4.1 4.3 4.4	4.3 4.5		4.3 4.5		4.4 4.5		4.4 4.5

4.1.1 等温吸附曲线测定实验结果

1. 干酪根和黏土等对甲烷的吸附

实验得到粒径<160目的干酪根、黏土和页岩干样品在20℃下对甲烷的等温吸附曲线(图4-1)，并用Langmuir和D-A模型对结果进行拟合(表4-2)。

由图4-1(a)可见，两种干酪根样品在最高实验压处对甲烷的吸附量大于$15\times10^{-3}m^3/kg$，Ⅱ型干酪根的值大于Ⅲ型干酪根(1#无烟煤)的。相应三种黏土和石英样品对甲烷的吸附量均低于$5\times10^{-3}m^3/kg$，且大小次序为：蒙脱石>高岭土>伊利石>石英[图4-1(b)]。干酪根、蒙脱石、伊利石样的等温吸附线为Ⅰ型等温线，高岭土和石英的近于Ⅱ型或Ⅳ型等温线。此种吸附量和等温线形态上的差异表明，页岩中的干酪根和黏土成分吸附的气体量较多，且吸附规律和对吸附总量的贡献量略有不同。

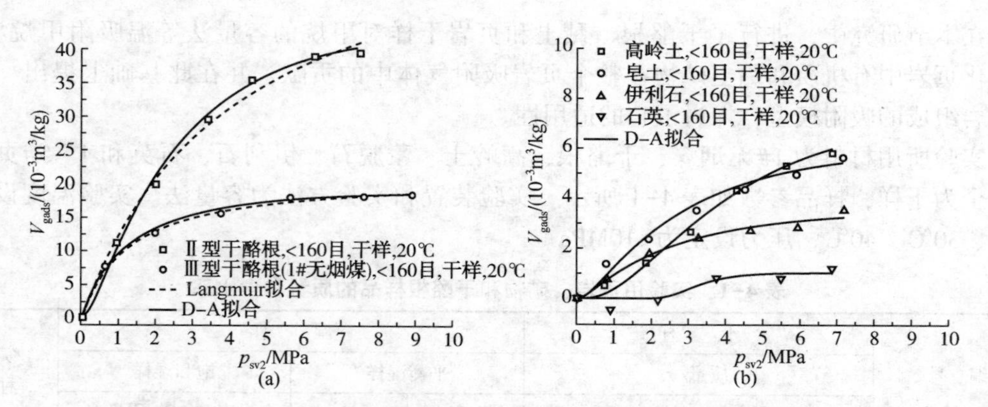

图 4-1 20℃时干酪根、黏土和石英对甲烷的等温吸附曲线

表 4-2 20℃干酪根和矿物对甲烷等温吸附数据 Langmuir 和 D-A 模型拟合结果

样品	质量/g	Langmuir					D-A							
		V_L/(10^{-3}m^3/kg)		p_L/MPa		R^2	V_0/(10^{-3}m^3/kg)		E/(kJ/mol)		m		p_0/MPa	R^2
		值	σ	值	σ		值	σ	值	σ	值	σ		
Ⅲ型干酪根(1#无烟煤)	111.00	21.22	0.43	1.30	0.11	0.99	18.43	0.39	7.06	0.27	2.00	0.25	10.90	0.99
Ⅱ型干酪根	247.80	63.40	4.76	4.11	0.66	0.99	41.76	1.24	4.98	0.14	2.00	0.21	10.90	0.99
高岭土	104.10	79.63	155.86	82.93	173.86	0.98	6.55	0.48	3.44	0.18	2.00	0.33	10.90	0.99
蒙脱石	164.60	10.27	0.74	6.12	0.79	0.99	5.52	0.45	4.79	0.36	2.00	0.50	10.90	0.97
伊利石	139.00	5.25	0.66	4.15	1.11	0.98	3.46	0.30	5.11	0.42	2.00	0.58	10.90	0.96
石英	129.1	68.87	4612.79	400.00	27304.45	0.63	1.03	0.25	3.14	0.96	6.00	10.02	10.90	0.77

两个干酪根样对甲烷的等温吸附数据用 Langmuir 和 D-A 模型拟合结果良好[图 4-1(a)和表 4-2]。Ⅱ型和Ⅲ型干酪根样对甲烷的 D-A 饱和吸附量分别为 18.43×10^{-3}m^3/kg 和 41.76×10^{-3}m^3/kg，它们都小于相应的 Langmuir 饱和吸附量(表 4-2)。三个黏土样品的 D-A 模型拟合结果较 Langmuir 模型的好，因为如表 4-2 所示，高岭土和伊利石样品的 Langmuir 饱和吸附量和 Langmuir 压力的拟合标准差都很大，有的甚至大于参数拟合值。对比可见，干酪根的 D-A 饱和吸附量约为黏土 D-A 饱和吸附量的 5 倍，三个黏土样品中，高岭土的值最大伊利石的值最小。石英样品的数据用两个吸附模型拟合均失败，拟合决定系数都很小(表 4-2)。

2. 页岩和煤对甲烷的吸附

页岩和煤样品在 20℃、30℃和 40℃对甲烷的等温吸附曲线见图 4-2，相应 Langmuir 和 D-A 模型拟合结果见表 4-3。

可见在最高实验压力处，1#无烟煤的甲烷吸附量为 25×10^{-3}m^3/kg[图 4-2(f)]，高于所有页岩样品的值，为(1.0~8.0)×10^{-3}m^3/kg[图 4-2(a)~图 4-2(e)]。页岩样品中 4#页岩的吸附量最大[图 4-2(d)]，这可能是因为它的有机质和黏土量含较高。此外，在相同压力下 1#无烟煤、1#、3#、5#页岩的甲烷吸附量随温度的升高而降低[图 4-2(a)、图 4-2(c)、图 4-2(e)、图 4-2(f)]。40℃时 2#页岩和 4#页岩对甲烷的吸附量高于相应 20℃的值

[图 4-2(b)、图 4-2(d)]，此种表现异常。

1#无烟煤不同温度下对甲烷的等温吸附曲线都是Ⅰ型等温线。可是，五种页岩样品在30℃和40℃时的部分等温吸附曲线近于Ⅱ型或Ⅳ型[图 4-2(a)~图 4-2(e)]。这些曲线状如两条标准等温线首尾相连而来，或可描述为等温线在3~7MPa处发生了弯折，而甲烷的临界压力恰在此范围内。

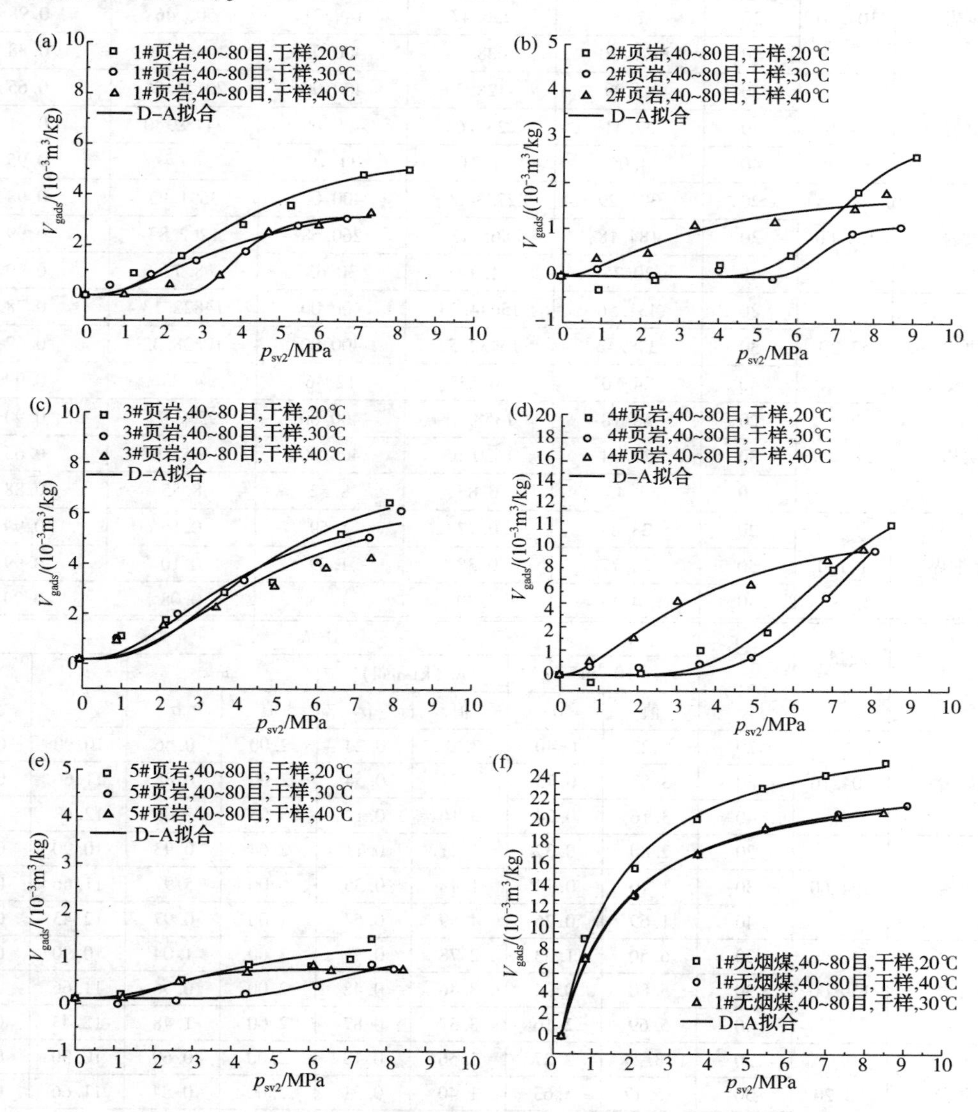

图 4-2　页岩和无烟煤样在不同温度下对甲烷的等温吸附曲线

1#无烟煤在三个温度下的甲烷吸附数据都严格符合 Langmuir 和 D-A 方程[图 4-2(f)和表 4-3]。相比较，虽然 Langmuir 方程能对一些页岩样品的吸附数据提供较好拟合(1#页岩30℃时，2~4#页岩 40℃时)，但 D-A 模型与全部页岩样品等温吸附数据的符合程度更好。这可由相关拟合曲线[图 4-2(a)~图 4-2(e)]和 D-A 模型的拟合决定系数看出，其值都>0.90而 Langmuir 模型拟合的决定系数有低至 0.60 的(表 4-3)。

表 4-3 不同温度下干酪根和矿物对甲烷等温吸附数据 Langmuir 和 D-A 模型拟合结果

岩样	质量/g	T/℃	Langmuir				
			V_L/($10^{-3}m^3$/kg)		p_L/MPa		R^2
			值	σ	值	σ	
1#页岩	104.10	20	30.58	14.92	40.66	23.14	0.99
		30	72.59	236.47	149.31	506.46	0.98
		40	176.30	4688.48	400.00	10847.46	0.88
2#页岩	164.60	20	83.99	4128.20	400.00	20121.56	0.65
		30	37.31	2233.65	400.00	24489.40	0.51
		40	4.06	1.71	11.79	7.64	0.95
3#页岩	139.00	20	301.29	2723.66	400.00	3691.93	0.98
		30	184.18	865.13	260.68	1262.83	0.99
		40	20.75	4.97	30.63	8.77	0.99
4#页岩	53.20	20	431.56	15644.74	400.00	14822.13	0.78
		30	338.42	16432.57	400.00	19838.35	0.67
		40	24.80	6.53	12.46	4.83	0.99
5#页岩	247.80	20	58.18	1358.81	400.00	9537.77	0.90
		30	27.54	1620.55	400.00	24057.03	0.65
		40	1.43	0.85	8.52	8.55	0.88
1#无烟煤	111.0	20	28.83	0.77	1.69	0.16	0.99
		30	24.77	0.38	1.89	0.10	0.99
		40	24.13	0.30	1.75	0.08	0.99

岩样	质量/g	T/℃	D-A							
			V_0/($10^{-3}m^3$/kg)		E/(kJ/mol)		m		p_0	R^2
			值	σ	值	σ	值	σ		
1#页岩	104.10	20	5.22	0.40	3.28	0.24	2.00	0.46	10.90	0.97
		30	3.53	0.75	3.71	0.54	2.00	0.88	11.66	0.94
		40	3.16	0.24	3.16	0.12	5.95	2.06	12.43	0.97
2#页岩	164.60	20	2.80	0.37	1.21	0.11	2.64	0.93	10.90	0.97
		30	1.10	0.14	1.48	0.35	6.00	5.97	11.66	0.94
		40	1.69	0.26	4.59	0.64	2.00	0.97	12.43	0.91
3#页岩	139.00	20	6.50	1.33	2.78	0.45	2.00	1.04	10.90	0.89
		30	5.80	0.94	3.46	0.48	2.00	0.96	11.66	0.92
		40	5.69	2.16	3.37	0.87	2.00	1.48	12.43	0.76
4#页岩	53.20	20	13.24	2.27	1.56	0.19	2.00	0.69	10.90	0.98
		40	15.17	5.63	1.40	0.31	2.00	0.84	11.66	0.98
		40	10.16	0.82	4.48	0.29	2.00	0.44	12.43	0.98
5#页岩	247.80	20	1.14	0.32	3.16	0.74	2.00	1.53	10.90	0.84
		30	0.90	0.48	1.65	0.46	2.56	2.43	11.66	0.91
		40	0.64	0.03	4.52	0.24	4.63	1.64	12.43	0.98
1#无烟煤	111.0	20	24.08	0.80	6.58	0.36	2.00	0.34	10.90	0.99
		30	21.01	0.69	7.08	0.34	2.00	0.32	12.43	0.99
		40	20.42	0.51	6.84	0.26	2.00	0.25	11.66	0.99

五个页岩样品的 D-A 饱和吸附量大小次序为：4#页岩>3#页岩>1#页岩>2#页岩>5#页岩(表 4-3)。例如，30℃时 4#页岩(*TOC* 为 2.72%，R_o 为 1.26%)的饱和吸附量为 15.170×$10^{-3}m^3/kg$，5#页岩(*TOC* 为 0.95%，R_o 为 1.42%)的饱和吸附量为 0.90×$10^{-3}m^3/kg$。此外，拟合得到页岩样品的 D-A 饱和吸附量都随温度的升高有一定降低。

4.1.2　页岩的成分及其含量对吸附的影响机理

1. 页岩中有机质和黏土矿物对吸附的贡献

首先，为了将实验结果与其他学者的对比，表 4-4 列出了文献中相关干酪根和黏土矿物对甲烷的吸附数据。

表 4-4　文献中干酪根和黏土对甲烷的吸附数据

样品			Langmuir		D-A			T/℃	文献
名称	*TOC*/%	R_o/%	V_L/($10^{-3}m^3/kg$)	p_L/MPa	V_0/($10^{-3}m^3/kg$)	*E*/(kJ/mol)	R^2		
GRF shale kerogen	63.90	0.56	17.47(27.34[a])	6.67	—	—	—	35	(Zhang 等，2012)
Woodford shale kerogen	69.60	0.58	22.85(32.83[a])	3.57	—	—	—	35	(Zhang 等，2012)
Cameo coal(type Ⅲ)	72.20	0.56	22.62(31.34[a])	1.18		—	—	35	(Zhang 等，2012)
HAD7119 isolated kerogen[b]	79.00	1.45	58.03(73.46[a])	14.54	23.48	4.72	0.91	65	(Rexer 等，2014)
Active carbon	100.00	—	167.53	3.12	—	—	—	40	(Heller 和 Zoback，2014)
Illite	—	—	3.86	—	—	—	—		(Lu 等，1995)
Illite	—	—	4.17	4.13	—	—	—	40	(Heller 和 Zoback，2014)
Illite[b]	—	—	5.04	4.85	3.09	5.29	0.99	30	(Ross 和 Marc Bustin，2009)
illite	—	—	2.22	3.1	—	—	—	60	(Liu 等，2013)
Kaolinite	—	—	0.99	4.84	—	—	—	40	(Heller 和 Zoback，2014)
Kaolinite[b]	—	—	1.88	10.47	0.76	4.80	0.95	30	(Ross 和 Marc Bustin，2009)
Kaolinite	—	—	3.88	3.0	—	—	—	60	(Liu 等，2013)
Bentonite[b]	—	—	3.38	3.99	2.26	5.49	0.99	30	(Ross 和 Marc Bustin，2009)
Bentonite	—	—	6.01	3.50	—	—	—	60	(Liu 等，2013)

注：[a]表示单位 *TOC* 的吸附量，$10^{-3}m^3/kgTOC$；[b]表示用 Langmuir 或 D-A 模型对文献中数据的拟合结果，后述表中相同；仅文献(Ross 和 Marc Bustin，2009)中的黏土样品为湿样，样品湿度分别为 5.9%、2.9%、19.0%(质量分数)；表中所有参数的单位已经过了换算。

从表中可见，实验所得干酪根对甲烷的等温吸数据[最大吸附量(20~60)×$10^{-3}m^3/kg$]与他人研究所得结果在吸附量的大小、吸附曲线的形态，以及所适合的吸附模型上都是接近的。例如，Rexer 等(2014)和 Zhang 等(2012)所测的干酪根对甲烷的饱和吸附量为(17~

58)×$10^{-3}$$m^3$/kg，注意，Rexer 等(2014)所用样品的 TOC 和 R_o 值与所用的很接近。实验所得三种黏土样品的最大甲烷吸附量为(3~10)×$10^{-3}$$m^3$/kg，其中蒙脱石和和高岭土样的吸附量较大。这与他人的结果基本也一致(表 4-4)，仅伊利石的结果有差异。具体为，Liu 等(2013)实验所得与结果相近，但是 Ross 和 Bustin(2009)发现蒙脱石与伊利石的甲烷吸附量大于高岭土的，Lu 等(1995)也有类似发现。这可能是因为各自所用黏土样品的纯度有所不同。另外，在上述文献中所有干酪根和黏土样品对甲烷的等温吸附数据都是采用 Langmuir 方程进行拟合的。此处尝试用 D-A 模型对 Rexer 等(2014)的干酪根吸附甲烷数据和 Ross 和 Marc(2009)的黏土吸附甲烷数据进行了拟合，符合程度均显示良好(表 4-4)。这可说明，相对研究中 Langmuir 模型对部分黏土吸附数据的失败，D-A 模型无论对干酪根还是黏土的甲烷吸附数据均可提供相对较好的拟合。

其次，如引言所述，有机质和黏土矿物对页岩吸附气体的贡献，即各自吸附气量在页岩吸附气体总量中所占的比例还存在争议，这里对此进行分析。材料吸附气体的能力与其孔隙性质有关，整理出文献中干酪根和黏土的比表面以及微孔体积数据，见表 4-5。

表 4-5 文献中干酪要和黏土的比表面和微孔体积数据

样品	N_2S_{BET}/(10^3m^2/kg)	CO_2V_{micro}/($10^{-6}m^3$/kg)	文献	平均值
HAD7090 kerogen	82.05(68.1)	50.6	(Rexer 等，2014)	S_{BET-o}=76.76×10^3m^2/kg S_{BET-c}=24.20×10^3m^2/kg $V_{micro-o}$=52.60×$10^{-6}m^3$/kg $V_{micro-c}$=6.33×$10^{-6}m^3$/kg
HAD7119 kerogen	71.01(56.1)	54.6	(Rexer 等，2014)	
Kaolinite	15.7	—	(Liu 等，2013)	
Kaolinite	7.1	3.0	(Ross 和 Bustin，2009)	
Illite	11.2	—	(Liu 等，2013)	
Illite	30.0	8.0	(Ross 和 Bustin，2009)	
Bentonite	56.5	—	(Liu 等，2013)	
Bentonite	24.7	8.0	(Ross 和 Bustin，2009)	

先根据这些数据计算出干酪根和黏土的孔隙特征参数的大小关系，得到干酪根的比表面积是黏土矿物比表面积的3~4倍，干酪根的微孔隙体积是黏土矿物微孔体积的和8~10倍。这在一定程度上就可解释，为什么实验发现干酪根对甲烷的吸附量是黏土对甲烷吸附量的5倍。接着，用文献(HELLER，2014)的思路，假设页岩对气体的吸附量等于单一有机质和黏土矿物吸附气体量的和，用所得页岩岩样的有机质、黏土含量参数(表 3-1)和单一有机质和黏土的甲烷吸附量实测参数(表 4-1)，计算出各页岩样品的理论理论总吸附量值(表 4-6)。

表 4-6 单一有机质和矿物的吸附总量

岩样	有机质的甲烷吸附量		黏土的甲烷吸附量		总吸附量 V_0		V_{0c}/V_0/%
	有机质含量/%	V_{0o}/($10^{-3}m^3$/kg)	黏土含量/%	V_{0c}/($10^{-3}m^3$/kg)	计算值/($10^{-3}m^3$/kg)	实测值/($10^{-3}m^3$/kg)	
1#页岩	2.68	1.33	12.70	0.70	2.03	3.97	34.48
2#页岩	3.00	1.49	10.30	0.57	2.06	1.86	27.67

续表

岩 样	有机质的甲烷吸附量		黏土的甲烷吸附量		总吸附量 V_0		V_{0c}/V_0/%
	有机质含量/%	V_{0o}/($10^{-3}m^3/kg$)	黏土含量/%	V_{0c}/($10^{-3}m^3/kg$)	计算值/($10^{-3}m^3/kg$)	实测值/($10^{-3}m^3/kg$)	
3#页岩	0.99	0.49	4.00	0.22	0.71	6.00	30.99
4#页岩	3.65	1.81	43.30	2.39	4.20	12.86	56.90
5#页岩	1.27	0.63	3.00	0.17	0.80	0.89	21.25

注：有机质的D-A饱和吸附量由干酪根的相应值计算得到：$V_0=41.76/0.84=49.71\times10^{-3}m^3/kg$；黏土的吸附量由蒙脱石的相应值计算得到：$V_0=5.52\times10^{-3}m^3/kg$；实际总的吸附量由实测不同温度下的吸附量平均得到。

与实测吸附量对比发现，除3#和4#页岩，两者的值是接近的。同时计算发现黏土的吸附气量约占总吸附气量的20%~60%。以此证明，黏土矿物对页岩总吸附气体的贡献不可忽视。

2. 页岩对甲烷的吸附曲线形态及其特殊性

为了验证页岩对甲烷的吸附实验结果是否合理，同样列出了文献中的页岩和煤对甲烷的吸附数据，见表4-7。

表4-7 文献中的部分页岩和煤的甲烷吸附数据

岩样 名称	TOC/%(质量分数)	R_o/%	黏土含量/%	Langmuir拟合参数 V_L/($10^{-3}m^3/kg$)	Langmuir拟合参数 p_L/MPa	D-A拟合参数 V_0/($10^{-3}m^3/kg$)	D-A拟合参数 E/(kJ/mol)	D-A拟合参数 R^2	T/℃
GRF shale(Zhang 等，2012)	20.70	0.56	—	5.38(25.97[a])	6.25	—	—	—	35.4
Woodford shale (Zhang 等，2012)	17.20	0.58	—	4.70(27.35[a])	4.55	—	—	—	35.4
Jurassic shale (Ross 和 Marc Bustin，2009)	11.83	1.10	—	8.29(70.07[a])[b]	27.11[b]	1.76[b]	4.22[b]	0.96[b]	30
Antrim-7 shale(Lu 等，1995)	11.06	—	40.00	5.75(52.01[a])	—	—	—	—	—
Skelbro-2 shale (Rexer 等，2013)	6.35	2.26	36.5	4.52(71.18[a])	1.68	—	—	—	30
New Albany shale (Chareonsuppanimit 等，2012)	5.54	—	—	1.11(20.04[a])	2.93	—	—	—	50
Barnet 31 shale (Heller 和 Zoback，2014)	5.30	—	37.40	2.32(43.79[a])	—	—	—	—	—
Montney shale (Heller 和 Zoback，2014)	2.00	—	23.70	1.69(84.70[a])	—	—	—	—	—
Eagle Fordshale (Heller 和 Zoback，2014)	1.80	—	4.90	0.40(22.00[a])	—	—	—	—	—
Permianshale (Weniger 等，2010)	1.62	—	—	39.65[a]	5.65	—	—	—	45

续表

岩样				Langmuir 拟合参数		D-A 拟合参数			T/℃
名称	TOC/%（质量分数）	R_o/%	黏土含量/%	V_L/($10^{-3}m^3$/kg)	p_L/MPa	V_0/($10^{-3}m^3$/kg)	E/(kJ/mol)	R^2	
Devonian shale（Weniger 等，2010）	1.29	—	—	75.49[a]	16.09	—	—	—	45
Marcellus shale（Heller 和 Zoback，2014）	1.20	—	51.40	0.88(73.58[a])	—	—	—	—	—
CSw2 shale(Lu 等，1995)	0.96	—	38.00	1.69(176.2[a])	—	—	—	—	—
Devonian shale（Weniger 等，2010）	0.70	—	—	1.79(256.4[a])	7.09	—	—	—	45
Cameo coal(Zhang 等，2012)	72.20	0.56	—	22.62(31.3[a])	1.18	—	—	—	35.4

注：仅文献(Chareonsuppanimit 等，2012)中的 New Albany shale 为湿样，湿度 0.44%。

对比表 4-7，以及国内学者的一些实验结果，如：王香增等所测的与 1#、2#页岩出处相同的长 7 段页岩(TOC 为 4.0%~7.0%)对甲烷的饱和吸附量为(1.0~3.5)×$10^{-3}m^3$/kg，其等温吸附曲线为Ⅰ型；李武广等测得川西龙马溪组页岩(TOC 为 1.0%~4.0%)对甲烷的饱和吸附量为(1.5~3.0)×$10^{-3}m^3$/kg，等温吸附曲线为Ⅰ型；杨峰和宁正福等测得川南下寒武统牛蹄塘组页岩(TOC 大于 6.0%)也具有Ⅰ型等温吸附曲线特征。可见，虽然研究所测得的页岩对甲烷的吸附量的数值范围与他人的研究结果类似，但部分吸附曲线的形态有所不同，与Ⅰ型等温线有差别。相应 Langmuir 模型对一些吸附数据的拟合也失败，反而是 D-A 模型的拟合结果要相对好些。

文献中也有一些类似的研究发现。如 Ross 等观察到页岩对甲烷的吸附量与压力呈线性相关，推测甲烷可以溶解在页岩基质里的沥青质中，Ⅰ型等温线不再适合描述此类页岩对气体的吸附[此处也用 D-A 模型对 Ross 的页岩吸附甲烷的数据进行了拟合，结果良好(表 4-6)，这支持了 D-A 模型更适合于描述页岩对气体吸附的观点]；张志英所做页岩对甲烷的等温吸附实验，两个页岩岩样(TOC 为 0.2%~0.5%，60~200 目，含水 0.0%)30℃时的等温吸附曲线都在 4~5MPa 时出现弯折(图 4-3)；毕赫、姜振学等所测渝东南地区龙马溪组页岩西浅 1 井和黔浅 1 井岩心(TOC 小于 5.0%)的部分等温吸附曲线中也在 4~5MPa 出现弯折；赵金和张遂安在分析有机质成熟度对页岩吸附的影响时，得到的美国福特沃斯盆地石炭系页岩(TOC 为 6.0%~7.0%)等温吸附曲线也有此现象。

所以，页岩对甲烷的吸附曲线是否为Ⅰ型等温线，其吸附规律是否符合 Langmuir 方程仍存有争议，需要做进一步的分析。就研究所发现的部分页岩样品吸附甲烷的等温吸附曲线与Ⅰ型等温线不同，且在临界压力前后出现弯折的现象，讨论机理如下：

1）以单层吸附、毛管凝聚和多层吸附理论对此现象的分析

对吸附规律的研究，一般是先对照 IUPAC 标准等温吸附曲线(图 4-4)确定其等温吸附曲线类型，再据此分析其吸附机理。Langmuir 方程是描述吸附剂在微孔吸附质中的单分子层吸附规律的经典理论，其对应的等温吸附曲线为Ⅰ型。目前，它在对页岩气吸附规律的研究中仍在使用。实验中页岩样品对甲烷的吸附曲线虽然与Ⅰ型等温吸附曲线有差别，但

总体上仍有靠近的趋势。并且，在同等环境下煤对甲烷的等温吸附曲线未出现弯折的现象，也不是全部页岩都有这种现象。同时，还要考虑到实验装置的精度和准确性。所以，还不能完全否定 Langmuir 方程在描述页岩气吸附规律上的适用性。

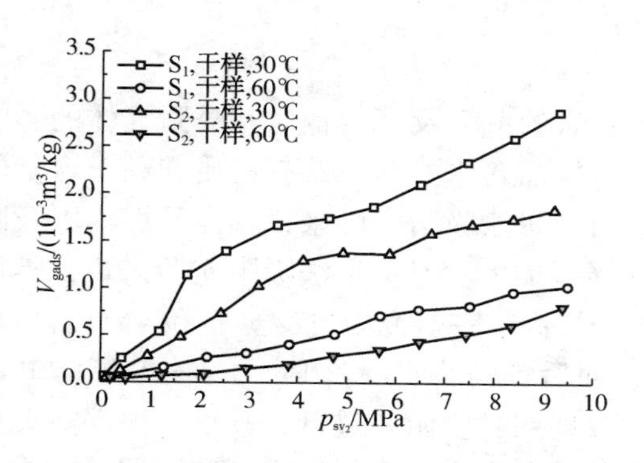

图 4-3　文献中页岩对甲烷的等温吸附曲线弯折的现象(张志英，2012)

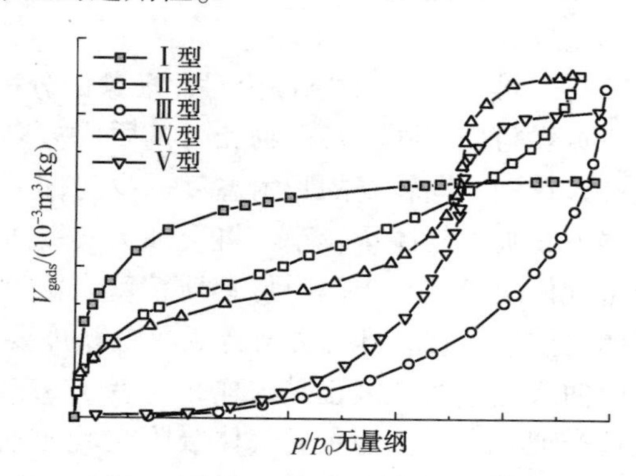

图 4-4　IUPAC 标准等温吸附曲线

通常，等温吸附曲线出现弯折是因为发生了毛细管凝聚或多分子层吸附，曲线上凸则吸附质和吸附剂间相互作用较弱，下凹则较强。实验中虽然部分页岩样品对甲烷的吸附曲线形状像 IUPAC 标准等温吸附曲线中的Ⅱ型、Ⅳ型，但压力大于 4.604MPa 后甲烷因处在超临界状态，此时既因其不可液化(或因超临界气体的饱和蒸汽压未定义，即便“液化”也不同于常态)就不会发生毛细管凝聚，也因温度高于临界温度 10℃以上，也就没有发生多层分子吸附。所以，能否用毛细管凝聚或多分子层吸附理论解释实验中的吸附曲线弯折现象就待商榷。

2）以气体超临界性质理论解释对此现象的分析

实验中页岩样品对甲烷的等温吸附曲线多在 4~5MPa 处出现弯折，是否意味着临界压力前后的吸附规律不同？已有学者在对高比表面积活性炭对甲烷的吸附实验中，对吸附曲线显现此种特征的解释时已明确说明这是超临界态下的甲烷吸附。另据文献(Krooss 等，2002)，此类现象在煤对二氧化碳的等温吸附曲线中也有表现，且更为突出。二氧化碳的临界温度为 31.05℃，临界压力为 7.376MPa。B M Krooss 所做煤对二氧化碳的等温吸附实验中，煤干样和湿样(60~200 目)30℃和 60℃时的等温吸附曲线都在 7~10MPa 时出现弯折，且温度越低者弯折越大，湿样的趋势强于干样(图 4-5)。但是，实验中页岩样品对甲烷的等温吸附曲线与超临界态时的等温吸附曲线所呈现出的吸附量随着压力的增加出现饱和值接着又开始

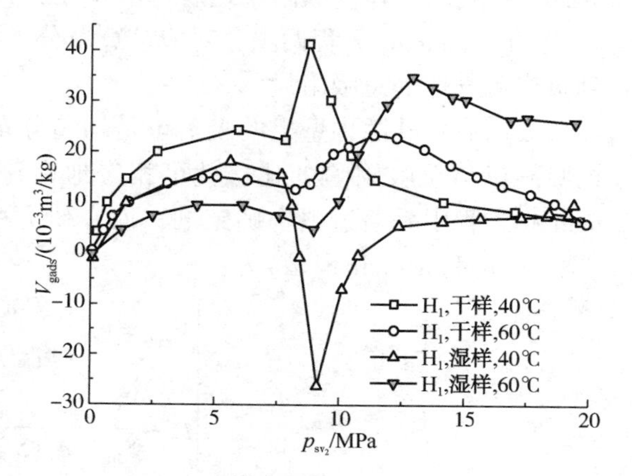

图 4-5　文献中的煤对二氧化碳的等温吸附曲线(B M Krooss 等，2002)

下降的态势又有区别，实验中除湿样外未发现此类现象。并且，超临界气体在临界点附近表现出的超临界性质才突出，实验压力虽然在甲烷临界压力附近，但实验温度远高于甲烷临界温度。即完全用气体的超临界性质解释实验中曲线在4~5MPa处出现弯折的现象理由亦不充分。

3）以非均匀吸附质理论对此现象的分析

页岩与煤不同，其矿物和有机质成分多样。页岩的成分及其含量对其吸附气体的影响很大。首先，同较高的吸附温度、少的样品质量、样品含水一样，低有机质和黏土含量的页岩因其吸附气体量较小，将会加大实验难度。对容量法吸附实验来说，样品罐内因吸附引起气体压力减小，压力传感器精度有限，实验误差加大。对重量法吸附实验来说，类似问题也同样存在，即对磁悬浮天平的精度要求也会提高。在研究中，2#页岩和4#页岩出现吸附曲线异常的原因正是这样，前者 *TOC* 很低，而后者样品质量较少。Gasparik 等(2014)也持类似观点，认为页岩气体吸附实验面临的挑战即在其吸附量过低；其次，根据前有机质和黏土吸附甲烷的实验结果可以推测，页岩中各成分吸附甲烷的机理可能不同，对应的吸附模型也可能不同；再次，多种成分各自吸附等温线的叠加(特别是各成分的饱和吸附量对应的平衡压力差距较大时)，各成分吸附气体的不同步，都有可能会引起吸附等温线的弯折，使之出现形态异常。即上述原因都与页岩的组成和含量相关。

对上述三种影响页岩吸附曲线形态的机理，研究倾向于第三种。

4.1.3 考虑页岩成分及含量参数的吸附模型

本节研究只关注页岩成分及其含量对吸附的影响，为了量化分析，需要对最常用的单一吸附模型，如Langmuir方程等进行扩展。在此，通过引入两个与页岩成分和含量有关的参数，分别对Bi-Langmuir模型和D-A-Langmuir模型进行了改进，并探讨了它们的适用性。Bi-Langmuir模型由Lu等(1995)提出，它通过两个Langmuir项来分别计算页岩中有机质和黏土矿物对气体的吸附，之后再求和。D-A-Langmuir模型由茂盛等(2014)提出，它包含D-A和Langmuir方程两项，对应计算单分子层吸附气量和微孔填充气量，之后也是求和得到页岩对气体的总吸附量。

假设所有在孔隙内壁上的吸附位是均匀分布的，这样某种单分子层覆盖的某类吸附介质的吸附量与总吸附量的比，就可相应地由比表面积的比来确定。这个参数的值在Bi-Langmuir方程中是通过拟合确定的，而在研究中由计算获得。修正后的Bi-Langmuir模型(记为C-Bi-Langmuir模型)为：

$$\begin{cases} V_{\text{gads}} = V_{\text{LL}}\left[\dfrac{f_{\text{os}}p}{p_{\text{L1}}+p}+\dfrac{(1-f_{\text{os}})p}{p_{\text{L2}}+p}\right] \\ f_{\text{os}} = \dfrac{S_{\text{BET-o}}c_{\text{o}}}{S_{\text{BET-o}}c_{\text{o}}+S_{\text{BET-c}}c_{\text{c}}} \end{cases} \tag{4-1}$$

式中，V_{LL}是C-Bi-Langmuir饱和吸附量，$10^{-3}\text{m}^3/\text{kg}$；$f_{\text{os}}$是有机质的比表面积与有机质和黏土比表面积之和的比，无量纲；p_{L1}和p_{L2}分别为有机质和黏土矿物的Langmuir压力，MPa；c_{o}和c_{c}分别为有机质和黏土矿物的含量，无量纲；$S_{\text{BET-o}}$和$S_{\text{BET-c}}$分别为有机质和黏土矿物的比表面积，$10^{-3}\text{m}^2/\text{kg}$。

同理，为D-A-Langmuir 模型引入一个类似参数 f_{mv}，修正后的方程(记为 C-D-A-Langmuir 模型)为：

$$\begin{cases} V_{gads}=V_{0L}\left\{f_{mv}\exp\left[-\left(\dfrac{RT}{E}\right)^{m}\ln^{m}\left(\dfrac{p_0}{p}\right)\right]+\dfrac{(1-f_{mv})p}{p_L+p}\right\} \\ f_{mv}=\dfrac{V_{micro-o}c_o+V_{micro-c}c_c}{(V_{micro-o}+S_{BET-o}h_{ads})c_o+(V_{micro-c}+S_{BET-c}h_{ads})c_c} \end{cases} \tag{4-2}$$

式中，V_{0L}为 C-D-A-Langmuir 最大吸附量，$10^{-3}m^3/kg$；f_{mv}为微孔体积与微孔体积和单分子层体积之和的比，无量纲；$V_{micro-o}$ 和 $V_{micro-c}$ 分别是有机质和黏土的微孔体积，$10^{-6}m^3/kg$；h_{ads}为甲烷单分子层厚度，$0.414\times10^{-9}m$。

用两个新模型对所测页岩样品在20℃时吸附甲烷的数据进行拟合，结果如表4-8 所示。

可见，C-D-A-Langmuir 模型比 C-Bi-Langmuir 模型对所用三个页岩样品吸附甲烷数据提供了较好的拟合。拟合得到的饱和 C-D-A-Langmuir 吸附量比 D-A 饱和吸附量大，这在机理上是合理的，因为页岩气的吸附应该包含单分子层吸附和微孔填充两种机理。

表4-8 20℃下页岩和煤样吸附甲烷的 C-Bi-Langmuir 和 C-D-A-Langmuir 拟合数据

样 品	m_s	T/℃	C-Bi-Langmuir					C-D-A-Langmuir						
			f_{os}	V_{Lc}/($10^{-3}m^3/kg$)	p_{L1}/MPa	p_{L2}/MPa	R^2	f_{mv}	V_{0L}/($10^{-3}m^3/kg$)	E/(kJ/mol)	m	p_0/MPa	p_L/MPa	R^2
1#页岩	104.1	293.15	0.4	30.58	40.67	40.65	0.99	0.36	6.81	2.28	2.38	10.9	4.93	0.99
2#页岩	164.6	293.15	0.59	207.55	1000	1000	0.56	0.29	8.75	1.18	2.95	10.9	271.85	0.96
4#页岩	53.2	293.15	0.21	1067.46	1000	1000	0.73	0.59	20.08	1.37	2	10.9	29.4	0.98

4.2 页岩的孔隙结构对页岩气吸附的影响

因为页岩储层中的吸附气是附着在页岩颗粒表面或孔隙内壁上的，所以除了页岩组成还需要分析它的孔隙体积分布对其吸附气体的影响。

页岩的孔隙结构涉及大孔、介孔和微孔三种尺寸，它与页岩成分和储层深度有关。Mastalerz 等(2012)认为在页岩微孔分布特征和煤的相同，差异只在介孔的分布。Ross 和 Bustin(2009)注意到富含黏土页岩含有较高比例的介孔。获得页岩孔隙结构的测试手段有-196℃氮气吸附、0℃二氧化碳吸附、高压压泵和核磁共振四种方式。每种方式可测试的孔隙尺寸范围不同，其中液氮和二氧化碳吸附可确定的为介孔和微孔孔隙体积分布，高压压泵和核磁共振更适合分析大孔。

对此问题，目前的研究还存在的争议主要表现在：首先，页岩的孔隙分布特征和页岩组成两者间的关系。Mastalerz 等(2012)研究发现页岩有机质含量与其介孔、微孔体积、比表面积呈正相关，Labani 等(2013)观察到页岩微孔和介孔体积之和随 *TOC* 的增加而增加，Yanyan Chen 等(2015)也认为页岩微孔体积由 *TOC* 控制，介孔体积和比表面由黏土含量控制。但是 Ross 和 Bustin 等(2009)却发现，页岩 *TOC* 与其比表面和微孔体积关系不明显，Cao 等(2015)也观察到 Dalong 页岩的比表面积与其 *TOC* 间无相关性；其次，涉及孔隙体积分布参数和页岩吸附气体量间的相关性。有学者报道了页岩对甲烷的饱和吸附量与微孔体积和微孔比表面呈正相关。但是，考虑页岩孔隙结构参数的吸附模型还不多，仅 Rexer (2014)提出了一个包含吸附体积的修正 Langmuir 模型。

在本节研究中，用气体吸附法测量了页岩、煤、干酪根、黏土样品的微孔和介孔的孔隙体积分布特征，结合样品组成参数和其对甲烷的等温吸附数据，分析了三者间的相关性，并尝试建立了包含页岩孔隙分布参数的吸附模型。

实验所用材料为 1#~5#页岩、1#无烟煤、干酪根、高岭土、蒙脱石、伊利石样品，全为干样，样品参数和处理方法见 4.1 节。实验装置和实验方法见 3.3 节。氮气吸附实验温度设定为-196℃，压力<0.111MPa；二氧化碳吸附实验温度设定为0℃，压力设定为<3MPa。

4.2.1 孔隙体积分布测定实验结果

1. 样品对氮气和二氧化碳的吸附

实验得到页岩、煤、干酪根样品(40~80 目)和三种黏土样品(<160 目)在-196℃时的氮气的吸附和解吸曲线，如图 4-6 所示。

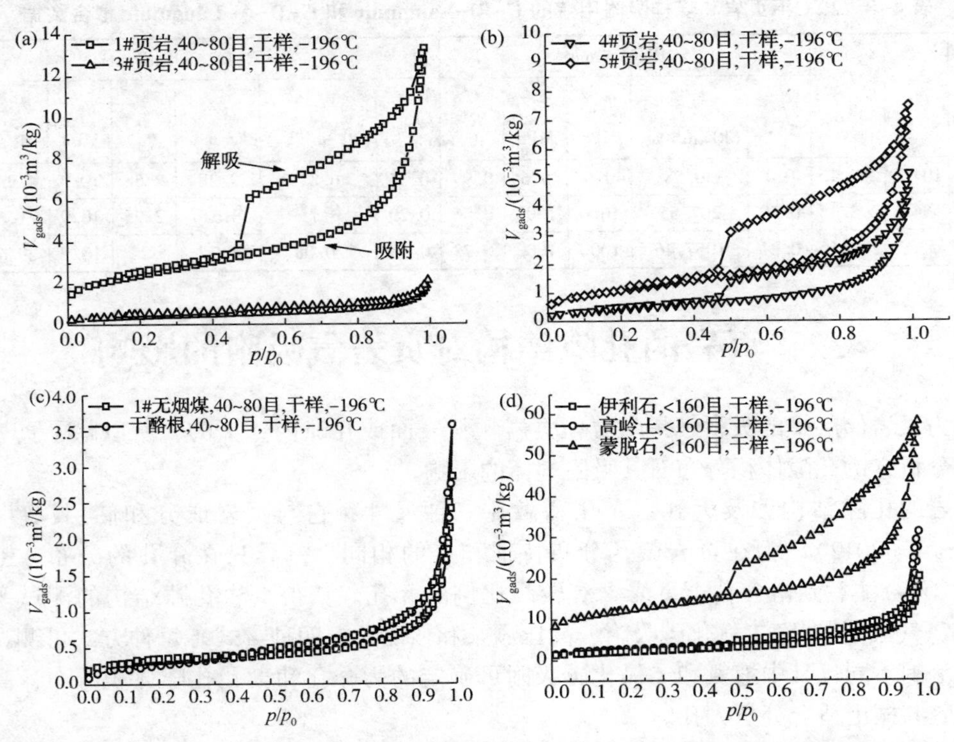

图 4-6 -196℃下页岩、煤、干酪根和黏土样品的氮气吸附曲线[V_{gsor}为吸附(解吸)量]

从图中可见，页岩、无烟煤、干酪根和黏土样品的液氮吸附(解吸)曲线都为 IUPAC IV 型等温线，其吸附分支为Ⅱ型等温线，此表明样品中含有介孔(2~50nm)。1#页岩、4#页岩、5#页岩、1#无烟煤、蒙脱石样品的等温线可明显观察到形态相似的滞后环，且皆为 H3 型，这为片状或颗粒状黏土对液氮吸附曲线的典型特征。还需要补充说明，脱附曲线在吸附曲线之上表面看似不合理，实际此为典型的吸附滞后现象，即脱附时压力下降吸附时的相同幅度解吸小于相对应的原吸附量，造成理想状态的脱附曲线左移，出现滞后环，其机理有接触角、细孔模型等多种解释。

所有样品在温度 0℃ 和压力<3MPa 下对二氧化碳的等温吸附曲线见图 4-7，相应 D-A 模型拟合结果见图 4-7 和表 4-9。

表 4-9 0℃下页岩、煤、干酪根和黏土样对二氧化等温吸附的 D-A 模型拟合结果

样品	质量/g	$V_0/(10^{-3}m^3/kg)$		$E/(J/mol)$		m		R^2
		值	σ	值	σ	值	σ	
1#页岩	201.0	3.142	0.445	5903.558	819.372	2.000	0.997	0.920
2#页岩	163.1	3.908	0.649	2779.769	524.164	2.000	1.192	0.829
3#页岩	120.0	8.748	1.587	1968.456	313.132	2.000	1.016	0.873
4#页岩	52.51	6.167	1.537	6433.061	1409.396	2.000	1.810	0.816
5#页岩	125.3	9.609	1.231	2563.547	381.140	2.000	0.928	0.883
1#无烟煤	70.7	55.318	4.106	7041.960	727.327	2.000	0.611	0.950
干酪根	36.5	13.212	0.582	3285.972	151.927	2.000	0.308	0.992
高岭土	41.2	11.331	1.758	1563.327	105.250	3.808	1.560	0.968
蒙脱石	124.7	18.320	1.694	4108.798	473.282	2.000	0.752	0.934
伊利石	78.0	7.994	1.520	5311.126	1061.408	2.000	1.393	0.760

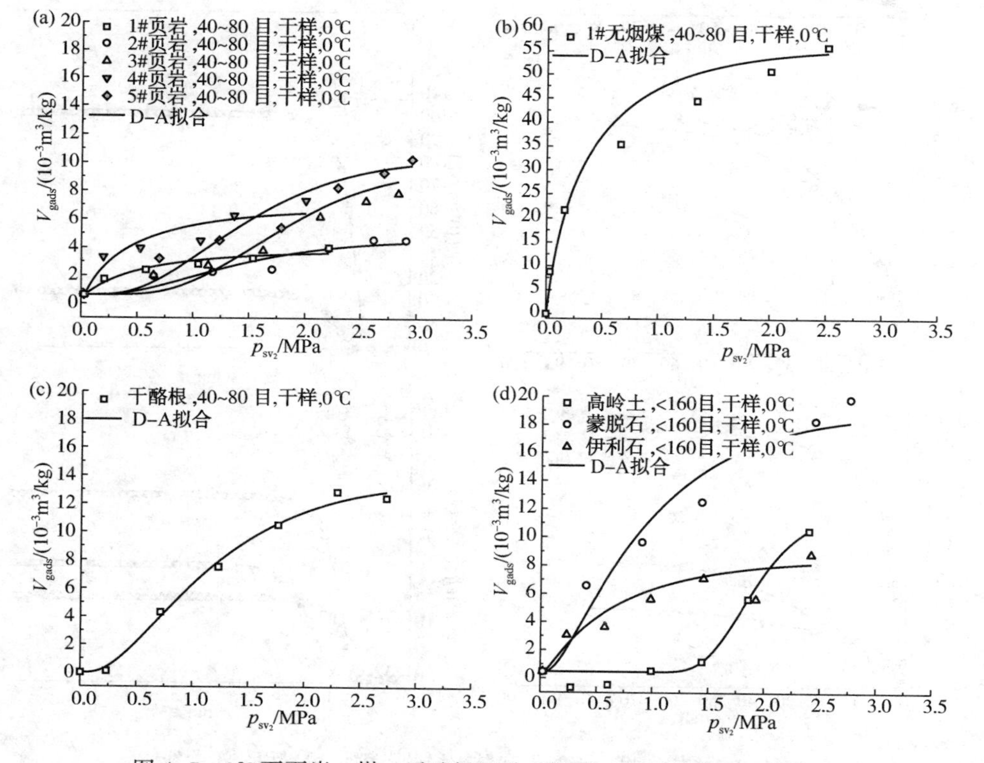

图 4-7 0℃下页岩、煤、干酪根和黏土样对二氧化的等温吸附曲线

从图中可见，5个页岩样品在0℃对二氧化碳的等温吸附线皆为Ⅰ型，其吸附量数据能被D-A模型拟合的决定系数>0.80(表4-9)。所有页岩样品的D-A最大二氧化碳吸附量为3.142×10^{-3}~$9.609\times10^{-3}m^3/kg$，其中5#页岩的吸附量最大，1#页岩的吸附量最小，有着最高有机质和黏土含量的4#页岩的吸附量虽然居中，但特征吸附能最大，为6433.061J/mol(表4-9)。相应地，煤、干酪根和黏土样品的二氧化碳吸附曲线也为Ⅰ型且能被D-A模型良好拟合(图4-7、表4-9)。1#无烟煤、干酪根、蒙脱土的二氧化碳饱和吸附量分别为$55.318\times10^{-3}m^3/kg$、$13.212\times10^{-3}m^3/kg$、$18.320\times10^{-3}m^3/kg$。这些值的不同反映出了样品的微孔体积分布的差异。

2. 样品的介孔和微孔体积分布

由所得样品在-196℃时的氮气吸附曲线和0℃时的二氧化碳吸附曲线，通过对应的BJH和Medek方法计算，得到了其孔隙体积累积分布曲线(图4-8)和孔隙体积分布曲线(图4-9)以及相关特征参数(表4-10)。

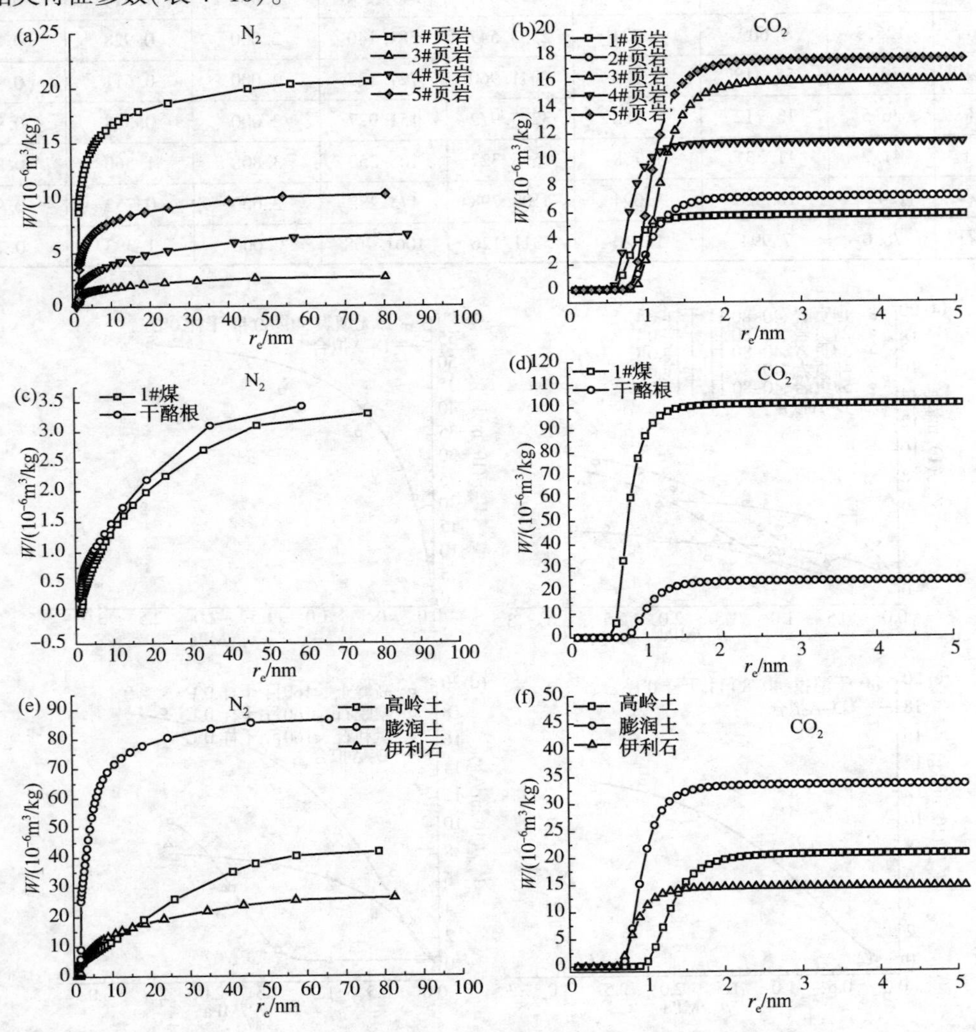

图4-8 页岩、煤、干酪根和黏土样的孔隙体积累积分布曲线

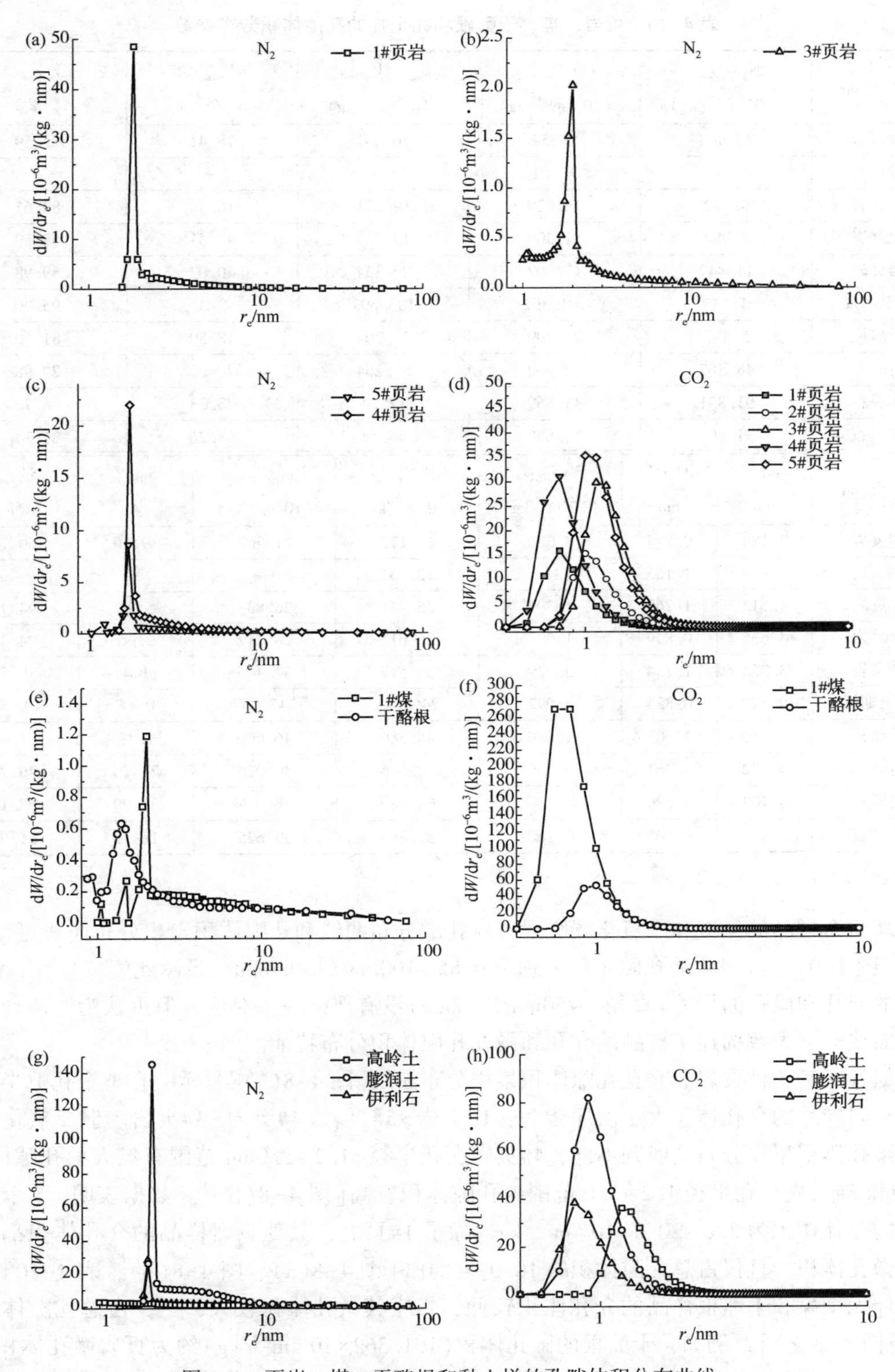

图 4-9 页岩、煤、干酪根和黏土样的孔隙体积分布曲线

表 4-10 页岩、煤、干酪根和黏土样的孔隙体积分布参数

样品	N_2V_{meso}/($10^{-6}m^{-3}$/kg)	CO_2V_{micro}/($10^{-6}m^{-3}$/kg)	$V_{meso}+V_{micro}$/($10^{-6}m^{-3}$/kg)	V_{meso}/%	V_{micro}/%
1#页岩	20.904	5.757	26.661	78.41	21.59
2#页岩	—	7.161	—	—	—
3#页岩	3.142	16.029	19.171	16.39	83.61
4#页岩	7.987	11.300	19.287	41.41	58.59
5#页岩	11.747	17.607	29.354	40.02	59.98
1#无烟煤	4.335	101.362	105.697	4.10	95.90
干酪根	5.495	24.209	29.704	18.50	81.50
高岭土	48.502	20.762	69.264	70.02	29.98
蒙脱石	91.831	33.569	125.4	73.23	26.77
伊利石	31.502	14.648	46.15	68.26	31.74

样品	N_2r_e/nm	CO_2r_e'/nm	N_2S_{BET}/(10^3m^2/kg)	CO_2S_{micro}/(10^3m^2/kg)	$S_{BET}+S_{micro}$/(10^3m^2/kg)	S_{BET}/%	S_{micro}/%
1#页岩	3.184	0.874	8.530	13.177	21.707	39.30	60.70
2#页岩	—	1.123	—	12.751	—	—	—
3#页岩	4.515	1.260	1.397	25.441	26.838	5.21	94.79
4#页岩	4.636	0.849	1.597	26.615	28.212	5.66	94.34
5#页岩	3.234	1.154	3.929	30.517	34.446	11.41	88.59
1#无烟煤	9.178	0.824	1.092	246.045	247.137	0.44	99.56
干酪根	8.330	1.062	1.080	45.580	46.660	2.32	97.68
高岭土	9.772	1.361	9.509	30.516	40.026	23.76	76.24
蒙脱石	3.703	0.986	41.547	68.089	109.636	37.90	62.10
伊利石	5.417	0.905	7.260	32.365	39.625	18.32	81.68

注：$V\%=V/(V_{meso}+V_{micro})$，$S\%=S/(S_{meso}+S_{micro})$。

从所有样品的氮气和二氧化碳吸附所测孔隙分布曲线和孔隙体积累积分布曲线可见(图4-8、图4-9)，其对应的孔隙半径分别为0.85~100nm和>0.3nm。虽然此值域与IUPAC所定义的介孔和微孔的尺寸(直径2~50nm和<2nm)没有严格一一对应，但可认为这两种等温吸附曲线分别大致描述了样品的介孔和微孔孔隙体积分布特征。

氮气所测5种页岩的介孔孔隙体积累积分布曲线[图4-8(a)]显示，在整个孔隙半径范围内页岩样品的介孔体积大小次序皆为：1#页岩>5#页岩>4#页岩>3#页岩。但二氧化碳所测的微孔体积累积分布曲线则不同，4#页岩在孔半径<1.2~2.0nm范围有最大的孔隙体积，但3#和5#页岩在孔半径1.2~2.0范围内孔隙体积较高[图4-8(b)]。数据表明，5个页岩样品的介孔体积为3.0~20.0×$10^{-6}m^{-3}$/kg，除了1#页岩，其他页岩样品的介孔体积都稍低于其微孔体积，且仅占总孔隙体积的16.0~42.0%[图4-8(a)、图4-8(b)，表4-10]。此外，1#无烟煤和干酪根样品的介孔体积较低，相应其微孔体积较大，至少占总孔隙体积的80%[图4-8(c)]，例如，干酪根的微孔体积(101.362×$10^{-6}m^{-3}$/kg)约为页岩微孔体积的5倍。与此不同的是，三种黏土样品则有较大的介孔体积[(20.0~90.0)×$10^{-6}m^{-3}$/kg]，约占

总孔隙体积的70%[图4-8(e)、图4-8(f)，表4-10]。值得注意的是，蒙脱石的微孔体积和介孔体积在三种黏土样品中都最大。

1#和5#页岩的介孔孔隙体积分布曲线是单峰的，峰值对应孔隙半径为2.0nm，但3#和4#页岩的曲线为双峰，峰值对应孔隙半径在1.0nm和2.0nm前后[图4-9(a)、图4-9(b)、图4-9(c)]。所有页岩样品的微孔孔隙体积分布曲线都是单峰的，2#页岩、3#页岩、5#页岩的曲线峰值对应孔径为1.1~1.3nm，1#页岩和4#页岩的则在0.8nm左右[图4-9(d)]。1#无烟煤和干酪根样的介孔孔隙分布曲线为双峰，峰值对应孔径在1.0nm和2.0nm，它们的微孔孔隙分布曲线为单峰，峰值对应孔径为0.8~1.0nm[图4-9(e)、图4-9(f)]。可见，此二样品微孔曲线的峰值正好在介孔分布曲线的前一个峰值处，即氮气和二氧化碳所测孔隙体积分布曲线相符合，且是可前后衔接的。三个黏土样品的介孔和微孔孔隙体积分布曲线都是单峰的，峰值对应孔径分别为2.0nm和1.0nm[图4-9(g)、图4-9(h)]。

此外，所有样品的等效介孔半径近于3.0~10.0nm，等效微孔半径近于1.0nm(表4-10)。5个页岩样品的*BET*比表面积为$(1.0\sim8.0)\times10^3m^2/kg$，其值小于相对应的微孔有效比表面积，且占总比表面积的5.0%~40.0%(表4-10)。此比值大于煤和干酪根样品的相应值(0.4%~2.3%)，但小于黏土样品的相应值20.0%~40.0%(表4-10)。这些结果表明黏土中有较多的介孔，有机质中富含微孔，而页岩则两种孔隙兼有。

4.2.2 孔隙结构特征对页岩气吸附的影响机理

1. 页岩孔隙结构特征及成分对其的影响

同样，先将所测结果与文献中的页岩、煤、干酪根和黏土矿物的孔隙分布数据(表4-11)进行比对。

实验得到的页岩样品孔隙体积、平均等效孔隙半径和比表面积在介孔范围分别为$(3\sim20)\times10^{-6}m^{-3}/kg$、3~5nm、$(1\sim8)\times10^3m^2/kg$；在微孔范围分别为$(5\sim18)\times10^{-6}m^{-3}/kg$、0.5~1.2nm、$(12\sim30)\times10^3m^2/kg$，这与文献中对应参数的值基本一致(表4-10、表4-11)。干酪根和黏土样品的相关数据中，仅所得*BET*比表面积比Rexer等(2014)所测结果要小。

表4-11 文献中页岩、干酪根和黏土的介孔、微孔和比表面积数据

样品	*TOC*/%	R_o/%	黏土含量/%	石英含量/%	N_2V_{meso}/($10^{-6}m^{-3}$/kg)	N_2S_{BET}/(10^3m^2/kg)	N_2r_e/nm	CO_2V_{micro}/($10^{-6}m^{-3}$/kg)	CO_2S_{micro}/(10^3m^2/kg)	CO_2r_e'/nm	参考文献
S039页岩	1.13	—	11	87	3.0	1.85	—	1.0	3.2	—	(Li等，2015)
MONT2页岩	1.28	0.7	55	28	50	10.2	—	3.4	—	—	(Clarkson等，2013)
AS2-S1页岩	3.03	—	56	25	6.76	5.43	5.6	0.51	—	—	(Labani等，2013)
BARNETT页岩	4.11	1.45	10	75	43	13.9	—	3.7	—	—	(Clarkson等，2013)
Skelbro-2页岩	6.35	2.26	36.5	44.4	17.6	—	—	12.7	—	—	(Rexer等，2013)

续表

样品	TOC/%	R_o/%	黏土含量/%	石英含量/%	N_2V_{meso}/($10^{-6}m^{-3}$/kg)	N_2S_{BET}/(10^3m^2/kg)	N_2r_e/nm	CO_2V_{micro}/($10^{-6}m^{-3}$/kg)	CO_2S_{micro}/(10^3m^2/kg)	CO_2r_e'/nm	参考文献
Jurassic 页岩	11.83	1.10	47.1	61	—	1.2	—	4.0	16.1	—	(Ross 和 Marc Bustin, 2009)
MM1 页岩	15.8	0.55	—	—	5.4	2.4	4.65	10.1	16.6	0.46	(Mastalerz 等, 2012a)
634-1 页岩	21.54	0.35	40.1	22.9	17.7	6.5	—	18.3	21.5	—	(Yanyan Chen, 2015)
Spr326 煤	69	0.54	—	—	16.3	11.1	3.2	23.9	104.6	0.6	(Mastalerz 等, 2012a)
HAD7090 干酪根	83	—	—	—	34.6	68.1	—	50.6	—	—	(Rexer 等, 2014)
HAD7119 干酪根	79	—	—	—	24.2	56.1	—	54.6	—	—	(Rexer 等, 2014)
高岭石	—	—	99	—	—	15.7	—	—	—	—	(Liu 等, 2013)
高岭石	—	—	99	—	—	7.1	—	3.0	9.8	—	(Ross 和 Bustin, 2009)
蒙脱石	—	—	99	—	—	56.5	—	—	—	—	(Liu 等, 2013)
蒙脱石	—	—	99	—	—	24.7	—	8.0	28.3	—	(Ross 和 Bustin, 2009)
伊利石	—	—	99	—	—	11.2	—	—	—	—	(Liu 等, 2013)
伊利石	—	—	99	—	—	30.0	—	8.0	29.4	—	(Ross 和 Bustin, 2009)

为了寻找页岩的成分含量与孔隙体积分布特征间的相关性，对这两类参数（TOC、R_o、黏土含量和 V_{meso}、V_{micro}、N_2S_{BET}），连同文献中的对应参数逐个配对进行线性拟合分析。有代表性的拟合图和全部的拟合结果参数分别见图 4-10 和表 4-12。

表 4-12　TOC、R_o 和黏土含量与 V_{meso}、V_{micro} 和 S_{BET} 的线性拟合

参数	研究						文献中的数据					
	N_2V_{meso}/($10^{-6}m^{-3}$/kg)		CO_2V_{micro}/($10^{-6}m^{-3}$/kg)		N_2S_{BET}/(10^3m^2/kg)		N_2V_{meso}/($10^{-6}m^{-3}$/kg)		CO_2V_{micro}/($10^{-6}m^{-3}$/kg)		N_2S_{BET}/(10^3m^2/kg)	
	斜率	R^2	斜率	R^2	斜率	R^2	斜率	R^2	斜率	R^2	斜率	R^2
TOC/%	-0.092	0.023	0.838	0.537	-0.042	0.042	0.051	-0.111	0.548	0.864	0.579	0.633
R_o/%	-31.088	-0.354	64.929	0.585	-9.806	-0.425	3.260	-0.226	-3.610	-0.089	3.276	-0.161
黏土含量/%	0.508	0.494	0.621	0.009	0.168	0.170	—	—	0.007	-0.123	0.232	0.209

可见，两类参数间的相关性较复杂。首先，页岩和干酪根的 TOC 和其微孔体积间呈强烈的正相关[图 4-10(a)]，这在许多他人研究中也被发现。其次，用所测数据拟合，TOC

和 *BET* 比表面间无明确关系，这与 Ross 和 Bustin(2009)以及 Cao 等(2015)的认识相同。但用文献中相关数据拟合所得结论却相反，这又与 Mastalerz(2012)的认识相同。类似的差异和不确定性在拟合 R_o 和微孔体积时也有所呈现，即用实验测数据和文献中的数据拟合，均不能发现两者的相关性。但又有学者反对这样的观点，最终确认还需更多样品数和实验量。再者，样品的 *BET* 比表面积与黏土含量有弱正相关性[图 4-10(d)]，此发现与文献中的观点类似(Yanyan Chen，2015；Labani 等，2013)，黏土对页岩的孔隙体积有附加作用。最后，其他参数间的相关性，如 *TOC*、R_o、黏土含量和介孔体积，R_o 和介孔体积或 *BET* 比表面积，全部都非常弱，可以忽略。

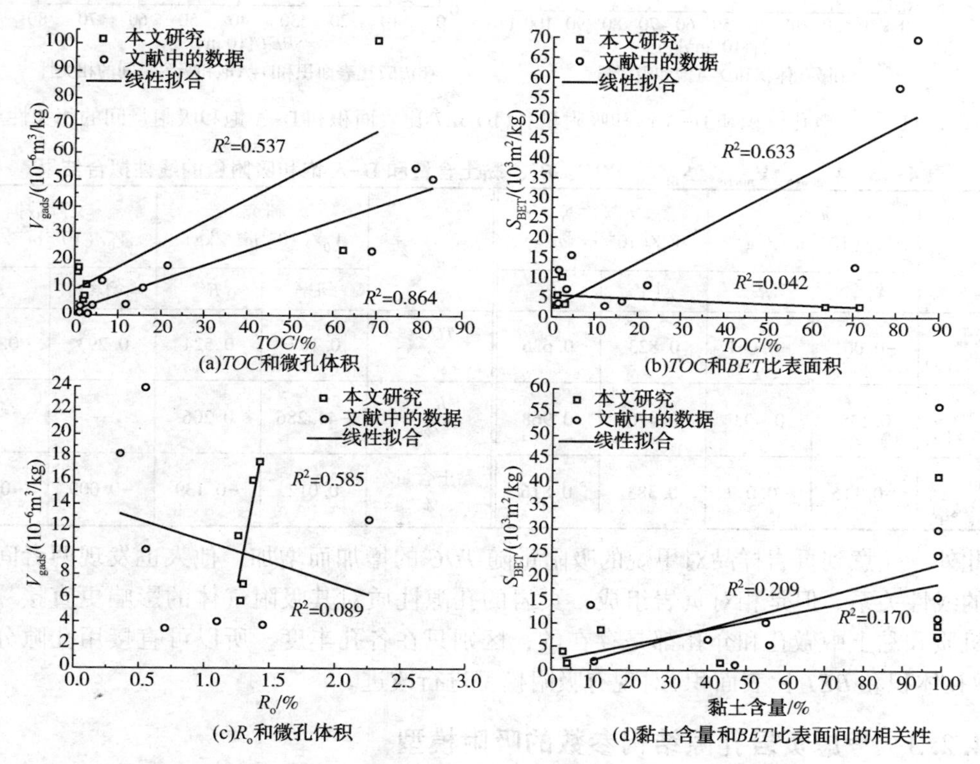

图 4-10　(a) *TOC* 和微孔体积，(b) *TOC* 和 *BET* 比表面积，(c) R_o 和微孔体积和(d)黏土含量和 *BET* 比表面间的相关性

2. 页岩的孔隙结构对其吸附甲烷的影响

关于页岩样品对甲烷的吸附特征上文中已进行讨论，此处仅分析孔隙体积分布对吸附的影响。线性拟合页岩样品的 D-A 饱和吸附量与微孔体积和 *BET* 比表面积，见图 4-11。D-A饱和吸附量与其他页岩孔隙分布参数(V_{meso})和组成参数(*TOC*、R_o、黏土含量)间的拟合结果见表 4-13。

拟合结果表明岩样的 D-A 饱和吸附量与微孔体积和 *BET* 比表面积呈正相关(图 4-11、表 4-13)。他人研究也有此类相似的发现。这些都可说明微孔和介孔对页岩吸附气体皆有贡献。气体可以微孔填充的形式存在于页岩有机质里的微孔中，也可以单分子层吸附的形式附着在黏土和有机质里介孔和大孔内壁上。

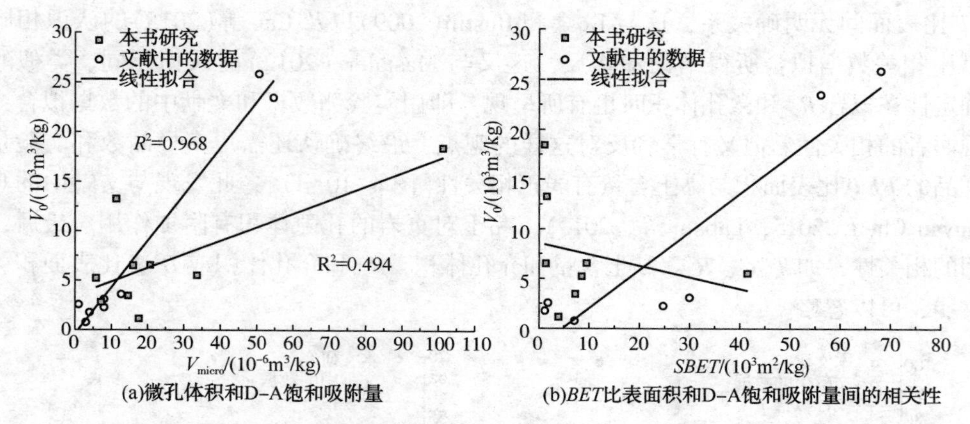

图 4-11 (a)微孔体积和 D-A 饱和吸附量和(b)*BET* 比表面积和 D-A 饱和吸附量间的相关性

表 4-13 V_{meso}、V_{micro}、S_{BET}、*TOC*、R_o、黏土含量和 D-A 饱和吸附量的线性拟合结果

参数	研究 $V_0/(10^{-3}m^{-3}/kg)$		文献数据 $V_0/(10^{-3}m^{-3}/kg)$		参数	研究 $V_0/(10^{-3}m^{-3}/kg)$		文献数据 $V_0/(10^{-3}m^{-3}/kg)$	
	斜率	R^2	斜率	R^2		斜率	R^2	斜率	R^2
$N_2V_{meso}/(10^{-6}m^{-3}/kg)$	-0.061	-0.041	0.823	0.636	*TOC*/%	0.187	0.524	0.293	0.977
$CO_2V_{micro}/(10^{-6}m^{-3}/kg)$	0.138	0.494	0.470	0.968	R_o/%	-44.286	0.206	—	—
$N_2S_{BET}/(10^3m^2/kg)$	-0.116	-0.077	0.383	0.816	黏土含量/%	0.012	-0.139	-0.009	-0.096

此外。注意到页岩样品对甲烷的吸附量随 *TOC* 的增加而增加，他人也发现两者间存在近似的线性关系。但是相对页岩组成，页岩的孔隙性质对其吸附气体的影响更直接。因为在有机质和黏土中微孔和介孔都是存在的，区别只在各孔丰度。所以可直接用孔隙分布参数(微孔体积和 *BET* 比表面积)对现有吸附模型进行改进。

4.2.3 考虑页岩孔隙结构参数的吸附模型

在 4.1.4 节所提考虑页岩组成参数的 C-D-A-Langmuir 模型的基础上，剔除页岩组成参数，将微孔体积和 BET 比表面积改用实测值，建立考虑页岩孔隙体积分布参数的修正 D-A-Langmuir 模型，记为 P-D-A-Langmuir 模型。同样，假设微孔体积与微孔体积与单分子层体积之和的比与微孔填充气体量与总吸附气量的比呈正相关，且此比在吸附过程中不随压力的升高而改变，其表达式为：

$$V_{gads}=V_{0LP}\left\{f_{mf}\exp\left[-\left(\frac{RT}{E}\right)^m\ln^m\left(\frac{p_0}{p}\right)\right]+\frac{(1-f_{mf})p}{p_L+p}\right\},\ f_{mf}=\frac{V_{micro}}{V_{micro}+S_{BET}h_{ads}} \tag{4-3}$$

式中，V_{0LP} 为考虑孔隙体积分布参数的 P-D-A-Langmuir 饱和吸附量，$10^{-3}m^3/kg$。

用新的模型对页岩、煤、黏土样品在 20℃ 对甲烷的吸附数据进行拟合，结果见表 4-14。

表 4-14 P-D-A-Langmuir 对 20℃页岩对甲烷的吸附的拟合

样品	f_{mf}	$V_{0L}/(10^{-3}m^3/kg)$		$E/(J/mol)$		m		p_L/MPa		R^2
		值	σ	值	σ	值	σ	值	σ	
1#页岩	0.62	5.687	0.24	2392.297	110.13	2.089	0.31	1.858	0.49	0.99
3#页岩	0.96	6.675	1.51	2564.897	483.47	2.000	1.12	0.000	0.00	0.87
4#页岩	0.94	13.939	3.12	1454.117	214.56	2.000	0.86	2.930	9.83	0.97
5#页岩	0.91	1.171	0.55	2865.726	988.17	2.000	2.69	0.565	8.81	0.79
1#无烟煤	0.99	18.342	0.43	6997.406	290.18	2.000	0.27	0.000	0.00	0.99
干酪根	0.98	41.387	1.23	4907.123	144.05	2.000	0.21	0.000	0.00	0.99
高岭土	0.84	6.368	0.24	3104.578	92.10	2.443	0.26	0.676	0.34	0.99
蒙脱石	0.66	6.049	0.30	3181.771	173.20	2.000	0.34	0.449	0.18	0.99
伊利石	0.83	3.850	64.22	5187.715	1122.37	2.000	5.25	12.322	4395.96	0.95

注：p_0 = 10.900MPa。

可见，P-D-A-Langmuir 模型对所有样品提供了较好的拟合，拟合决定系数与 D-A 模型拟合决定系数接近，拟合得到的饱和吸附量大于 D-A 饱和吸附量而小于 Langmuir 饱和吸附量。注意到微孔体积与微孔体积和单分子层体积之和的比，对页岩样品是>0.90，对干酪根样品是>0.98，对黏土样品是 0.60~0.80，此些值均高于微孔体积占总孔隙体积的比（表 4-9），所以可以推测微孔填充在页岩吸附气体中的贡献较大，即便黏土中含有更多的介孔。

4.3 岩样含水率对页岩气吸附的影响

通常页岩对气体在等温吸附实验以干样进行，但真实储层页岩含有水分，考虑到岩石的气湿性较弱，水分可能占据基质孔隙内壁面的吸附位，所以有必要分析样品含水率对页岩吸附气体的量的影响。

此方面的研究现状：首先，一般认为岩样含水对其吸附气体量的影响巨大。如 Joubert 等（1974）在分析煤对气体的吸附时，建议必须考虑样品湿度的影响；Krooss 等（2002）研究发现，平衡湿样对甲烷的吸附量较干样降低 20%~24%。其次，岩样含水对其吸附气体量间具体相关性较复杂，也存在争议。Guo 等（2015）发现样品湿度降低了低阶煤对气体的吸附量，降低程度随湿度的增加而增加。Joubert 等认为（1973）样品含水量对煤吸附气体的影响还存在一临界值（近于煤样的饱和吸附水含量），超过此值含水对吸附无影响。Guo 等（2015）也认为岩样湿度和岩样对气体的吸附量间不是简单的负相关，湿度超过某值后其对吸附无影响。Joubert 等（1973）还发现湿度对甲烷吸附量的影响取决于煤样自身，高含氧煤中湿度对吸附的影响更明显。但是，Sang 等（2005）研究发现注水煤样对吸附气体的规律和平衡湿样以及干样的明显不同，煤中的液态水的存在可使煤基质对气体的吸附量增加，推测因为水影响了了基质表面的润湿性。再者，一些与样品湿度与吸附间接相关的问题还未涉及。Ross 和 Bustin（2009）强调湿度对页岩吸附气体量有影响是明确的，但它是先改变了页岩孔隙结构，再间接影响吸附量。Zhang 等（2012）认为水分占据了黏土矿物里的吸附位，但并没有覆盖有机质表面的吸附位，黏土含水引起颗粒膨胀和堵塞喉道，降低了气体进入孔隙并吸附于孔隙内壁的能力。Heller 和 Zoback（2014）也认为页岩里的黏土表面会大部分被水占据。实际上，岩样的湿度恢复，即便岩样的干燥处理的时候，样品的孔隙结构已然发生的改变。最后，在量化样品湿度对吸附的影响方面，Joubert 等(1973，1974)建立了煤样含水率、含氧量和吸附量间的模型，并与矿场实测数据进行了对比。Crosdale 等(2008)修正了湿度和温度对岩样吸附甲烷量的影响模型。Guo 等(2015)发现低阶煤干样和湿样对甲烷的吸附数据基本都可用 Langmuir 方程来拟合。含水状态下的页岩气的吸附和解吸有传统的气-固吸附理论、气-固和气-液界面复合吸附解吸理论和气-固和液-固界面复合吸附解吸理论。

本节进行了页岩、煤和黏土样品在平衡和饱和湿相样下的对甲烷等温吸附实验。以此分析页岩含水率对其吸附甲烷的影响。本节只分析样品含水对吸附量的直接影响，至于其对岩样孔隙性质可能的改变在 4.5 节有叙述。

实验所用材料为 1#页岩、5#页岩、1#无烟煤(40~80 目)、高岭土、蒙脱石、伊利石样品(<160 目)，为干样、平衡湿样和饱和湿样，样品参数如表 4-1 所示。实验装置和实验方法为容量法。实验温度设定为 30℃，压力设定为<10MPa。

4.3.1 不同含水率样品的吸附实验结果

实验得到页岩、煤(粒径 40~80 目)和黏土湿样品在 30℃时下对甲烷的等温吸附结果(图 4-12)，计算得到 Langmuir 和 D-A 拟合参数(表 4-15)。

表 4-15 不同含水页岩对甲烷的等温吸附曲线的 Langmuir 和 D-A 拟合结果

样品	质量/g	含水/%	Langmuir					D-A							
			V_L/($10^{-3}m^3$/kg)		p_L/MPa		R^2	V_0/($10^{-3}m^3$/kg)		E/(kJ/mol)		m		p_0	R^2
			值	σ	值	σ		值	σ	值	σ	值	σ		
1#页岩	104.1	0.0	72.59	236.47	149.31	506.46	0.98	3.53	0.75	3.71	0.54	2.00	0.88	11.66	0.94
	109.7	0.89	0.00	0.96	0.58	0.00	−5.60	0.00	3.50	1.63	0.00	6.00	0.00	11.66	−7.25
	107.9	0.90	0.00	0.58	2.50	0.00	−2.75	0.00	0.98	1.92	0.00	6.00	0.00	11.66	−3.69
5#页岩	247.8	0.0	27.54	1620.55	400.00	24057.03	0.65	0.90	0.48	1.65	0.46	2.56	2.43	11.66	0.91
	195.2	0.55	70.55	2489.43	400.00	14436.75	0.77	2.02	0.80	1.96	582.36	2.00	1.63	11.66	0.86
	132.2	5.02	107.26	2105.69	400.00	8039.95	0.90	2.84	0.30	2.29	219.02	2.00	0.56	11.66	0.97
1#无烟煤	111.0	0.00	24.77	0.38	1.89	0.10	0.99	21.01	0.69	7.08	0.34	2.00	0.32	12.43	0.99
	42.0	9.02	381.98	14491.35	400.00	15504.25	0.78	13.67	6.76	1.70	539.71	2.00	1.51	11.66	0.91
	41.9	9.55	486.90	10079.86	400.00	8472.30	0.89	11.42	2.98	2.66	610.45	2.00	1.36	11.66	0.85
蒙脱石	105.1	0.00	309.61	3101.63	400.00	4081.75	0.98	6.14	0.81	3.25	284.13	2.00	0.48	11.66	0.99
	52.5	13.583	244.06	7415.30	400.00	12418.04	0.76	6.56	3.85	2.21	930.72	2.00	2.25	11.66	0.61
	130.5	8.048	0.00	0.34	0.00	0.00	−2.17	0.00	0.96	1.93	0.00	6.00	0.00	11.66	−2.96
伊利石	113.1	0.00	14.52	2.24	9.99	2.31	0.99	6.07	0.64	4.73	389.57	2.00	0.53	11.66	0.97
	108.7	9.297	96.86	5614.88	400.00	23699.88	0.60	4.33	4.39	1.30	792.63	2.00	2.45	11.66	0.86
	116	6.970	118.13	2976.75	400.00	10317.93	0.82	2.98	0.36	2.02	205.49	2.00	0.59	11.66	0.97
高岭土	65.9	0.00	49.25	7.57	23.54	4.43	0.99	11.52	1.54	4.25	421.13	2.00	0.60	11.66	0.97
	28.3	1.164	349.58	24428.54	400.00	28543.00	0.56	10.18	2.03	1.78	192.12	4.88	2.74	11.66	0.92
	47.6	4.65	35.64	9393.95	400.00	107817.01	−0.09	0.69	—	0.00	—	2.00	—	11.66	−0.50

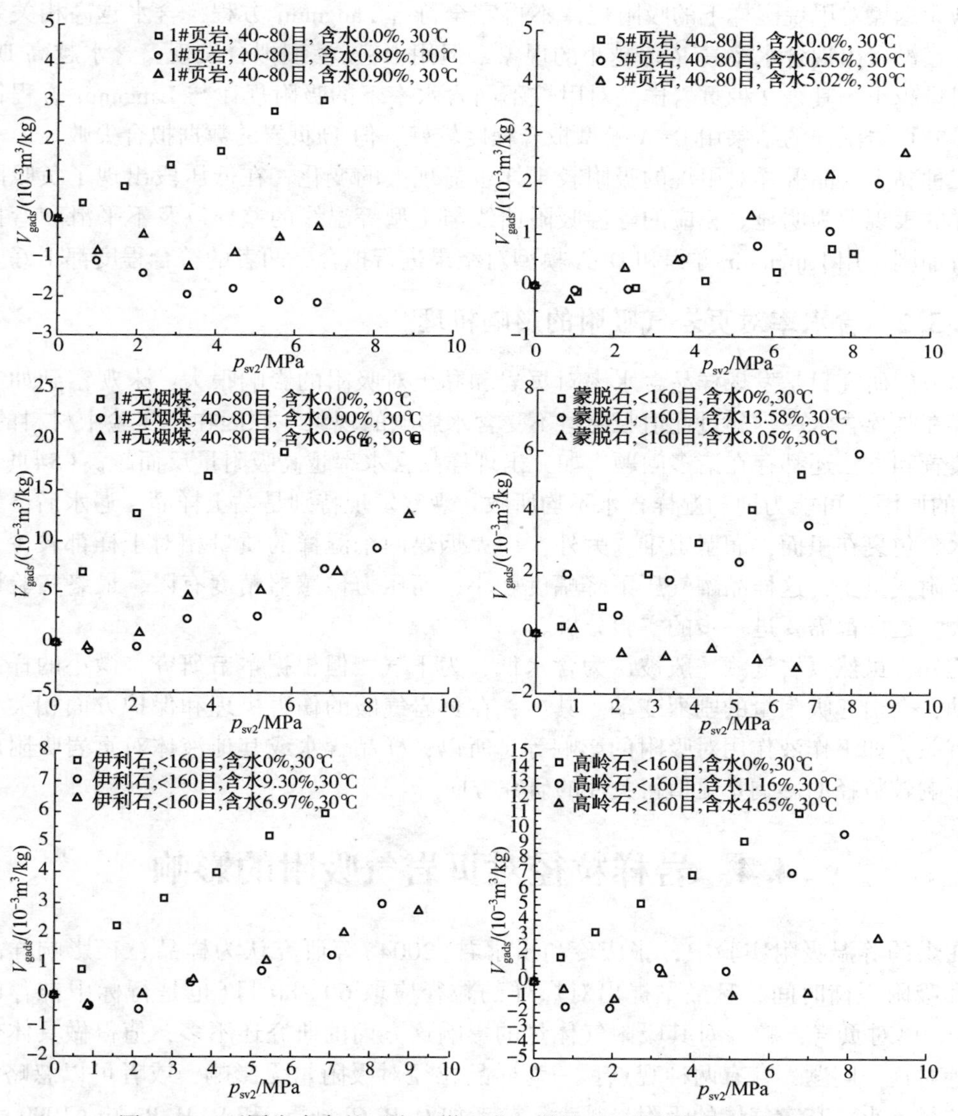

图 4-12 不同含水率的页岩、煤和黏土样品对甲烷的等温吸附结果

由上述数据，可见：

1#页岩在整个压力范围内，以及5#页岩和1#无烟煤2个岩样在低压段对甲烷的吸量都出现了负值，说明岩样含水对吸附的影响极大。对比干样，3个平衡湿样对甲烷的吸附，不但吸附量有差异，而且其等温吸附曲线的形态也发生改变。1#无烟煤对甲烷在不同含水率下的等温吸附曲线不再为典型的Ⅰ型等温线，未出现吸附量随压力增加逐渐趋于饱和的状况。其余页岩样品对甲烷的不同含水率下的等温吸附曲线与标准的Ⅰ型等温线都有差别，同样也有线性的趋势，特别是1#页岩，其斜率为负值。

1#无烟煤对甲烷在湿样条件下的等温吸附曲线都不再平滑，出现弯折，其余2种页岩样品在不同含水率下等温吸附曲线都有弯折，1#页岩湿样的等温吸附曲线在3MPa时出现弯折，即折点对应压力小于干样的情况。可见含水率越高，等温吸附曲线越易出现弯折。

1#无烟煤对甲烷湿样下的吸附规律不再完全符合 Langmuir 方程，含水越高相关系数越小，并且没有出现含水率高 V_L 值越小的现象，但用 D-A 模型拟合发现，含水越高 D-A 饱和吸附量越小。其余 2 种页岩样品对甲烷不同含水率下的吸附规律与 Langmuir 方程符合程度低。5#页岩湿样的结果用 D-A 模型拟合程度较好，但 1#页岩的数据拟合失败。

三种黏土样品湿样对甲烷的吸附较干样也显现大的变化，在低压段出现了负吸附，蒙脱石样的表现尤为明显。相应的等温吸附曲线与 I 型等温线的差异以及不平滑和弯折程度都有所加剧。用 Langmuir 方程和 D-A 模型对结果进行拟合，两者的符合程度都不好。

4.3.2 含水率对页岩气吸附的影响机理

本节的研究只是发现样品含水率对页岩和黏土对吸附的影响很大，未观察到如文献中所述存在临界含水率，超过此值吸附量不受含水影响的现象。原因在于实验中材料的处理，实验装置和方法还都存在诸多问题。如，出现样品含水率越高吸附量反而越高(5#页岩、伊利石)的原因，可能为饱和湿样含水不均所致。观察发现特别是黏土样品，遇水后会极易聚团将水分包裹在里面，润湿困难。另外，1#无烟煤两个湿样的质量相对干样都较少，所以样品吸附气量少，这样品罐气压下降幅度就小，而压力传感器精度有限，最终实验误差可能加大。这些都需要进一步的实验分析。

此外，虽然页岩气藏一般被认为含水低，为干气。但根据本节研究，微小的样品含水率变动，会引起吸附量的剧烈变动。其次，在页岩气藏的伤害机理和保护方面相关机理都与此有关，如工作液作用对吸附的影响等。所以，样品含水或其他液体对页岩吸附解吸气体的影响较粒径的影响是更值得关注的研究方向。

4.4 岩样粒径对页岩气吸附的影响

在煤的等温吸附实验中，张庆玲和崔永君(2004)等研究认为样品粒径影响样品的表面积和吸附平衡时间，且最早提出对煤样的粒径应取 60~80 目(也是行标中推荐的煤样粒径)。单对页岩，粒径对其吸附气体量的影响这方面的研究还不多，值得做具体分析。

针对这一问题，存有两种观点：一为样品粒径对吸附量无影响，或者可以忽略；二为样品粒径越小，其对气体的吸附量越大。前者如 C. R. Clarkson 和 R. M. Bustin(1999)，他们认为煤样的粒径对所测样品微孔体积的影响可以忽略，进而对吸附气量无影响。后者如吉利明和罗鹏等(2012)研究发现黏土样品对甲烷的吸附量随颗粒粒径的减小而增加，还有 Yanyan Chen 和 Lin Wei 等(2015)倾向于气体吸附法测的孔隙体积随页岩颗粒尺寸的减小而增大，所以必然吸附量也极随之增大。

本节进行不同粒径的页岩和煤样的甲烷等温吸附实验，分析了不同粒径下，岩样吸附甲烷过程中样品罐压力的变化趋势及吸附平衡时间，以及不同粒径下的等温吸附曲线的差异，并进行了相关讨论。

实验所用材料为 1#~5#页岩、1#无烟煤(40~80 目，80~160 目，<160 目)、干酪根、高岭土、蒙脱石、伊利石样品(<160 目)，全为干样，样品参数如表 4-1 所示。实验装置和实验方法为容量法。实验温度设定为 30℃，压力设定为<10MPa。

4.4.1　不同粒径样品的吸附实验结果

1. 不同粒径岩样吸附甲烷的平衡时间

实验得到不同粒径样品对甲烷的等温吸附实验中样品罐压力随时间的变化。对于页岩样品所观察到的差异不明显，此处只列出1#无烟煤的结果，如图4-13所示。

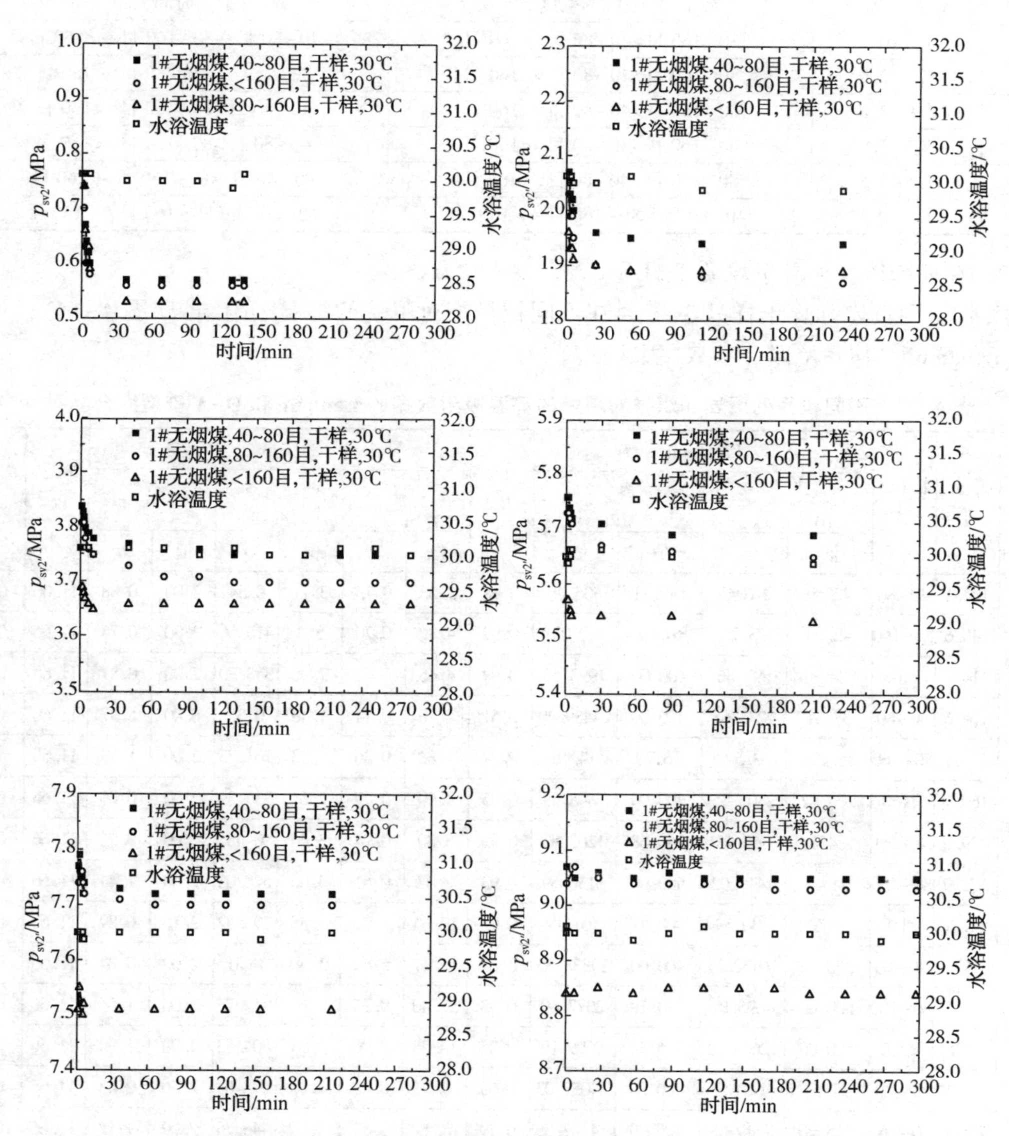

图4-13　不同粒径岩样对甲烷的等温吸附实验中样品罐压力(表压)随时间的变化

分析上述数据，发现：

不同粒径1#无烟煤随着累积充气压力的升高(对应吸附平衡压力也增大)，达到吸附平衡时样品罐压力下降的幅度呈现出随着粒度的减小先增后降的趋势。可见吸附时压力下降幅度并不单纯随粒径而变化，而与样品的吸附量有关。不同粒径 1#无烟煤样品，随着累积充气压力的提高，达到吸附平衡的时间表现出一定差异。在低压和高压时不同样品粒径下的吸附平衡时间趋于一致，在中压范围会出现粒径越大吸附平衡时间越长的现象。具体大小关系见表 4-16。

表 4-16　不同粒径 1#无烟煤吸附时样品罐压力下降幅度和吸附平衡时间

序　号	平衡压/MPa	样品罐压力下降的幅度大小关系	吸附平衡时间大小关系
1	0.5~0.6	80~160 目>40~80 目><160 目	40~80 目≈80~160 目≈<160 目
2	1.9~2.0	80~160 目>40~80 目><160 目	80~160 目>40~80 目><160 目
3	3.6~3.8	80~160 目>40~80 目><160 目	40~80 目>80~160 目><160 目
4	5.5~5.7	80~160 目>40~80 目><160 目	40~80 目>80~160 目><160 目
5	7.5~7.8	80~160 目>40~80 目><160 目	40~80 目≈80~160 目><160 目
6	8.8~9.1	40~80 目≈80~160 目≈<160 目	40~80 目≈80~160 目≈<160 目

2. 不同粒径岩样对甲烷的吸附量

实验得到页岩和煤干样品 30℃时在不同粒径下对甲烷的等温吸附结果(图 4-14)，计算得到 Langmuir 和 D-A 拟合参数(表 4-17)。

表 4-17　不同粒径的页岩和煤样对甲烷的等温吸附数据的 Languir 和 D-A 模型拟合结果

样品	质量/g	粒径/目	Langmuir					D-A							
			V_L/($10^{-3}m^3$/kg)		p_L/MPa		R^2	V_0/($10^{-3}m^3$/kg)		E/(kJ/mol)		m		p_0	R^2
			值	σ	值	σ		值	σ	值	σ	值	σ		
1#页岩	104.1	40~80	72.59	236.47	149.31	506.46	0.98	3.53	0.75	3.71	0.54	2.00	0.88	11.66	0.94
	148.6	80~160	42.03	23.78	64.07	40.03	0.99	4.89	0.70	3.3	415.66	2.00	0.75	11.66	0.93
	146	<160	204.81	997.86	400.00	1993.35	0.99	4.65	0.68	2.98	373.30	2.00	0.81	11.66	0.93
2#页岩	164.6	40~80	37.31	2233.65	400.00	24489.40	0.51	1.10	0.14	1.48	0.35	6.00	5.97	11.66	0.94
	132.9	80~160	5.77	3.59	16.70	14.16	0.94	1.82	0.36	4.23	761.98	2.00	1.13	11.66	0.85
	160.7	<160	206.82	2805.35	400.00	5548.99	0.95	4.99	0.77	2.67	337.39	2.00	0.80	11.66	0.94
3#页岩	139.0	40~80	184.18	865.13	260.68	1262.83	0.99	5.80	0.94	3.46	0.48	2.00	0.96	11.66	0.92
	132.2	80~160	94.46	1419.02	400.00	6136.59	0.93	2.07	0.61	3.06	678.05	2.00	1.44	11.66	0.77
	52.6	<160	66.51	130.59	44.76	101.17	0.92	10.64	1.52	3.35	393.32	2.16	0.89	11.66	0.94
4#页岩	53.2	40~80	338.42	16432.57	400.00	19838.35	0.67	15.17	5.63	1.40	0.31	2.00	0.84	11.66	0.98
	35.4	80~160	500.00	4695.81	214.18	2077.60	0.93	22.40	9.35	2.63	713.73	2.00	1.54	11.66	0.83
	44.5	<160	500.00	12604.11	376.34	9699.12	0.85	14.28	7.06	2.34	804.53	2.00	1.94	11.66	0.78
5#页岩	247.8	40~80	27.54	1620.55	400.00	24057.03	0.65	0.90	0.48	1.65	0.46	2.56	2.43	11.66	0.91
	216.8	80~160	215.20	7549.58	400.00	14332.85	0.79	6.29	2.53	1.79	446.75	2.00	1.12	11.66	0.96
	113.9	<160	57.31	3340.82	400.00	23812.88	0.58	1.23	0.24	1.79	103.85	6.00	5.25	11.66	0.96
1#无烟煤	111.0	40~80	24.77	0.38	1.89	0.10	0.99	21.01	0.69	7.08	0.34	2.00	0.32	12.43	0.99
	118.6	80~160	24.71	0.36	1.66	0.09	0.99	20.84	0.44	6.92	221.20	2.00	0.21	11.66	0.99
	94.2	<160	21.22	0.43	1.30	0.11	0.99	18.55	0.38	7.46	251.70	2.00	0.23	11.66	0.99

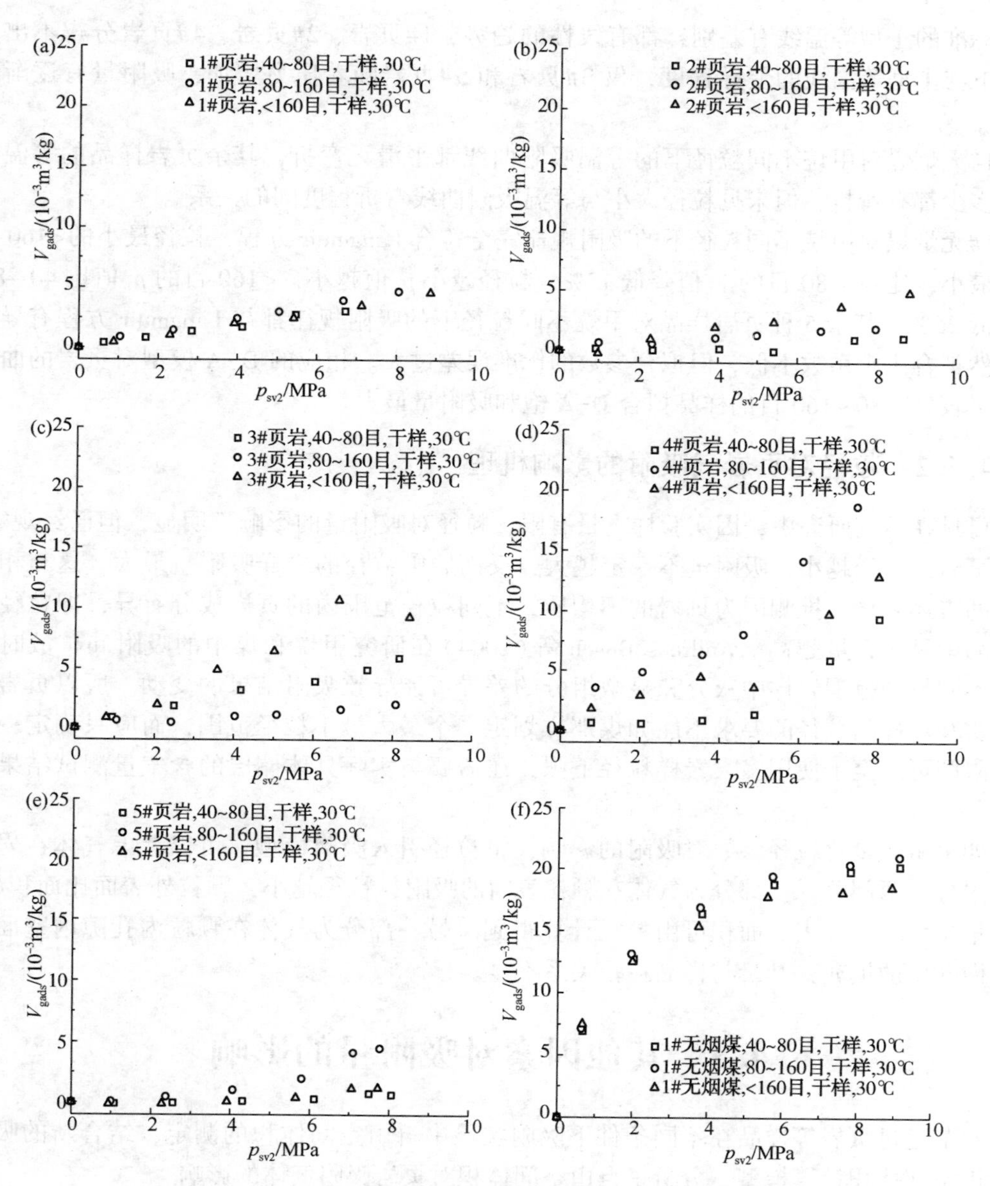

图 4-14 不同粒径的页岩和煤样对甲烷的等温吸附结果

由上述数据可见：

在整个压力范围内仅 3#页岩和 2#页岩出现粒径越小吸附量越大，其他岩样都是居中粒径范围(80~160 目)的吸附量最大，但除 1#无烟煤和 3#页岩外所有岩样都呈现出粒径最大(40~80 目)而吸附量最小的现象。1#无烟煤不同粒径的吸附量差异不明显，其余页岩岩样不同粒径的吸附量差异较大。

虽然不同粒径的岩样对甲烷的吸附量有差异，但 3 个粒径水平的等温吸附曲线有着相似的形态。不同粒径 1#无烟煤对甲烷的等温吸附曲线都为典型的Ⅰ型等温线，80~160 目的饱和吸附量最大，约为 $21.5\times10^{-3}m^3/kg$。其余页岩样品对甲烷的不同粒径下的等温吸附曲线与标准的Ⅰ型等温线有差别，都有线性的趋势，1#页岩、2#页岩、4#页岩分辨不出不同粒径下与Ⅰ型等温线的差异程度，仅3#页岩和5#页岩随着压力增加，吸附量有逐渐趋于饱和。

1#无烟煤对甲烷不同粒径下的等温吸附曲线都平滑无弯折，其余页岩样品的等温吸附曲线多少都有弯折，但未见粒径大小与等温吸附曲线弯折程度间的关系。

1#无烟煤对甲烷不同粒径下的吸附规律完全符合Langmuir方程，粒径最小的<160目的V_L值最小，比40~80目的V_L值降低12%，粒径越小p_L值越小，<160目的p_L值比40~80目的降低25%。其余5种页岩样品对甲烷不同粒径下的吸附规律都与Langmuir方程有异，因为虽然拟合决定系数不低，但拟合参数的标准误差过大。相应的D-A模型对页岩的曲线拟合结果较好，80~160目的样品拟合D-A饱和吸附量最大。

4.4.2 粒径对页岩气吸附的影响机理

可见在本节研究中，因实验样本量有限，粒径对吸附量的影响不明显，但已经观察到，对于页岩，粒径越小，吸附量不一定越大，反而居中粒径的岩样吸附量最大，这与相关文献上的表述有异。推测因为页岩的不均质，不同粒径范围内的页岩成分有异，即粒径越小的样品中黏土含量越高。Andreas Busch等(2004)在研究甲烷和煤中的吸附和扩散时也提到，不同粒径范围岩样中灰分和显微组分的差异可能导致吸附结果的变动。所以页岩等温吸附实验对样品粒径的要求不能如煤那样划定一个最大最小粒径范围，而应只确定一个粒径上限即可。至于使用多大岩样粒径下限，还需要与实际具体储层的含气量测试结果结合确定。

如果试图量化粒径参数对吸附的影响，将粒径引入吸附模型，可以考虑气体在岩样上的吸附分为两部分。一部分为气体在颗粒表面的吸附，粒径越小，颗粒外表面比面积越大，吸附量越大，而外表比面积可由粒径计算得到。另一部分为气体在颗粒内孔隙内壁面的吸附或微孔中的填充，其量与样品粒径关系不显。

4.5 其他因素对吸附量的影响

本节通过页岩等样品在不同条件下吸附实验中自由空间体积的测定，结合新的吸附量及自由空间体积计算模型，分析了自由空间体积对页岩吸附气体的影响。

4.5.1 自由空间体积测值误差对吸附量的影响

1. 页岩自由空间体积测量误差对吸附量的影响

自由空间体积引起的实验结果误差是通过假设自由空间体积值对吸附量的影响来分析的。分别在F5页岩样品进行等温吸附实验时所测自由空间体积值的基础上增加0.1%、0.3%、0.5%、1%，减小0.1%、0.3%、0.5%、1%，来模拟自由空间体积测量误差，计算此时对应的页岩累积吸附量。不同自由空间体积变化率下压力与页岩累积吸附量的关系，和不同压力下自由空间体积变化率与页岩吸附量变化率的关系，如图4-15和图4-16所示。

由图4-15分析可知，当自由空间体积增大时，页岩累积吸附量是减少的；当自由空间

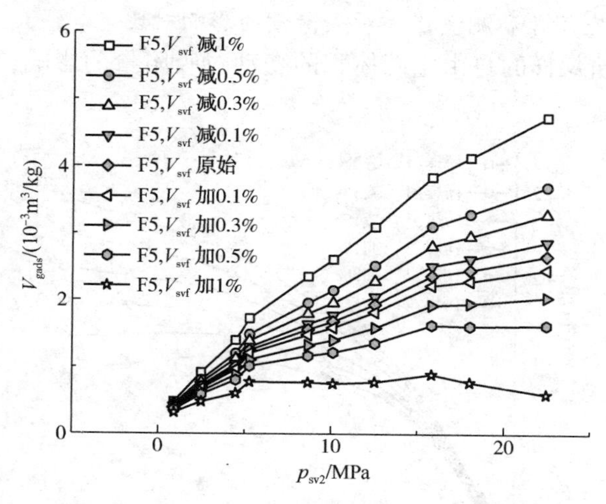

图 4-15　不同自由空间体积变化率下压力与页岩累积吸附量的关系

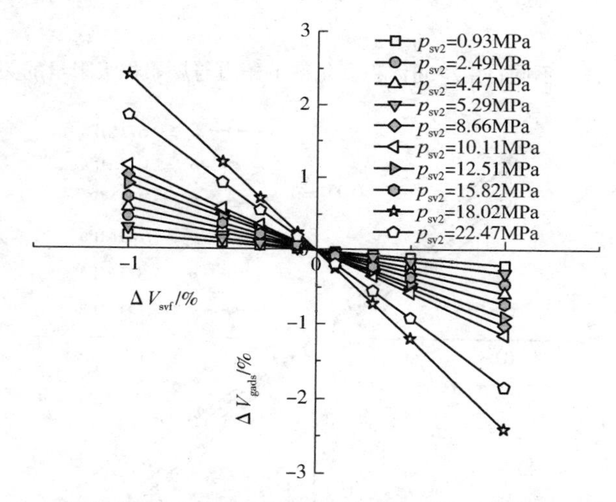

图 4-16　不同压力下自由空间体积变化率与页岩吸附量变化率的关系

体积减小时，页岩累积吸附量是增加的。例如当压力为 5. 29MPa，自由空间体积变化率由-0. 5%增大到-0. 3%时，页岩气累积吸附量由 1. 486×10^{-3}m^3/kg 减少到 1. 391×10^{-3}m^3/kg；当压力为 10. 11MPa，自由空间体积变化率由 0. 3%减小到 0. 1%时，页岩气累积吸附量由 1. 401×10^{-3}m^3/kg 增加到 1. 587×10^{-3}m^3/kg。

再者，由图 4-15 分析可知，自由空间体积变化率为-1%、-0. 5%、-0. 3%、-0. 1%、0. 1%和 0. 3%所对应的等温吸附曲线随着压力的上升，累积吸附量一直增加，符合页岩等温吸附的一般规律；而自由空间体积变化率为 0. 5%和 1%所对应的等温吸附曲线随着压力的上升，累积吸附量先增加，最终出现了负吸附现象，不符合页岩等温吸附的一般规律。

由图 4-16 分析可知，在同一压力下，页岩吸附量变化率随着自由空间体积变化率的增大而减小；页岩吸附量变化率随着自由空间体积变化率的减小而增大。例如当压力为 2. 49MPa 时，自由空间体积变化率由-0. 5%增加到-0. 3%，吸附量变化率由 23. 1%减少到 13. 8%，自由空间体积变化率由 0. 3%减少到 0. 1%，吸附量变化率由-13. 8%增加到-4. 6%。

2. 煤和页岩自由空间体积测量误差对吸附量的影响对比

以同样的方法分析煤样的自由空间体积的变动对吸附量的影响，其结果如图 4-17 和图 4-18所示。

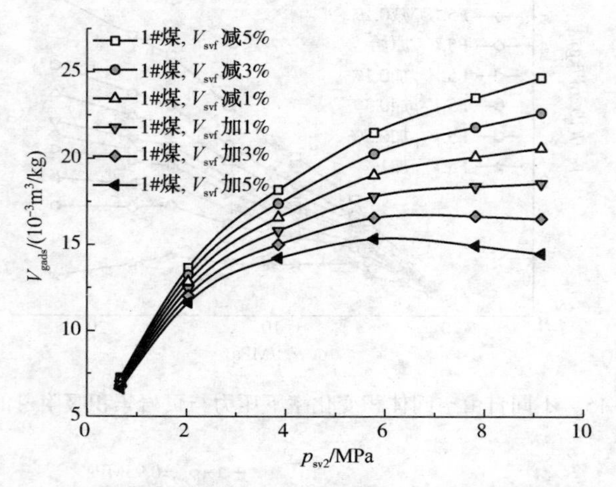

图 4-17 不同自由空间体积变化率下压力与煤累积吸附量的关系

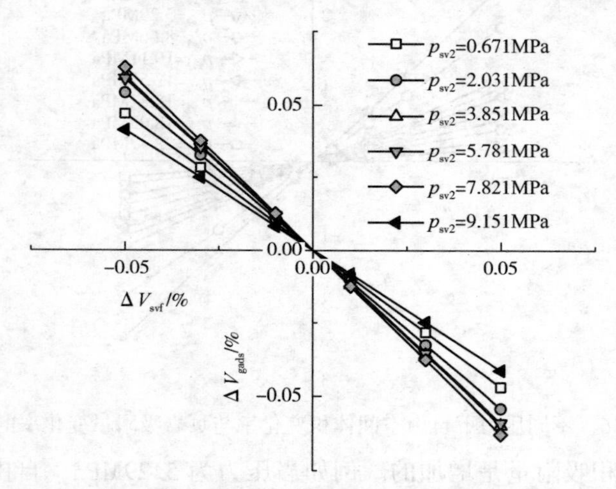

图 4-18 不同压力下自由空间体积变化率与煤吸附量变化率的关系

将图 4-17 和图 4-15 对比可见，煤对甲烷的等温吸附曲线形态较页岩的平滑；当自由空间体积增大时，煤的累积吸附量同样是减少，否则反之。例如当压力为 0.617MPa，自由空间体积变化率由-5%增大到-3%时，煤累积吸附量由 $7.262\times10^{-3}m^3/kg$ 减少到 $7.131\times10^{-3}m^3/kg$；当压力为 3.851MPa，自由空间体积变化率由 3%减小到 1%时，煤累积吸附量由 $15.017\times10^{-3}m^3/kg$ 增加到 $15.810\times10^{-3}m^3/kg$。

再者，图 4-17 中也出现自由空间体积变化率为-5%、-3%、-1%和 1%所对应的等温吸附曲线随着压力的上升，累积吸附量一直增加，而自由空间体积变化率为 3%和 5%所对应的等温吸附曲线随着压力的上升，累积吸附量先增加，最终也出现了负吸附现象。但与页岩的结果差异体现在，用于吸附量计算的样品室自由空间体积偏大，且对于吸附量低的样品，如页岩，越容易出现吸附曲线下降和负吸附现象。页岩与煤出现负吸附现象时对应的平衡压力不同，在自由空间体积较大时，页岩在10~15MPa之间出现负吸附，而煤在5~6MPa之间出现。

将图4-18和图4-16对比可见，在同一压力下，煤吸附量变化率同样随着自由空间体积变化率的增大而减小，否则反之，且当自由空间体积相同变化率时，随着压力的增大，页岩吸附量变化率增长幅度远大于煤吸附量变化率增长幅度。例如当压力为0.671MPa时，自由空间体积变化率由-5%增加到-3%，吸附量变化率由4.71%减少到2.83%，自由空间体积变化率由3%增加到1%，吸附量变化率由-2.83%增加到-0.94%。

3. 页岩自由空间体积引起吸附实验误差机理

对比页岩和煤的自由空间体积对吸附的影响，可得到页岩和煤在容量法等温吸附实验中因自由空间体积引起的吸附实验结果出现误差的原因和规律如下：

首先，对页岩和煤，实验中当自由空间体积微调大后，随着压力的增加，其等温吸附曲线都出现下降甚至负吸附这一不符合等温吸附一般规律的现象，所以推测导致此现象的原因，就是由自由空间体积测值偏大或变动导致的误差引起，且页岩和煤出现此现象的原因相同。

其次，页岩和煤对气体的吸附量不同，在自由空间体积为定值，相同压力下，煤的累积吸附量约为页岩的累积吸附量的10倍，这导致在实验中页岩因吸附引起的压力下降幅度较煤的小很多，所以压力监测精度要求变高。换言之，相同传感器精度下，得到页岩对甲烷的等温吸附曲线形态较煤的会出现不平滑和起伏波动等异常，页岩的实验结果更易出现误差。

再者，在吸附实验中精确考虑，自由空间体积实际并不为定值，岩样吸附气体，吸附相会占据孔隙体积，吸附会引起其基质膨胀，岩样吸附中受压也会变形。所以，对页岩和煤，因吸附量差异吸附导致的岩样膨胀体积就会不同。此外，页岩和煤的弹性模量不同，页岩因含有黏土矿物，塑性强，在吸附实验中受压更易变形。这两因素都会造成吸附过程中自由空间体积的变化，从而影响吸附结果，直观表现为页岩与煤出现负吸附现象时对应的平衡压力不同。

综上，为降低页岩的等温吸附实验误差，在实验中更应加大岩用量，减小自由空间体积的初始值，且使用高精度传感器，提高其测试准确程度，并建议对吸附过程中页岩的变形进行监测和表征。吸附过程中因页岩变形导致的自由空间体积的变动及其影响如下节所述。

4.5.2　吸附过程中自由空间体积变动对吸附的影响

1. 吸附过程中自由空间体间的变动

除自由空间体积的测定值是否为定值以及是否准确的问题外，在岩样对气体吸附的过程中，其值还可能发生变动。

首先，岩石部分孔隙空间会被气体吸附相占据，这样岩样真实自由空间体积自然会减小。虽然张庆玲等(2003)认为在煤对甲烷的吸附实验中，不校正吸附相体积比校正后的结果更符合实际，但对页岩，吸附相能否同样被忽略还未知。其次，多名学者在进行煤的等温吸附实验时发现，煤因吸附二氧化碳基质会发生膨胀，如：B M Krooss等(2002)等观察到在高压阶段，基质膨胀和二氧化碳吸附相的体积之和比原基质体积大20%；Stuart Day等(2008)发现煤的吸气膨胀量二氧化碳临界压力前后变化剧烈；周来等(2009)关注了低压时煤吸气膨胀对二氧化碳吸附量的影响。虽然页岩吸附甲烷量比煤吸附二氧化碳量小，但因吸附引起基质膨胀的现象仍然存在。再者，随着吸附平衡压力的增大，岩样还会受压变形。

所以，在页岩吸附甲烷过程中，由于吸附相的存在、吸附引起基质膨胀量、基质压缩这三种效应的影响，真实的自由空间体积将不为定值，它会随吸附压力的变化而变化。王瑞等(2015)对此已进行了分析，但还缺少相关数学模型表征。

本节研究建立了考虑吸附相的存在、吸附引起基质膨胀量、基质压缩的容量法等温吸附实验吸附量及自由空间体积计算模型，结合页岩和煤样品吸附甲烷的实验结果，讨论了各岩样的自由空间体积在吸附过程中随平衡压力发生的变化，并进一步分析了这对吸附量测量结果和吸附规律的影响。

2. 考虑自由空间体积变动的吸附量模型

原始吸附量计算模型见前一章式(3-2)。

1）考虑吸附相存在的吸附量模型

气体吸附相占据的孔隙体积与吸附量有关，因它的存在，实际自由空间体积会减小，这反过来又会影响吸附量的计算结果，即考虑吸附相后的自由空间体积和吸附量之间存在耦合关系。

吸附相的体积为页岩表面吸附态甲烷的体积。据文献(崔永君，2005；王瑞，2013)，计算式为：

$$V_{\text{gads-phase}}=V_{\text{gads}}\frac{\rho_{\text{gads}}}{\rho_{\text{gads-phase}}} \tag{4-4}$$

式中，$V_{\text{gads-phase}}$ 为单位质量岩样所吸附相甲烷的体积，cm^3/g；V_{gads} 为 $V_{\text{gads-phase}}$ 换算到标况下的体积，cm^3/g；ρ_{gads} 为甲烷标况下的密度，kg/m^3，$\rho_{\text{gads-phase}}$ 为甲烷吸附相密度，kg/m^3。甲烷吸附相密度值无法实测，有学者认为其值小于液态甲烷密度(425kg/m³)而大于临界密度(162kg/m³)，为 375kg/m³ 或 350kg/m³。

这样，岩样中吸附相所占的体积就为 $m_s V_{\text{gads-phase}}$。校正后的自由空间体积为：

$$V_{\text{svf-gads-phase}}=V_{\text{svf}}-m_s V_{\text{gads-phase}} \tag{4-5}$$

联立式(3-2)和式(4-4)与式(4-5)，求解得到考虑吸附相存在的吸附量和自由空间体积：

$$V_{\text{gads-gadsphase}}=\frac{\dfrac{V_m p_{cv1} V_{cv}}{m_s Z_{cv1} RT_1}-\dfrac{V_m p_{sv2}(V_{cv}+V_{svf})}{m_s Z_{sv2} RT_2}+\dfrac{V_m p_{sv1} V_{svf}}{m_s Z_{sv1} RT_1}}{\left[1+\left(\dfrac{V_m p_{sv1}}{m_s Z_{sv1} RT_1}-\dfrac{V_m p_{sv2}}{m_s Z_{sv2} RT_2}\right)\left(\dfrac{m_s \rho_{\text{gads}}}{\rho_{\text{gads-phase}}}\right)\right]} \tag{4-6}$$

$$V_{\text{svf-gadsphase}}=V_{\text{svf}}-\frac{m_s \rho_{\text{gads}}}{\rho_{\text{gads-phase}}}\cdot\frac{\dfrac{V_m p_{cv1} V_{cv}}{m_s Z_{cv1} RT_1}-\dfrac{V_m p_{sv2}(V_{cv}+V_{svf})}{m_s Z_{sv2} RT_2}+\dfrac{V_m p_{sv1} V_{svf}}{m_s Z_{sv1} RT_1}}{\left[1+\left(\dfrac{V_m p_{sv1}}{m_s Z_{sv1} RT_1}-\dfrac{V_m p_{sv2}}{m_s Z_{sv2} RT_2}\right)\left(\dfrac{m_s \rho_{\text{gads}}}{\rho_{\text{gads-phase}}}\right)\right]} \tag{4-7}$$

式中，$V_{\text{gads-gadsphase}}$ 为考虑吸附相时的吸附量，cm^3/g；$V_{\text{svf-gadsphase}}$ 为考虑吸附相时的自由空间体积，cm^3。

2）考虑基质膨胀的吸附量模型

考虑岩样基质膨胀后的自由空间体积和吸附量之间也存在耦合关系。岩样吸附气体后发生膨胀的机理为气体在岩样微孔内的吸附造成基质表面自由能的降低，从而使其体积膨胀。由 Bangham 固体变形理论，将岩样视为各向同性的球体，可得到岩样吸附气体产生的应变与吸附量之间的关系式，以及岩样应变和岩样膨胀量的关系式：

$$\varepsilon_{\text{swell}} = \frac{\rho_{\text{s}}}{E_{\text{s}}}\int_{p_1}^{p_2}\left(\frac{V_{\text{ads}}RT}{V_{\text{m}}p}\right)\text{d}p \approx \frac{\rho_{\text{s}}RT}{2E_{\text{s}}V_{\text{m}}}\left[\frac{V_{\text{ads}}(p_1)}{p_1}+\frac{V_{\text{ads}}(p_2)}{p_2}\right](p_2-p_1) \tag{4-8}$$

式中，$\varepsilon_{\text{swell}}$为岩样膨胀产生的应变，无量纲；$\rho_{\text{s}}$为岩样的真密度，g/cm^3；$\psi$ 为单位质量岩样的有效表面自由能，J/g；E_{s}为岩样弹性模量，MPa。

$$V_{\text{swell}} = \frac{1}{\rho_{\text{s}}}\left[(\varepsilon+1)^3-1\right] \tag{4-9}$$

式中，V_{swell}为单位质量岩样因吸附引起的基质膨胀体积，cm^3/g。

考虑基质膨胀的自由空间体积为：

$$V_{\text{svf-swell}} = V_{\text{svf}} - m_{\text{s}}V_{\text{swell}} \tag{4-10}$$

联立式(3-2)和式(4-8)~式(4-10)，采用数值迭代求解，得到校正后的吸附量和自由空间体积：

$$\begin{cases}
\varepsilon^{n}_{\text{swell}} = \dfrac{\rho_{\text{s}}}{2E_{\text{s}}}\left[\dfrac{V^{n}_{\text{gads}}(p_{\text{sv2},i})RT}{V_{\text{m}}p_{\text{sv2},i}}+\dfrac{V^{n}_{\text{gads}}(p_{\text{sv2},i-1})RT}{V_{\text{m}}p_{\text{sv2},i-1}}\right](p_{\text{sv2},i}-p_{\text{sv2},i-1}) \\
V^{n}_{\text{swell}} = \dfrac{1}{\rho_{\text{s}}}\left[(\varepsilon^{n}_{\text{swell}}+1)3-1\right] \\
V^{n+1}_{\text{svf}} = V^{n}_{\text{svf}} - m_{\text{s}}V^{n}_{\text{swell}} \\
V^{n+1}_{\text{gads}} = V_{\text{m}}\dfrac{1}{m_{\text{s}}}\left[\dfrac{p_{\text{cv1}}V_{\text{cv}}}{Z_{\text{cv1}}RT_1}+\dfrac{p_{\text{sv1}}V^{n+1}_{\text{svf}}}{Z_{\text{sv1}}RT_1}-\dfrac{p_{\text{sv2}}(V_{\text{cv}}+V^{n+1}_{\text{svf}})}{Z_{\text{sv2}}RT_2}\right] \\
\begin{cases} V_{\text{gads-swell}} = V^{n+1}_{\text{ads}} \\ V_{\text{svf-swell}} = V^{n+1}_{\text{svf}} \end{cases} \text{当} \left|V^{n+1}_{\text{gads}}-V^{n}_{\text{gads}}\right|<0.001\text{时}
\end{cases} \tag{4-11}$$

式中，n 为迭代计算次数(n=0，1，2，…)，无量纲；$V_{\text{gads-swell}}$为考虑基质膨胀时的前一次(i-1)吸附平衡到本次(i)吸附平衡过程中单位质量岩石样品所吸附的气体在标况下的体积，cm^3/g；$V_{\text{svf-swell}}$为考虑基质膨胀时的自由空间体积，cm^3。

3）考虑基质压缩的吸附量模型

考虑基质压缩后的自由空间体积和吸附量之间也存在耦合关系。基质压缩的体积虽与吸附量无关，但因基质压缩使实际自由空间体积增大，从而也引起吸附量计算结果的改变。

基质压缩造成自由空间体积增大。建模时考虑其校正与考虑基质膨胀在的区别在于应变的计算，计算式见式(4-12)。

$$\begin{cases}
\varepsilon_{\text{compress}} = \dfrac{\sigma}{E_{\text{s}}} \\
V^{n}_{\text{compress}} = \dfrac{1}{\rho_{\text{s}}}\left[1-(1-\varepsilon_{\text{compress}}{}^{n})^3\right] \\
V^{n+1}_{\text{svf}} = V^{n}_{\text{svf}} + m_{\text{s}}V^{n}_{\text{compress}},\quad V^{n}_{\text{svf},0} = V_{\text{svf}},\quad V^{n}_{\text{svf},i} = V^{n}_{\text{svf},i-1} \\
V^{n+1}_{\text{gads}} = V_{\text{m}}\dfrac{1}{m_{\text{s}}}\left[\dfrac{p_{\text{cv1}}V_{\text{cv}}}{Z_{\text{cv1}}RT_1}+\dfrac{p_{\text{sv1}}V^{n+1}_{\text{svf}}}{Z_{\text{sv1}}RT_1}-\dfrac{p_{\text{sv2}}(V_{\text{cv}}+V^{n+1}_{\text{svf}})}{Z_{\text{sv2}}RT_2}\right] \\
\begin{cases} V_{\text{gads-compress}} = V^{n+1}_{\text{ads}} \\ V_{\text{svf-compress}} = V^{n+1}_{\text{svf}} \end{cases} \text{当} \left|V^{n+1}_{\text{gads}}-V^{n}_{\text{gads}}\right|<0.001\text{时}
\end{cases} \tag{4-12}$$

式中，$\varepsilon_{compress}$ 为岩样压缩产生的应变，无量纲；σ 为岩样所受应力，MPa；$V_{compress}$ 为单位质量岩样因的基质压缩体积，cm^3/g；$V_{gads-compress}$ 为考虑基质压缩时的吸附量，cm^3/g；V_{svf-c} 为考虑基质压缩时的自由空间体积，cm^3。

4）考虑吸附相和基质变形的吸附量模型

将上述效应叠加，即可得到综合考虑吸附相和基质变形的吸附量和自由空间体积计算模型：

$$\begin{cases} V_{gads-c} = V_{gad-gadsphase} + V_{gads-swell} + V_{gads-compress} - 2V_{gads} \\ V_{svf-c} = V_{svf-gadsphase} + V_{svf-swell} + V_{svf-compress} - 2V_{svf} \end{cases} \tag{4-13}$$

式中，V_{gads-c} 为考虑吸附相、基质膨胀和压缩时的吸附量，cm^3/g；V_{svf-c} 为考虑吸附相、基质膨胀和压缩时的自由空间体积，cm^3。

另外，为便于分析考虑吸附相的存在和基质变形的自由空间体积和吸附量计算结果与不考虑两者时的差异，定义各模型计算得吸附量差异率和自由空间体积差异率：

$$\begin{cases} d_{V_{gads-x}} = \dfrac{V_{gads-x} - V_{gads}}{V_{gads}} \% \\ d_{V_{svf-x}} = \dfrac{V_{svf-x} - V_{svf}}{V_{svf}} \% \end{cases} \tag{4-14}$$

式中，$d_{Vagds-x}$ 为吸附量差异率，%；$d_{V\,svf-x}$ 为自由空间体积差异率，%；x 为下标，分别为 gad-sphase、swell、compress、c 对应表示考虑吸附相、基质膨胀、基质压缩和综合效应。

3. 吸附时自由空间体积的变动计算实例

计算实例采用 30℃时的 1#～5#页岩和 1#无烟煤（40～80 目）干样对甲烷的吸附实验数据。用氦气测得岩石样品装入样品罐后的自由空间体积分别为：1#页岩为 158.58cm^3，2#页岩为 133.33cm^3，3#页岩为 144.40cm^3，4#页岩为 178.54cm^3，5#页岩为 104.87cm^3，1#无烟煤为 120.25cm^3。

考虑吸附相的存在、基质膨胀和压缩后，样品的自由空间体积在吸附过程中不再为定值。各模型计算得自由空间体积差异率随平衡压力的变化如图 4-19 所示。

分析上述数据可见：

对五种页岩和煤样品，在对甲烷的等温吸附过程中都呈现出随平衡压力的增加，吸附相的存在引起自由空间体积都持续减小。对于页岩样品，在实验压力 0～10MPa 范围内自由空间体积差异率由 0 减小至−0.9%～−0.2%，对于 1#无烟煤则由 0 减小至−4.0%。并且对于 1#页岩、2#页岩和 1#无烟煤三样，自由空间体积差异率都有随压力增大而减小到一程度后趋于饱和的现象，其中 1#无烟煤特别明显，饱和时对应压力约为 7～8MPa。

对五种页岩和煤样品，数值上也基本呈现出随平衡压力的增加，吸附导致基质膨胀引起自由空间体积差异率都持续减小，但减小幅度很小，几乎可以忽略。

对五种页岩和煤样品，在对甲烷的等温吸附过程中都呈现出随平衡压力的增加，受压导致岩样基质压缩引起自由空间体积持续线性增大。对于页岩样品，在实验压力 0～10MPa 范围内自由空间体积差异率由 0 增大至−0.3%～0.2%，对于 1#无烟煤则由 0 增大至 0.6%。

在吸附相、基质膨胀和基质压缩三种机理同作用下，随平衡压力的增加自由空间体积

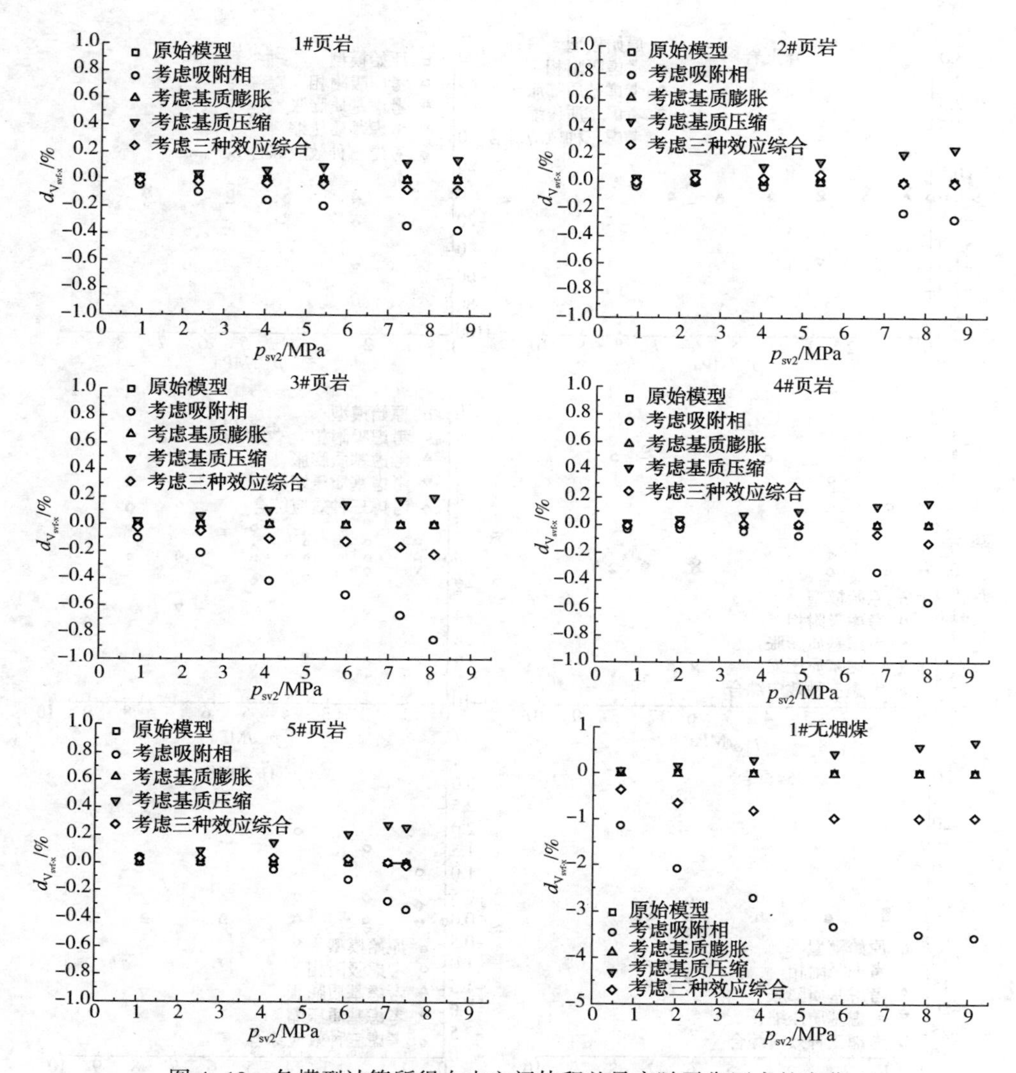

图 4-19　各模型计算所得自由空间体积差异率随平衡压力的变化

基本呈持续减小趋势。对于页岩样品，在实验压力 0~10MPa 范围内自由空间体积差异率由 0 减小至-0.2%~-0.1%，对于 1#无烟煤则由 0 减小至-1.0%。并且对于 1#页岩、2#页岩和 1#无烟煤三样，仍有自由空间体积差异率都有随压力增大而减小到一程度后趋于饱和的态势，但饱和时对应压力较仅考虑吸附相时要小，约在 4~5MPa。在压力大于此压力后，因吸附相和基质膨胀引起的自由空间体积随压力的增加而不再减小，而因基质压缩引起的自由空间体积随压力的增加而增加仍在继续。所以，因实验压力有限，从图中虽未观察到，但仍可预测，在三种机理共同作用下，自由空间体积的差异率会随压力的增加应先减小后增加，先为负值后为正值。

4. 自由空间体积致吸附量变动计算实例

因考虑吸附相的存在、基质膨胀和压缩引其自由空间体积的变化，各平衡压力下的吸附量也发生改变，各模型计算得吸附量差异率随平衡压力的变化如图 4-20 所示。

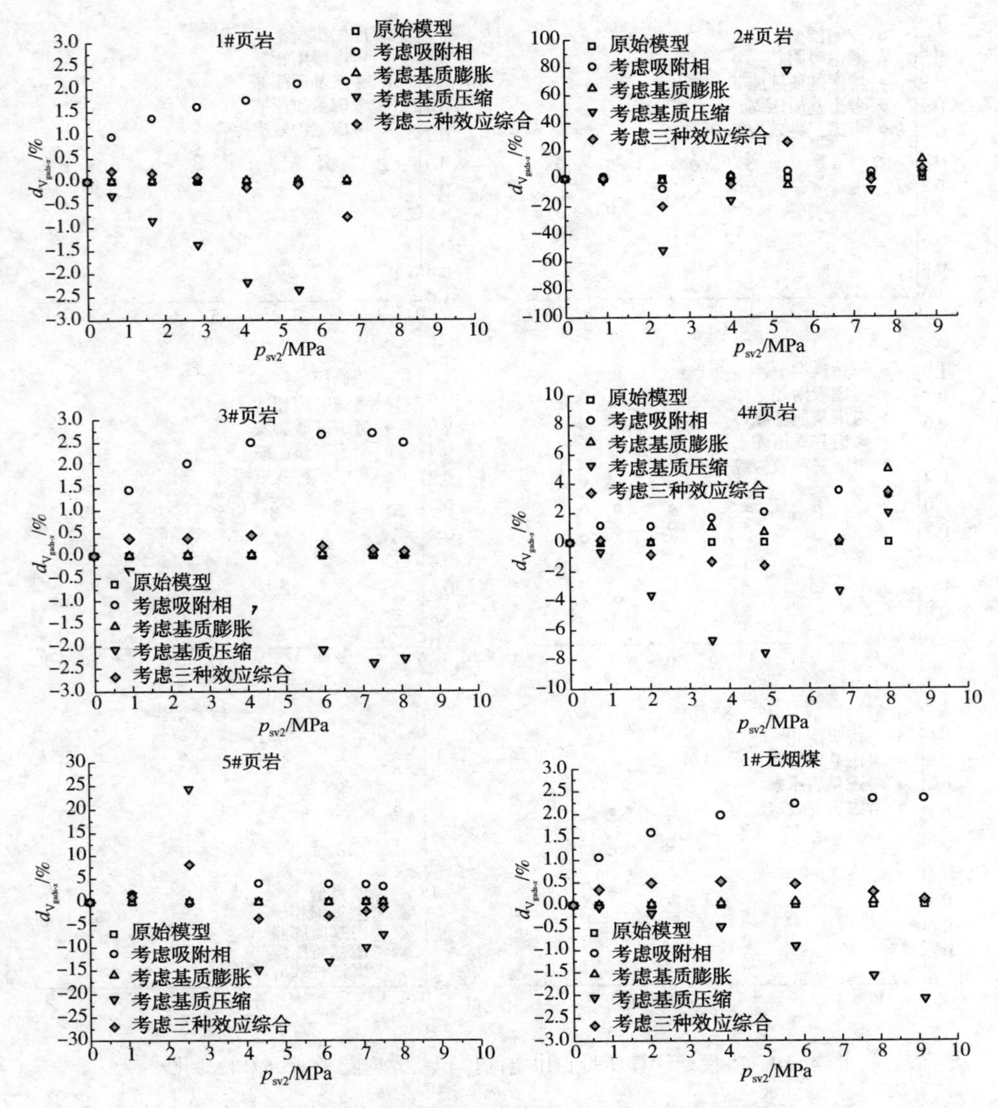

图 4-20 各模型计算所得吸附量差异率随平衡压力的变化

分析上述数据可见：

五种页岩和煤样品，都呈现出随平衡压力的增加，因吸附相的存在导致自由空间体积改变，从而引起吸附量持续增大。对于页岩样品，在实验压力 0~10MPa 范围内吸附量差异率由 0 增加至 2. 0%~5. 0%，对于 1#无烟煤则由 0 增加至 2. 5%。并且吸附量差异率都有随压力增大而增大到一程度后趋于饱和的现象，1#页岩、3#页岩和 1#无烟煤特别明显，饱和时对应压力约在 4~5MPa。

对五种页岩和煤样品，也基本呈现出随平衡压力的增加因基质膨胀导致自由空间体积改变，从而引起吸附量增大的差异率都持续增大，但增大幅度仍极其微小。

1#页岩、3#页岩和 1#无烟煤在对甲烷的等温吸附过程中都呈现出随平衡压力的增加基质压缩导致自由空间体积变化，从而引起吸附量差异率持续减小的现象，在实验压力 0~

10MPa 范围内吸附量差异率由 0 减小至-3.0%~-2.5%，并且压力越高减小越剧烈。2#页岩、4#页岩、5#页岩三样数据表现异常。

1#页岩、3#页岩和 1#无烟煤在吸附相、基质膨胀和基质压缩三种机理同作用下，随平衡压力的增加吸附量差异率基本呈先轻微增大再持续减小的趋势。对于在实验压力 0 至 1.0~2.0MPa 时三者的吸附量差异率由 0 增加至 0.2%~0.5%，1.0~2.0MPa 至 8.0~9.0MPa 时 3#页岩和 1#无烟煤吸附量差异率由 0.5%减小至 0，1.0~2.0MPa 至 3.0~4.0MPa 时 1#页岩吸附量差异率由 0.5%减小至 0。同样可以预测在压力大到一定程度后，因吸附相和基质膨胀导致的自由空间体积随压力的变化不在，而因基质压缩导致的自由空间体积的改变从而使吸附量随压力的增加而仍在减小，在三种机理共同作用下，吸附量差异率会随压力的增加应先增加后减小，先为正值再为负值。

4.5.3　页岩气等温吸附实验测试界限分析

1. 容量法测试界限模型

针对现有技术中存在的问题，提出一种页岩气容量法等温吸附实验测试界限确定方法，可在样品用量已定时明确所用压力传感器的最小精度，还可在实验装置已经定了的情况下，确定装置实验中所需要的最小样品用量界限。

1）已知吸附量和样品用量反推吸附引起的压力变化

已知吸附量和样品用量反求吸附引起的压力变化分为两步：首先已知单次吸附过程中吸附量 V_{gads}，由式(3-2)得到平衡终态时的样品罐内压力 p_{sv2} 为：

$$p_{sv2}=\frac{Z_{sv2}RT_2}{(V_{svf}+V_{cv})}\cdot\left(\frac{p_{cv1}V_{cv}}{Z_{cv1}RT_1}+\frac{p_{sv1}V_{svf}}{Z_{sv1}RT_1}-\frac{m_s}{V_m}\cdot V_{gads}\right) \tag{4-15}$$

注意，式中 Z_{sv2} 是 p_{sv2} 的函数，所以需要迭代计算。

再可得到不发生吸附时平衡终态样品罐内压力 p'_{sv2}：

$$p'_{sv2}=\frac{Z_{sv2}RT_2}{(V_{svf}+V_{cv})}\cdot\left(\frac{p_{cv1}V_{cv}}{Z_{cv1}RT_1}+\frac{p_{sv1}V_{svf}}{Z_{sv1}RT_1}-\frac{m_s}{V_m}\cdot 0\right) \tag{4-16}$$

式中，Z_{sv2} 是 p'_{sv2} 的函数，也需要迭代计算。

两者相减，得到由吸附引起的平衡终态样品罐压力变化 Δp_{sv2} 为：

$$\Delta p_{sv2}=p'_{sv2}-p_{sv2}=\frac{Z_{sv2}RT_2}{(V_{svf}+V_{cv})}\cdot\left(\frac{m_s}{V_m}\cdot V_{gads}\right) \tag{4-17}$$

当吸附量为零时，式(4-15)与式(4-16)相等，$\Delta p_{sv2}=0$。

吸附引起压力变化值实际对应样品罐压力传感器的精度，即只有压力传感器的精度大于吸附引起压力变化最小值时，吸附量才能通过容量法吸附实验测量到，否则该法和该装置就不适用。

2）已知吸附量和吸附引起压力变化值反推样品用量

同理，因吸附量的定义是单位质量岩石样品所吸附的气体在标况下的体积，所以已知吸附量和吸附引起压力变化值就可反求出样品用量。样品用量受两方面控制：其一，实验中样品越多，吸附气体越多，吸附引起压力下降越大，越易被压力传感器测得；其二，样品装入的体积不能超过样品罐的容积。根据此原理，当 V_{gdas} 已知，由式(3-2)得到：

$$m_{s}=\frac{V_{m}}{V_{gads}}\left[\frac{p_{cv1}V_{cv}}{Z_{cv1}RT_{1}}+\frac{p_{sv1}V_{svf}}{Z_{sv1}RT_{1}}-\frac{p_{sv2}(V_{cv}+V_{svf})}{Z_{sv2}RT_{2}}\right] \tag{4-18}$$

再由 $\Delta p_{sv2}=p'_{sv2}-p_{sv2}$ 得到 $p_{sv2}=p'_{sv2}-\Delta p_{sv2}$，代入式(4-18)得到：

$$m_{s}=\frac{V_{m}}{V_{gads}}\left[\frac{p_{cv1}V_{cv}}{Z_{cv1}RT_{1}}+\frac{p_{sv1}V_{svf}}{Z_{sv1}RT_{1}}-\frac{(p'_{sv2}-\Delta p_{sv2})(V_{cv}+V_{svf})}{Z_{sv2}RT_{2}}\right] \tag{4-19}$$

另自由空间体积与样品质量间的关系：

$$V_{svf}=V_{sv}-V_{s}=V_{sv}-m_{s}/\rho_{s} \tag{4-20}$$

将其代入 p'_{sv2} 求解式(4-16)，得到：

$$p'_{sv2}=\frac{Z_{sv2}RT_{2}}{[(V_{sv}-m_{s}/\rho_{s})+V_{cv}]}\cdot\left[\frac{p_{cv1}V_{cv}}{Z_{cv1}RT_{1}}+\frac{p_{sv1}(V_{sv}-m_{s}/\rho_{s})}{Z_{sv1}RT_{1}}\right] \tag{4-21}$$

式中，Z_{sv2} 是 p'_{sv2} 的函数，也需要迭代计算。

即得到已知吸附量和吸附引起压力变化值反推样品用量的模型：

$$m_{s}=\frac{V_{m}}{V_{gads}}\left[\frac{p_{cv1}V_{cv}}{Z_{cv1}RT_{1}}+\frac{p_{sv1}\left(V_{sv}-\frac{m_{s}}{\rho_{s}}\right)}{Z_{sv1}RT_{1}}-\frac{\left\{\frac{Z_{sv2}RT_{2}}{[(V_{sv}-m_{s}/\rho_{s})+V_{cv}]}\cdot\left[\frac{p_{cv1}V_{cv}}{Z_{cv1}RT_{1}}+\frac{p_{sv1}(V_{sv}-m_{s}/\rho_{s})}{Z_{sv1}RT_{1}}\right]-\Delta p_{sv2}\right\}\left(V_{cv}+V_{sv}-\frac{m_{s}}{\rho_{s}}\right)}{Z_{sv2}RT_{2}}\right] \tag{4-22}$$

可见，式(4-22)等号两边都有 m_s，求解需要迭代进行(迭代收敛性分析)，同时还要满足 $V_{svf}=V_{sv}-V_{s}>0$。

式(4-17)和式(4-22)即为等温吸附实验容量法的测试界限模型，用其可在样品用量已定时明确所用压力传感器的最小精度，也可以在吸附实验装置已定时明确岩样的最少用量，以此指导页岩气吸附实验。

2. 重量法测试界限模型

重量法测试界限分析相对简单，由重量法中吸附气体的质量和吸附量的关系，得到已知吸附量求吸附气体质量的算式：

$$m_{gads}=V_{gads}m_{s}\rho \tag{4-23}$$

此为等温吸附实验容量法的测试界限模型，已知样品吸附量和磁悬浮天平的精度可得到样品最小用量。

3. 计算结果与分析

1)已知吸附量和样品用量反推压力传感器精度界限

进行实例计算，已知页岩样品的质量 $m_s=111.0$g，粒度 40~80 目，参考罐自由空间的容积 $V_{cv}=104.61\text{cm}^3$，样品罐装样后的自由空间体积 $V_{svf}=120.44\text{cm}^3$，水浴初态和终态温度 $T_1=T_2=30$℃，气体组分 CH_4 含量为 100%，气体压缩因子计算采用 Dranchuk-Purvis-Robinson 法计算，密度用状态方程计算。输入的其他已知参数和求得的吸附引起的样品罐压力变化值如表 4-18 所示。

表 4-18　压力传感器精度界计算已知参数和计算结果

序号	初态参考罐压力 p_{cv1}/MPa	初态样品罐压力 p_{sv1}/MPa	岩样对甲烷的吸附量 V_{gads}/(m^3/t)	吸附平衡终态样品罐压力 p_{sv2}/MPa	无吸附时的样品罐终态压力 p_{sv2}'/MPa	吸附引起的样品罐压力变化 Δp_{sv2}/MPa	备　注
1	2.000	0.001	1.0	0.894244	0.948856	0.054611	
2	2.000	0.001	0.9	0.899618	0.948764	0.049145	
3	2.000	0.001	0.8	0.904991	0.948672	0.043680	
4	2.000	0.001	0.7	0.910363	0.948580	0.038217	
5	2.000	0.001	0.6	0.915734	0.948489	0.032754	
6	2.000	0.001	0.5	0.921104	0.948397	0.027292	
7	2.000	0.001	0.1	0.942575	0.948031	0.005456	
8	2.000	0.001	0.05	0.945257	0.947985	0.002728	
9	2.000	0.001	0.01	0.947403	0.947949	0.000545	
10	2.000	0.001	0.001	0.947886	0.947940	0.000054	
11	2.000	0.001	1.29	0.878653	0.949122	0.070468	重庆海相页岩的吸附量范围
12	2.000	0.001	6.15	0.616067	0.953614	0.337546	

由此可见，在所涉及的容量法实验仪器条件下，岩样对气体的吸附量为 0.001～1.0m^3/t 范围内，吸附引起的样品罐压力变化为 0.000054～0.054611MPa，吸附量越小，所引起的压力变化就越小，吸附量为 0.001m^3/t 时，吸附引起的样品罐压力变化值为 0.000054MPa。重庆海相页岩的吸附量为 1.29～6.15m^3/t，则当使用此等温吸附仪时，其压力传感器的精度界限为 0.070468MPa。

2）已知样品的吸附量和压力传感器精度求样品用量界限

进行实例计算，已知页岩样品的密度 2.55g/cm^3，参考罐自由空间的容积 V_{cv} = 104.61cm^3，样品罐自由空间的容积 V_{sv} = 200.11cm^3，压力传感器的精度为 0.01MPa，吸附引起压力变化值实际对应样品罐压力传感器的精度，初态和终态水浴温度 $T_1 = T_2 = 30℃$，气体组分 CH_4 含量为 100%，气体压缩因子计算采用 Dranchuk-Purvis-Robinson 法计算，密度用状态方程计算。输入的其他已知参数和求得的所需样品用量如表 4-19 所示。

表 4-19　样品用量界限计算已知参数和计算结果

序号	初态参考罐内压力 p_{cv1}/MPa	初态样品罐内压力 p_{sv1}/MPa	岩样对甲烷的吸附量 V_{gads}/(m^3/t)	吸附引起的样品罐压力变化 Δp_{sv2}	传感器的精度界限/MPa	求得样品用量 m_s/g	求得自由空间体积 V_{svf}/cm^3	备　注
1	2.000	0.001	1.0	0.01	0.01	26.4802	189.5183	
2	2.000	0.001	0.5	0.01	0.01	51.2032	179.6313	
3	2.000	0.001	0.1	0.01	0.01	202.3035	119.1912	
4	2.000	0.001	0.05	0.01	0.01	320.5413	71.8968	

续表

序号	初态参考罐内压力 p_{cv1}/MPa	初态样品罐内压力 p_{sv1}/MPa	岩样对甲烷的吸附量 V_{gads}/(m³/t)	吸附引起的样品罐压力变化 Δp_{sv2}	传感器的精度界限/MPa	求得样品用量 m_s/g	求得自由空间体积 V_{svf}/cm³	备　注
5	2.000	0.001	0.01	0.01	0.01	-	-	样品体积超出样品罐容积
6	2.000	0.001	1.29	0.01	0.01	20.6869	191.8354	重庆海相页岩的吸附量范围
7	2.000	0.001	6.25	0.01	0.01	4.3626	198.3643	

由此可见，在已知压力传感器的精度界限和容量法实验装置参数条件下，若页岩样品的吸附量为0.05~1.0m³/t，压力传感器的精度界限为0.01MPa，要想样品罐压力传感器有读数，即可测得此吸附量，需要26.4802~320.5413g的页岩样品，且吸附量越小，所需要的样品用量就越大。重庆海相页岩的吸附量为1.29~6.15m³/t，则当使用此等温吸附仪时，其样品用量至少4.3624g。

4.6　页岩气吸附特征实例分析

4.6.1　涪陵页岩气吸附特征

岩样取自涪陵区块41-5HF井，层位为马溪组，深度2576~2609m，页岩样品的*TOC*含量范围为2.91%~4.89%。所用等温吸附实验方法为重量法，实验参数为：样品粒径60~200目，干样，88℃，最高压力40MPa。

得到等温吸附实验结果(表4-20)，绘出的数据点图(图4-21)，用Langmuir模型拟合的结果，发现除K72样外，其他样品在$p_{sv2}>15$MPa后，吸附量开始降低，拟合相关度极差(图4-22)，再只用$p_{sv2}<15$MPa的数据进行拟合，结果见图4-23和表4-21。

表4-20　涪陵页岩等温吸附实验测试结果

K72，*TOC*=4.89%		K28，*TOC*=2.91%		K63，*TOC*=4.0%		K60，*TOC*=3.94%		K23，*TOC*=4.01%	
p_{sv2}/MPa	V_{gads}/(10⁻³m³/kg)	p_{sv2}/MPa	V_{gads}/(10⁻³m³/kg)	p_{sv2}/MPa	V_{gads}/(10⁻³m³/kg)	p_{sv2}/MPa	V_{gads}/(10⁻³m³/kg)	p_{sv2}/MPa	V_{gads}/(10⁻³m³/kg)
0	0	0	0	0	0	0	0	0	0
1.21	0.84	1.25	0.39	1.27	0.48	1.25	0.66	1.22	0.63
2.48	1.21	2.5	0.59	2.51	0.71	2.52	0.99	2.5	0.95
3.72	1.52	3.77	0.73	3.78	0.84	3.74	1.20	3.77	1.17
4.99	1.71	5.01	0.81	4.99	0.95	5.04	1.34	4.98	1.32
6.24	1.84	6.25	0.86	6.28	1.00	6.22	1.43	6.31	1.44
7.51	1.96	7.52	0.91	7.52	1.03	7.52	1.52	7.49	1.5
8.75	2.05	8.73	0.92	8.76	1.05	8.82	1.56	8.76	1.55
9.97	2.11	10.00	0.94	10.00	1.04	10.03	1.60	10	1.59
12.00	2.16	12.01	0.92	12.02	0.99	12.02	1.59	12.05	1.59

续表

K72，*TOC*=4.89%		K28，*TOC*=2.91%		K63，*TOC*=4.0%		K60，*TOC*=3.94%		K23，*TOC*=4.01%	
13.97	2.23	14.00	0.9	14.01	0.95	14.04	1.59	14.01	1.58
15.97	2.28	16.02	0.86	16.02	0.89	16.00	1.53	16	1.56
18.00	2.29	18.06	0.82	18.01	0.80	18.02	1.51	18.02	1.51
19.99	2.30	19.99	0.75	20.03	0.73	20.04	1.42	20.01	1.46
22.49	2.30	22.5	0.73	22.51	0.65	22.52	1.30	22.54	1.4
25.00	2.25	25.00	0.63	25.04	0.57	25.02	1.20	25.05	1.32
27.50	2.27	27.56	0.60	27.55	0.50	27.53	1.11	27.56	1.21
29.97	2.26	29.98	0.50	30.03	0.43	30.01	1.00	30.04	1.13
33.01	2.23	33.04	0.44	33.00	0.36	33.01	0.90	33.04	1.05
		35.00	0.37	35.04	0.30	35.06	0.80	35.03	1

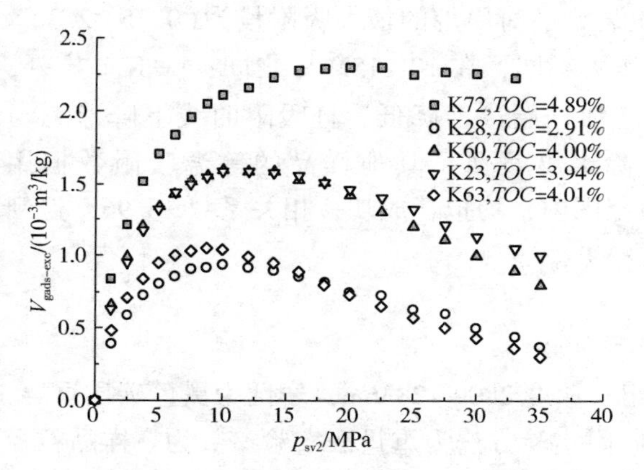

图 4-21　涪陵页岩等温吸附实验测试结果(60~200 目，干样，88℃)

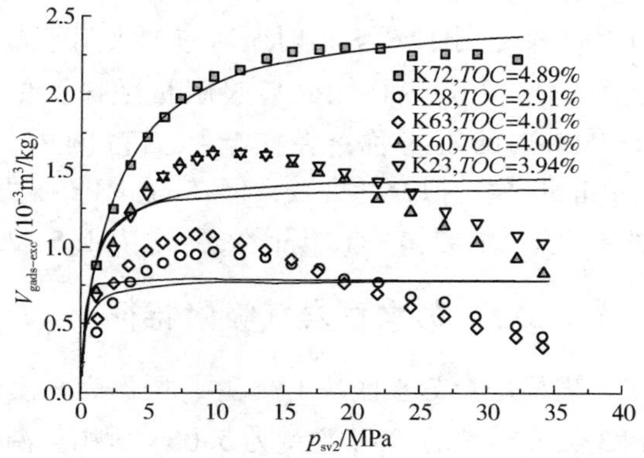

图 4-22　涪陵页岩等温吸附曲线用 Langmuir 模型拟合结果(60~200 目，干样，88℃，<40MPa)

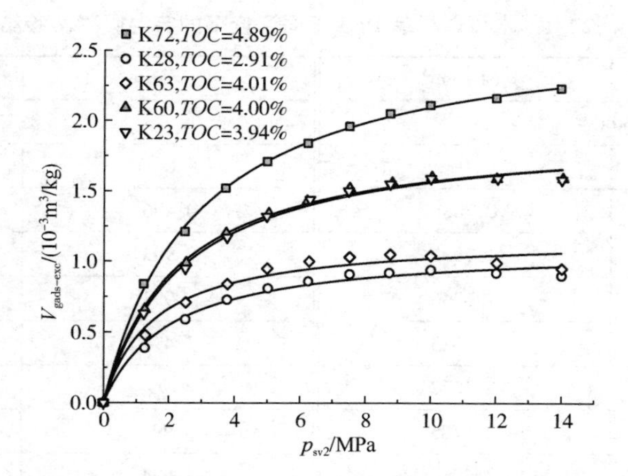

图 4-23　涪陵页岩等温吸附曲线用 Langmuir 模型拟合结果(60~200 目，干样，88℃，<15MPa)

表 4-21 涪陵页岩对甲烷的等温吸附曲线的 Langmuir 拟合结果

岩样	TOC/%	p_{sv2}/MPa	T/℃	Langmuir				
				V_L/($10^{-3}m^3$/kg)		p_L/MPa		R_2
				值	σ	值	σ	
K72	4.89	<40	88	2.521	0.031	2.331	0.151	0.988
K28	2.19	<40	88	5.000	4.200	0.000	3.400	-0.88
K72	4.89	<15	88	2.695	0.028	2.863	0.098	0.999
K28	2.19	<15	88	1.105	0.034	2.016	0.247	0.987
K63	4.0	<15	88	1.176	0.050	1.526	0.300	0.969
K60	3.94	<15	88	1.924	0.037	2.263	0.163	0.995
K23	4.01	<15	88	1.941	0.042	2.432	0.191	0.995

分析可见：在所设定实验条件下，涪陵页岩样品对甲烷的最大吸附量为(0.75~2.3)×$10^{-3}m^3$/kg，出现最大值时所对应的吸附平衡压力不同，在10~15MPa之间；除K72样外，其他样品在p_{sv2}>15MPa后吸附量随压力的增加开始逐渐降低，且吸附曲线下降形态与<15MPa时的不对称；在实验压力范围内，除K72样外，其他样品的等温吸附数据用Langmuir模型拟合均失败，但在<15MPa压力范围内，均拟合成功，相关系数>0.96，得到的V_L为(1.1~2.6)×$10^{-3}m^3$/kg，p_L为1.5~2.8MPa。

4.6.2 彭水页岩气吸附特征

岩样取自彭水区块LY1井，层位为马溪组，深度2809~2836m，岩性为黑色碳质页岩，PL3页岩样品的*TOC*含量为5.06%所用等温吸附实验方法为重量法实验参数为：样品粒径60~200目，干样，60℃和80℃，最高压力35MPa。

得到等温吸附实验结果(表4-22)，绘出的数据点图(图4-24)，用Langmuir模型拟合在p_{sv2}>15MPa和p_{sv2}<15MP时的拟合结果见图4-24、图4-25和表4-23。

表 4-22 彭水页岩样品 PL3 不同温度下的等温吸附实验结果

p_{sv2}/MPa	V_{gads}/($10^{-3}m^3$/kg)	p_{sv2}/MPa	V_{gads}/($10^{-3}m^3$/kg)
60℃		85℃	
0	0	0	0
0.493	0.7088	0.496	0.5146
0.993	1.1081	0.993	0.8266
1.992	1.6046	1.993	1.2993
3.492	2.0683	3.494	1.7236
4.996	2.3572	4.99	1.9761
6.991	2.5785	6.993	2.2176
8.996	2.7064	8.994	2.3557
11.492	2.7758	11.492	2.4533

续表

p_{sv2}/MPa	V_{gads}/($10^{-3}m^3$/kg)	p_{sv2}/MPa	V_{gads}/($10^{-3}m^3$/kg)
60℃		85℃	
13.99	2.7869	13.993	2.5041
16.994	2.7458	16.993	2.5095
19.993	2.6434	19.996	2.4196
22.991	2.4703	22.992	2.319
25.989	2.2763	25.993	2.1784
29.989	2.0082	29.989	1.946

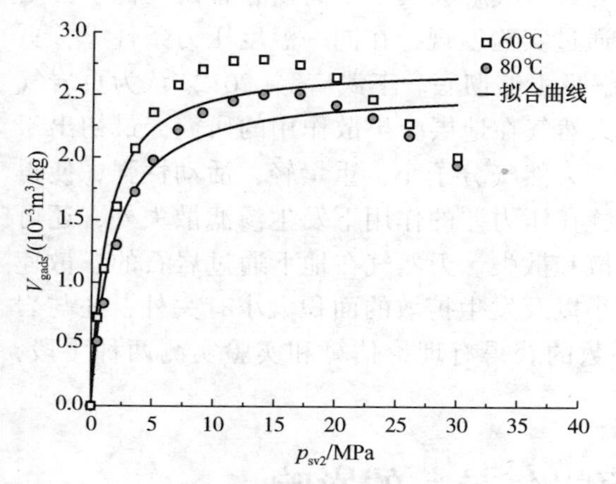

图4-24　彭水页岩等温吸附曲线用Langmuir模型拟合结果(60~200目，干样，60℃、80℃，<40MPa)

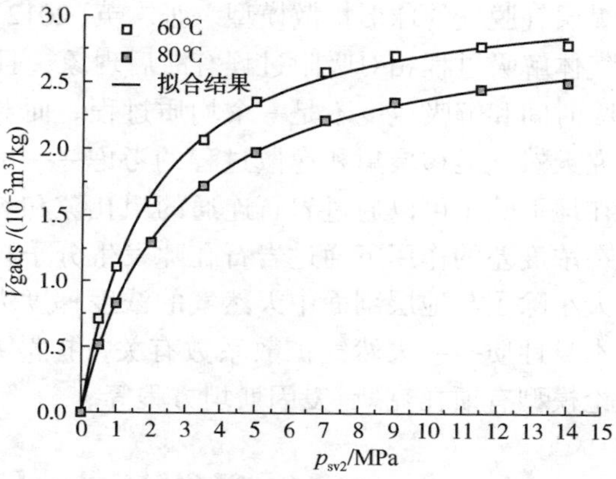

图4-25　彭水页岩等温吸附曲线用Langmuir模型拟合结果(60~200目，干样，88℃，<15MPa)

表4-23　彭水页岩PL3等温吸附曲线用Langmuir模型拟合结果

岩　样	p_{sv2}/MPa	T/℃	Langmuir				
			V_L/($10^{-3}m^3$/kg)		p_L/MPa		R_2
			值	σ	值	σ	
PL3	<40	60	2.744	0.122	1.166	0.314	0.901
PL3	<40	80	2.565	0.103	1.654	0.353	0.937
PL3	<15	60	3.229	0.037	1.899	0.080	0.999
PL3	<15	80	2.995	0.023	2.552	0.065	1.000

分析可见，在所设定实验条件下，彭水页岩样品对甲烷的最大吸附量，60℃时为$2.8\times10^{-3}m^3$/kg，80℃时为$2.5\times10^{-3}m^3$/kg，出现最大值时所对应的吸附平衡压力都为12MPa；温度越高吸附量越小；同样样品在p_{sv2}>15MPa后吸附量随压力的增加开始逐渐降低；在实验压力范围内，样品的等温吸附数据用Langmuir模型拟合相关系数<0.94，在<15MPa压力范围内，拟合相关系数>0.99，得到60℃时V_L为$3.2\times10^{-3}m^3$/kg，p_L为1.89MPa，80℃时V_L为$2.9\times10^{-3}m^3$/kg，p_L为2.5MPa。

第5章　页岩气扩散影响因素及特征

页岩气解吸与扩散过程密不可分。气体在多孔介质中的扩散是因为有系统有浓度差的存在。对于开采中的页岩气藏，最主要的扩散作用体现在页岩气从干酪根(或黏土)表面的解吸完成后，不平衡状态驱动气体分子从干酪根主体到干酪根表面(解吸界面前固体基质中)再到孔隙网络(解吸界面后的基质孔隙中的气体里)的扩散。

对于页岩气的解吸过程，郭平(2012)等认为页岩气解吸模型中高斯分布模型优于常用于煤层气脱气的球形扩散模型。张志英(2012)通过实验发现，在同一温度压力条件下，页岩气体解吸过程相对吸附过程有滞后现象，且解吸不够彻底。李武广等(2012)认为页岩气解吸时间和解吸速度不是一个均质过程。而对天然气在地层中扩散作用的研究，最初出于研究天然气运移聚集和逸散过程的考虑——由于天然气分子小，重量轻，活动性强，使得其在地下除了可以通过岩石连通的粗孔隙和裂缝在压力差的作用下发生渗滤散失外，还可以在浓度差的作用下通过岩石孔隙发生分子扩散和散失。天然气在地下通过岩石的扩散速率大小除了与地层剖面中天然气的浓度梯度大小以及发生扩散的面积大小有关外，还与岩石本身性质——天然气扩散系数有关。扩散系数的获得有理论估算和实验实测两种手段，理论模型有斯托克斯-爱因斯坦方程等。

5.1　吸附压力对页岩气扩散的影响

一般认为其开采过程中气体传质的起点为页岩基质孔隙内壁上气体的解吸，但F. Javadpour(2007)认为，在气体从干酪根(或黏土)表面的解吸完成后，这种不平衡状态还会驱动气体分子从干酪根主体到干酪根表面的扩散。S. Reza Etminan 等(2014)进行了反向实验，将页岩存储气体的过程也分为气体压缩入孔隙、吸附于孔隙内壁和溶解于干酪根三个阶段。这说明页岩气中溶解态的气体(还有固溶态甲烷的报道)会通过扩散和解吸产出，且两者间关系密切，它们决定了页岩气井开发中后期的产能状况，值得关注。

表征烃类气体在岩石中扩散过程的参数主要是扩散系数，对其测定有使用柱塞岩心测量其前后气室的气体浓度变化，和以气体在颗粒岩样中的解吸或吸附数据结合扩散模型计算出来的方法。对于后者，用解吸和吸附手段得到的扩散系数虽无差异(因气体扩散进和扩散出的机理是相同的)，但解吸法与真实气体的产出过程更接近，其解吸气量的获取还有通过测量压力再经状态方程计算(与等温吸附实验相同)，和直接用量气管量出两种做法。

影响岩石中气体扩散系数的因素较多，如压力、温度、介质中的饱和流体种类等等。解吸法扩散系数测定实验中，吸附平衡压力相当于真实页岩气藏的储层压力。其对气体在岩样中扩散系数的影响，相关研究结果还存在争议。有学者认为吸附平衡压力对扩散系数无影响，如杨其銮(1987)的实验发现；有的认为两者间为负相关，如李相臣等(2013)有此种发现，杨其銮(1987)的数据实际也显示扩散系数随吸附平衡压力的增加有波动中有下降的趋势；还有的学者认为需细分不同尺寸孔隙中的扩散具体分析，如 Andreas Busch 等(2004)用吸附法测甲烷和二氧化碳在煤中的扩散时发现吸附率(与扩散系数正相关)随吸附平衡压力的增大而减小的现象只在缓慢吸附段和高压时出现，Weina Yuan 等(2014)测量了甲烷在页岩中的扩散并结合双扩散模型计算发现，吸附平衡压力对不同种的扩散的影响有异。此外还有聂百胜等(2013)发现的吸附平衡压力越大测得的甲烷在煤样中的扩散系数越大现象。最后现有研究对气体在页岩及其矿物和有机质中的扩散机理还关注较少，通常实验岩样选用得为煤样。可见，对吸附平衡压力对气体在页岩中解吸扩散的影响，相关研究还不完善，值得进行具体的实验和分析。

本节研究进行了甲烷在页岩、无烟煤、黏土矿物和干酪根中的扩散系数测定实验，将实验数据与扩散系数理论计算结果结合，分析了不同样品对甲烷解吸和扩散和差异，并说明吸附平衡压力对气体在页岩中扩散影响的机理和不同方法所得实验结果差异的原因。其成果对了解页岩中气体的传质机理，提高页岩气资源评价和产能预测水平有相应的价值和意义。

实验所用材料为1#~5#页岩样品、1#无烟煤、干酪根、高岭土、蒙脱石、伊利石和石英，全为干样，岩样粒径40~80目(平均粒径为0.280 mm)，黏土粒径<160目(平均粒径为0.048 mm)，样品参数如表5-1所述。所用方法为颗粒样品中气体解吸直接计量法。实验温度30℃，吸附平衡压力设为2MPa、5MPa、8MPa三个水平。

表5-1 实验用页岩、矿物和干酪根样品的质量和含水率

编号	干样			湿样	
	质量/g			平衡湿样	
	40~80目	80~160目	<160目	含水率	质量/g
1#页岩	216.2	148.6	146.0	—	—
2#页岩	164.6	132.9	160.7	—	—
3#页岩	132.3	132.2	52.6	—	—
4#页岩	53.2	35.4	—	—	—
5#页岩	137.6	—	—	0.55%	195.2
1#无烟煤	111.0	118.6	94.2	9.02%	42
Ⅱ型干酪根	—	—	20.3	—	—
高岭土	—	—	49.8	1.164	28.3
蒙脱石	—	—	108.0	13.583	52.5
伊利石	—	—	109.6	9.297	108.7
石英	—	—	123.7	—	—

5.1.1 不同吸附压力下扩散系数测定实验结果

1. 不同吸附平衡压力下的解吸曲线

实验得到页岩、煤样和黏土及干酪根样品在不同吸附平衡压力下解吸气量随时间的变化曲线(图 5-1、图 5-2)。需要说明的是，气体从岩样中的释放过程分为两个阶段：第一阶段为样品罐中残余的自由气的放出和少量吸附在岩样颗粒表面的气体的解吸，第二阶段为岩样颗粒内部的气体向表面的扩散再穿透颗粒表面解吸出来。这两阶段对应实验中的表现为，打开样品罐与量气管间的阀门后，瞬间量气管示数迅速增加至一定值，之后才相对缓慢增加。本节研究中，剔除第一阶段的解吸释放气量，只分析各岩样不同吸附平衡压力下经扩散的解吸气量随时间的变化。

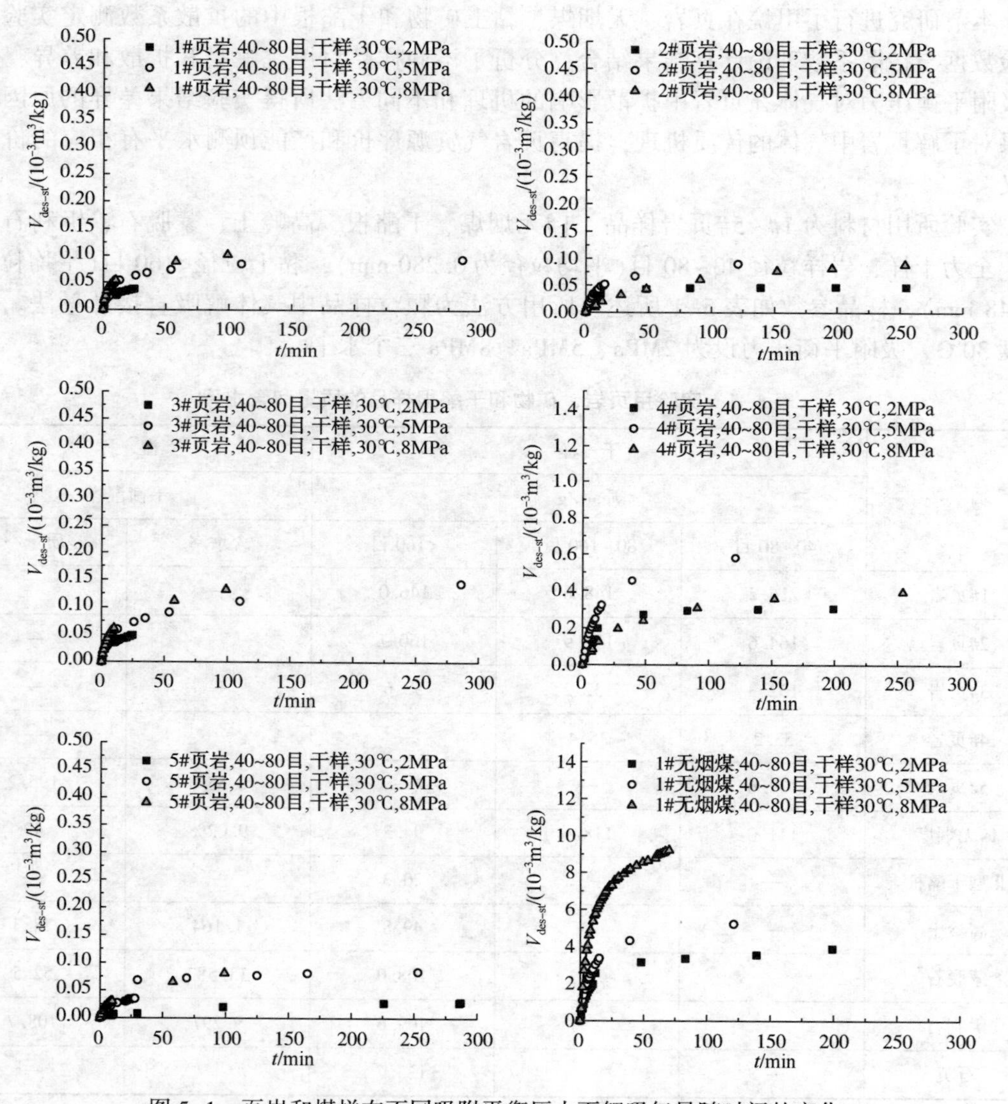

图 5-1 页岩和煤样在不同吸附平衡压力下解吸气量随时间的变化

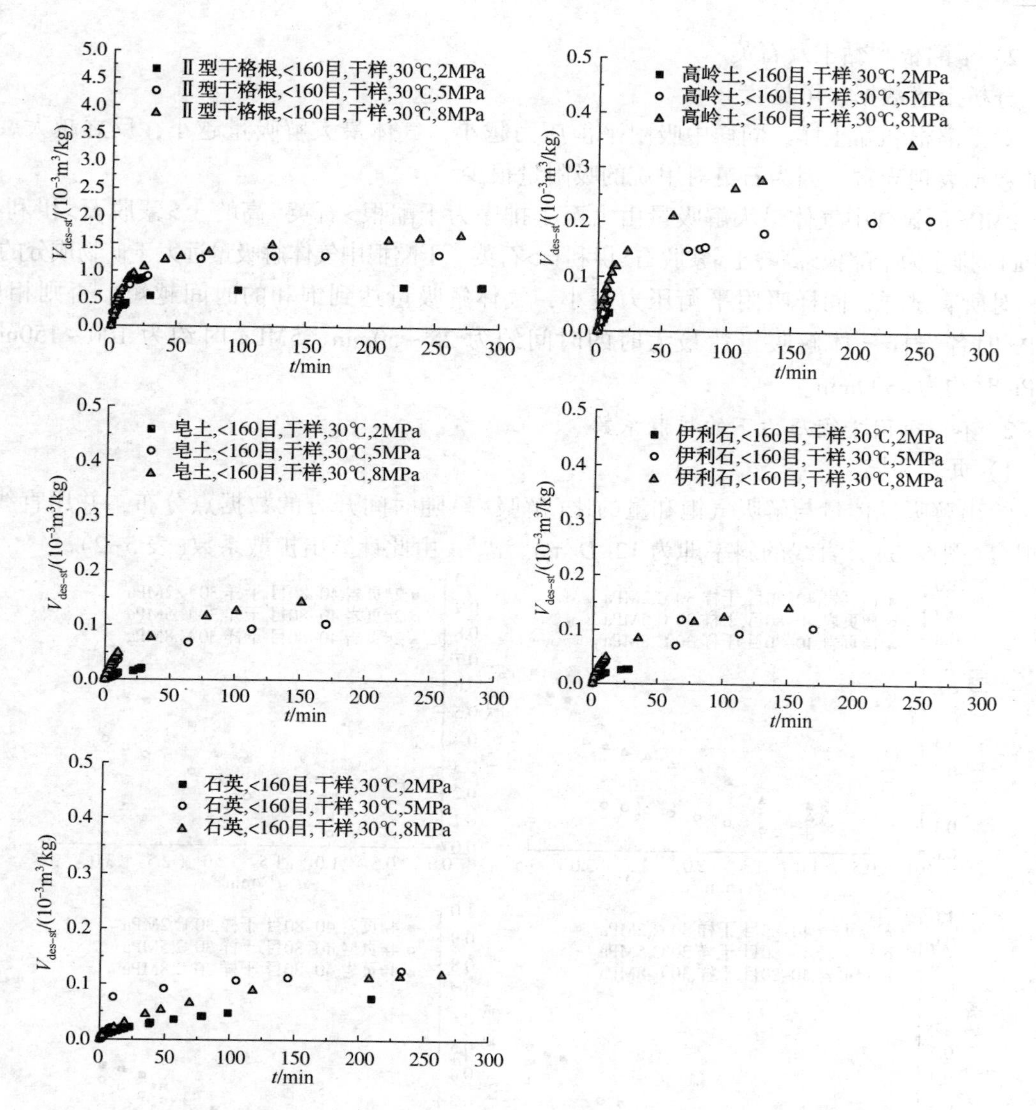

图 5-2 黏土、石英和干酪根样在不同吸附平衡压力下解吸气量随时间的变化

1）页岩和煤样

分析上述数据，可见：

对所有岩样，吸附平衡压力越小，气体最大解吸量越小，但只有1#页岩、3#页岩、5#页岩和1#无烟煤吸附平衡压力越大，气体最大解吸量越大，2#页岩和4#页岩表现异常。2MPa时页岩中气体最大解吸量约为$(0.02\sim0.05)\times10^{-3}m^3/kg$，8MPa时为$(0.10\sim0.20)\times10^{-3}m^3/kg$。对应煤样，2MPa时气体最大解吸量为$3.0\times10^{-3}m^3/kg$，8MPa时最大解吸量为$10.0\times10^{-3}m^3/kg$，煤中气体解吸量远大于页岩。

对所有岩样，吸附平衡压力越小，气体解吸量达到饱和的时间越小，否则相反。2MPa时各岩样气体解吸量达最大时的时间约为25~50min，5MPa时约为100~150min，8MPa时约为>300min。

2）干酪根和黏土及石英

分析上述数据，可见：

对干酪根和黏土样，同样中吸附平衡压力越小，气体最大解吸量越小，反之越大。石英的数据表现异常，因为石英对甲烷的吸附量很少。

2MPa 时试样中气体最大解吸量由大至小排序为干酪根>石英>高岭土>蒙脱石>伊利石，8MPa 时排序为干酪根>高岭土>蒙脱石>伊利石>石英。干酪根中气体解吸量远大于矿物成分的。

对所有试样，同样吸附平衡压力越小，气体解吸量达到饱和的时间越短，否则相反。2MPa 时各岩样气体解吸量达最大时的时间约为 25～50min，5MPa 时约为 100～150min，8MPa 时约为>300min。

2. 不同吸附平衡压力下的扩散系数

1）页岩和煤

绘出解吸气体量与解吸气饱和量的比(解吸率)随时间开方的数据点分布，并用直线对其拟合(图 5-3)，直线的斜率即为 $12(D/\pi)^{0.5}d^{-1}$，由此计算出扩散系数(表 5-2)。

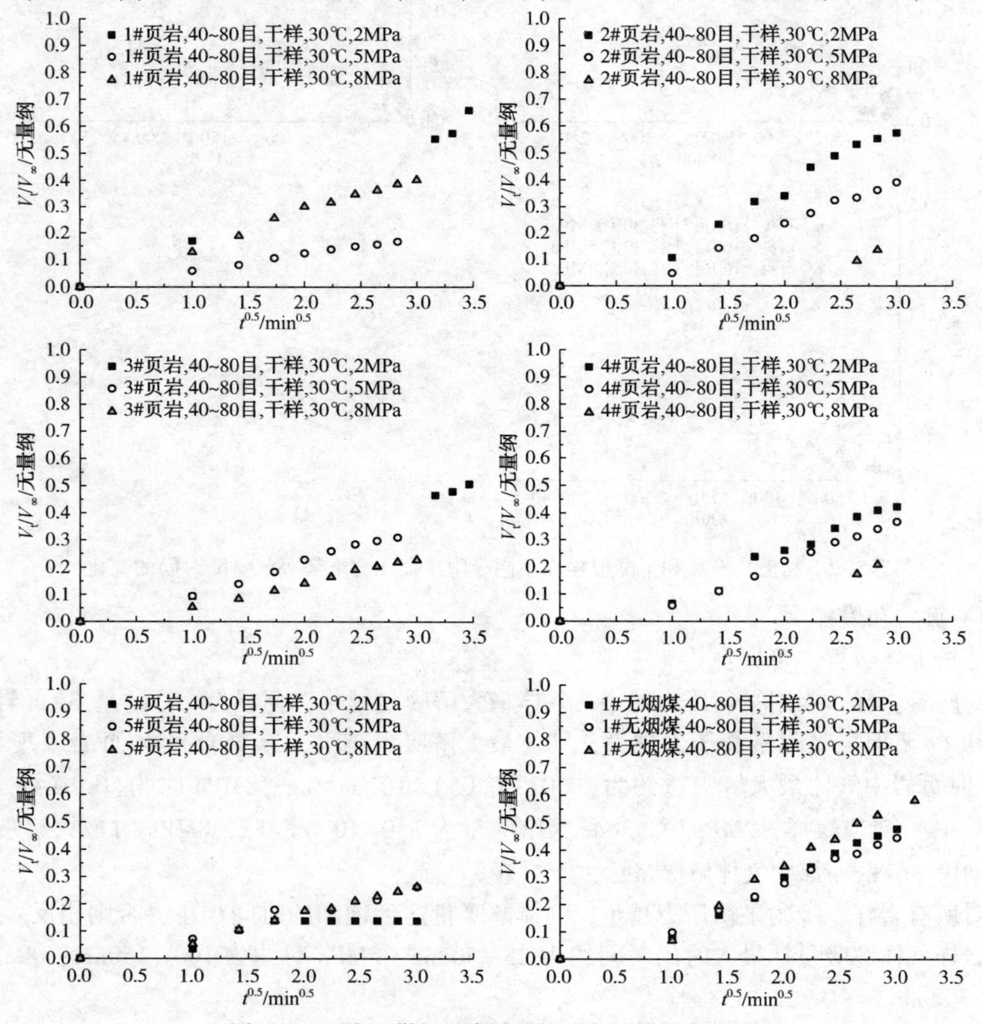

图 5-3　页岩和煤解吸率随时间开方的数据点分布

表 5-2　页岩和煤不同吸附压力下扩散系数计算结果

样品	40~80 目，干样，30℃，2MPa			40~80 目，干样，30℃，5MPa			40~80 目，干样，30℃，8MPa		
	$\frac{12\sqrt{\frac{D}{\pi}}}{d}$	R^2	$D/(10^{-12}m^2/s)$	$\frac{12\sqrt{\frac{D}{\pi}}}{d}$	R^2	$D/(10^{-12}m^2/s)$	$\frac{12\sqrt{\frac{D}{\pi}}}{d}$	R^2	$D/(10^{-12}m^2/s)$
1#页岩	0.181	0.998	0.932	0.061	0.999	0.105	0.139	0.997	0.055
2#页岩	0.203	0.989	1.170	0.135	0.983	0.518	0.0427	0.980	0.052
3#页岩	0.149	0.996	0.635	0.114	0.996	0.373	0.078	0.993	0.177
4#页岩	0.149	0.979	0.631	0.126	0.984	0.449	0.070	0.997	0.140
5#页岩	0.052	0.929	0.076	0.085	0.989	0.208	0.089	0.994	0.228
1#无烟煤	0.167	0.986	0.791	0.152	0.994	0.662	0.194	0.985	1.074

分析上述数据，可见：

不同压力下对所有的岩样，其解吸率与时间的开方呈明显的线性关系，扩散系数拟合相关系数基本>0.98，可见前述扩散系数计算模型是适用的。

对1#~4#页岩，扩散系数都随吸附平衡压力的增加而减小，2MPa时$(0.6\sim1.2)\times10^{-12}m^2/s$，5MPa时$(0.1\sim0.5)\times10^{-12}m^2/s$，8MPa时$(0.05\sim0.2)\times10^{-12}m^2/s$。4#页岩数据表现异常。1#无烟煤，2MPa时扩散系数约为$0.8\times10^{-12}m^2/s$，5MPa时的扩散系数低于2MPa时的，8MPa时却增大，但对应相关系数稍低。

煤和页岩在低吸附平衡压力下，扩散系数值的范围无明显差异，甚至很接近。吸附平衡压力越高，两者扩散系数间的差异越大。8MPa时1#无烟煤的扩散系数越为页岩样品的5~15倍。

2）干酪根、黏土和石英

详见表5-3和图5-4。

表 5-3　矿物和干酪根不同压力下扩散系数计算结果

样品	<160 目，干样，30℃，2MPa			<160 目，干样，30℃，5MPa			<160 目，干样，30℃，8MPa		
	$\frac{12\sqrt{\frac{D}{\pi}}}{d}$	R^2	$D/(10^{-12}m^2/s)$	$\frac{12\sqrt{\frac{D}{\pi}}}{d}$	R^2	$D/(10^{-12}m^2/s)$	$\frac{12\sqrt{\frac{D}{\pi}}}{d}$	R^2	$D/(10^{-12}m^2/s)$
高岭土	0.247	0.982	0.051	0.097	0.975	0.008	0.082	0.995	0.006
蒙脱石	0.085	0.905	0.006	0.096	0.976	0.008	0.085	0.981	0.006
伊犁石	0.234	0.989	0.046	0.123	0.989	0.013	0.091	0.995	0.007
石英	0.036	0.985	0.001	0.050	0.993	0.002	0.050	0.988	0.002
Ⅱ型干格根	0.178	0.989	0.027	0.173	0.999	0.025	0.130	0.967	0.014

分析上述数据，可见：

不同压力下对所有的岩样，扩散系数拟合相关系数基本>0.98，可见前述扩散系数计算模型是适用的。

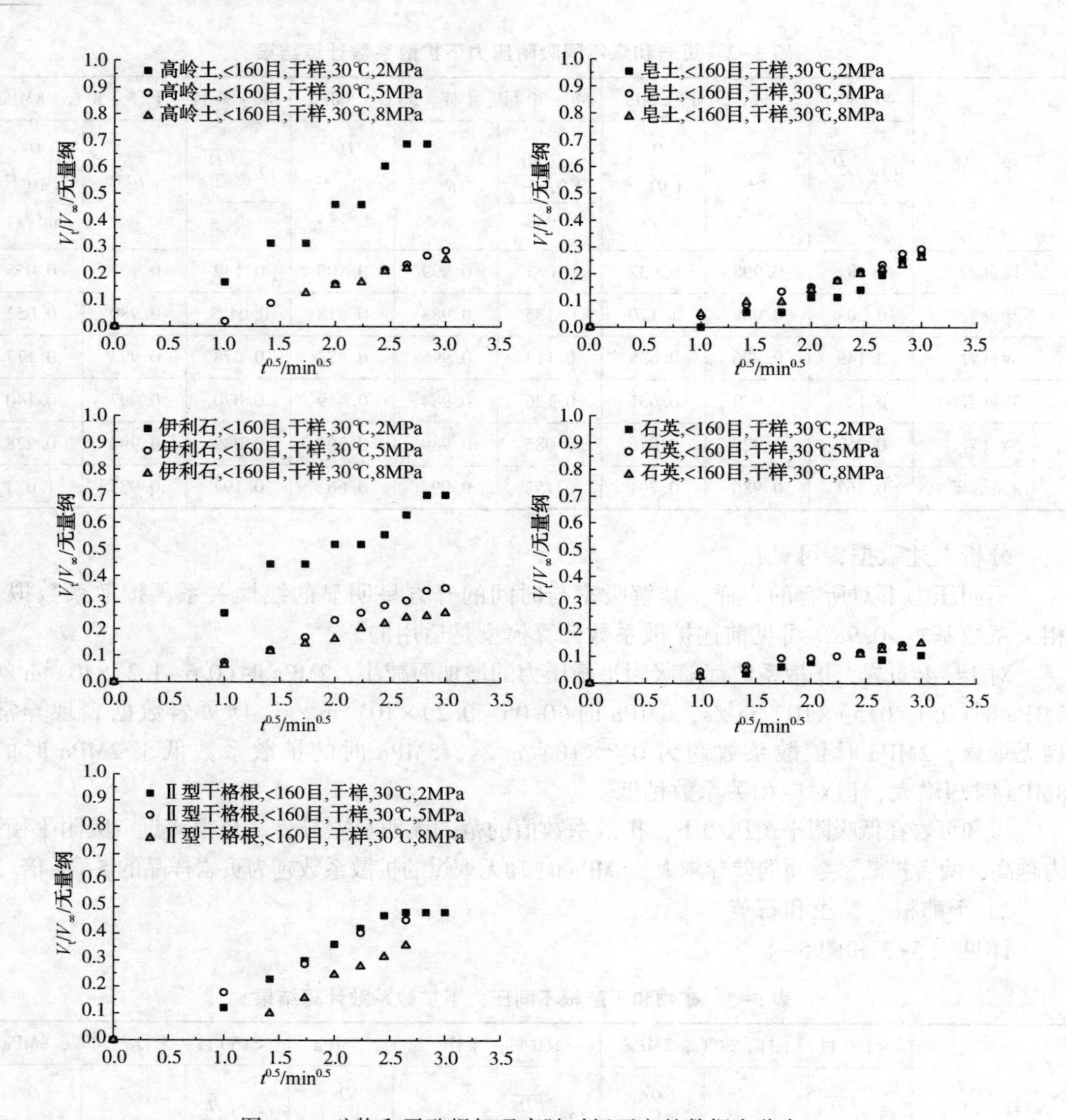

图 5-4 矿物和干酪根解吸率随时间开方的数据点分布

高岭土、伊利石和Ⅱ型干格根，扩散系数都随吸附平衡压力的增加而减小，蒙脱石和石英不同吸附平衡压力下的扩散系数值差别不大。

2MPa 扩散系数由大到小排序为高岭土>伊利石>干酪根>蒙脱石>石英，8MPa 时排序为干酪根>伊利石>高岭土>蒙脱石>石英。

黏土和干酪根的扩散系数基本都小于页岩和煤样的，故可推测在相同吸附平衡条件下，试样的成分和孔隙结构越单一或均质，扩散系数可能越小。

5.1.2 吸附压力对页岩气扩散系数的影响机理

1. 页岩解吸气量随时间的拟合分析

为进一步量化分析，根据扩散解吸气量随时间的数据点分布形态，对其进行拟合，假设拟合方程：

$$V_{dif}(t)=\frac{V_{dif\infty}t}{t_{0.5V_{dif}}+t} \tag{5-1}$$

式中，V_{dif}为气体扩散解吸气量，$10^{-3}m^3/kg$；$V_{dif\infty}$为气体最大扩散解吸气量，$10^{-3}m^3/kg$；t为扩散时间，min；$t_{0.5V_{dif}}$为气体扩散解吸气量达总扩散解吸气量一半时的时间，min。

拟合结果见表5-4。

表5-4 各岩样不同平衡压力下扩散解吸气量随时间的拟合参数

样 品	40~80目，干样，30℃，2MPa			40~80目，干样，30℃，5MPa			40~80目，干样，30℃，8MPa		
	$V_{dif\infty}$	$t_{0.5V_{dif}}$	R^2	$V_{dif\infty}$	$t_{0.5V_{dif}}$	R^2	$V_{dif\infty}$	$t_{0.5V_{dif}}$	R^2
1#页岩	0.048	6.973	0.991	0.096	8.786	0.971	0.126	11.330	0.996
2#页岩	0.049	6.897	0.994	0.102	13.945	0.987	0.111	68.997	0.997
3#页岩	0.076	12.795	0.995	0.149	19.508	0.951	0.171	17.056	0.980
4#页岩	0.326	12.112	0.987	0.663	15.976	0.998	0.446	37.187	0.998
5#页岩	0.034	61.681	0.985	0.097	37.356	0.922	0.117	28.677	0.980
1#无烟煤	3.909	9.456	0.989	5.891	10.882	0.993	10.222	9.163	0.998

分析上述数据，可见：

假设的拟合方程完全能拟合解吸气量随时间的变化数据，除个别数据外，各样相关系数均>0.95。

除4#页岩外，拟合出的气体最大扩散解吸量随吸附平衡压力的增大而增大，2MPa时页岩为$(0.03\sim0.3)\times10^{-3}m^3/kg$煤为$4.0\times10^{-3}m^3/kg$，5MPa时页岩为$(0.06\sim0.7)\times10^{-3}m^3/kg$煤为$6.0\times10^{-3}m^3/kg$，8MPa时页岩为$(0.10\sim0.45)\times10^{-3}m^3/kg$煤为$10.0\times10^{-3}m^3/kg$。6个样品在三个吸附平衡压力下的饱和解吸量近于：1#无烟煤>4#页岩>3#页岩>5#页岩>1#页岩≈2#页岩，这与它样的*TOC*值的大小次序呈一定对应关系。

除5#页岩，拟合气体扩散解吸量达总扩散解吸量一半时的时间随吸附平衡压力的增大而增大，2MPa时页岩为6~12min，5MPa时页岩为8~20min，8MPa时页岩为10~70min；这与前述的分析结果是一致的。

同样用该式对黏土、石英和干酪根样的数据进行拟合，拟合结果见表5-5。

表5-5 黏土、石英和干酪根样不同平衡压力下解吸气量随时间的拟合参数

样 品	<160目，干样，30℃，2MPa			<160目，干样，30℃，5MPa			<160目，干样，30℃，8MPa		
	$V_{dif\infty}$	$t_{0.5V_{dif}}$	R^2	$V_{dif\infty}$	$t_{0.5V_{dif}}$	R^2	$V_{dif\infty}$	$t_{0.5V_{dif}}$	R^2
高岭土	0.050	4.851	0.971	0.216	26.006	0.991	0.366	30.067	0.976
蒙脱石	0.038	27.836	0.984	0.120	25.219	0.982	0.176	30.203	0.975
伊利石	0.029	4.296	0.960	0.108	16.099	0.985	0.163	24.205	0.975
石英	0.150	174.237	0.966	0.141	27.311	0.941	0.155	84.018	0.997
干酪根	0.747	7.970	0.988	1.336	10.975	0.966	1.676	13.040	0.993

分析上述数据，可见：

假设的拟合方程完全能拟合解吸气量随时间的变化数据，除个别数据外，各样相关系数均>0.95。

除石英，拟合出的气体最大解吸气量随吸附平衡压力的增大而增大。2MPa 时拟合出的试样中气体最大扩散解吸量由大至小排序为干酪根>石英>高岭土>蒙脱石>伊利石，8MPa 时排序为干酪根>高岭土>蒙脱石>伊利石>石英。

除蒙脱石和石英，拟合气体扩散解吸量达总扩散解吸量一半时的时间随吸附平衡压力的增大而增大。拟合气体扩散解吸量达总扩散解吸量一半时的时间由大至小 2MPa 时排序为石英>干酪根>蒙脱石>高岭土>伊利石，8MPa 时排序为石英>蒙脱石>高岭土>干酪根>伊利石；这也与前述的分析结果是一致的。

2. 页岩解吸气量与吸附气量的对比

将页岩和煤样在 8MPa 时的最大解吸量与 4.1 节中各样 30℃ 和 8MPa 时的甲烷吸附量(或 D-A 饱和吸附量)进行对比，发现最大解吸气量均小于饱和吸附量。如 1#无烟煤在 30℃、8MPa 时的最大解吸气量仅为相同温度压力条件下饱和吸附气量的一半。出现此种不一致的原因，一方面是因为如前所述，为了研究扩散规律，目前所计量到的气量应该是损失了部分吸附在颗粒表面的气量；另一方面也说明吸附气量的实验结果还需要更进一步的验证。

3. 吸附压力对页岩气扩散系数的影响机理

为了明确吸附平衡压力对扩散系数的影响，将实验结果再与前人研究进行了对比。

杨其銮(1987)、Andreas Busch 等(2004)、聂百胜等(2013)、李相臣等(2013)测量了甲烷在煤中的扩散系数，但最高吸附压力各有不同，Weina Yuan 等(2014)测量了甲烷在页岩中的扩散并结合双扩散模型进行了计算。S Reza Etminan 等(2014)用吸附数据测得了干酪根柱塞样品的扩散系数。将这些数据列于表 5-6。

表 5-6 文献中页岩和煤的扩散系数测试数据

样品	吸附压力/MPa	温度/℃	粒径/m	扩散系数/(m^2/s)	模型
抚顺煤	3.92		1~3	1.73×10^{-12}	单孔
山西煤	1.70	30	1.42	4.94×10^{-12}	单孔
川南煤	6.00	28	1~3	46.5×10^{-12}	单孔
干酪根		50	柱塞	5.27×10^{-20}	单孔
页岩	2.69	26	0.3~0.5	$D_a=6.01\times10^{-9}$，$D_i=2.56\times10^{-14}$	双扩散

分析上述数据，可见：

首先，研究所测页岩和煤的扩散系数，数量级在 10^{-12} m^2/s，可见此值与他人所测颗粒岩样的结果是接近的。同时发现，甲烷在柱塞岩样里扩散系数远远低于颗粒样品，使用双扩散模型处理解吸数据得到的介孔扩散系数和微孔扩散系数与单孔模型计算所得结果相比，前者要大后者要小。

其次，就吸附平衡压力与扩散系数的关系，研究与李相臣等(2013)、Andreas Busch 等(2004)和 Weina Yuan 等(2014)的结果或部分结果类似，即基本呈负相关。李相臣等(2013)的实验最高压力 6MPa(与本研究压力值接近)，且认为压力是煤孔隙结构和吸附特性对解吸扩散的宏观表现，非决定作用。Andreas Busch 等(2004)和 Weina Yuan 等(2014)也都有此发现，只是对此现象出现的压力范围和孔隙尺寸进行了限定。即在缓慢吸附段或高压时以及介孔时扩散系数会随吸附压力的升高而减小。此类现象的对应机理应为：吸附压力越大，岩样基质膨胀越大，孔隙尺寸减小，据理论模型，Knudsen 扩散系数就会减小。

再者，页岩对甲烷的吸附量较煤吸附甲烷量少，吸附平衡压力越大此种差异越大，所以因吸附引起孔径的改变在页岩上表现并不突出。此也即为煤和页岩在低吸附平衡压力下，扩散系数值的范围无明显差异，但吸附平衡压力越高，两者扩散系数间的差异越大，煤的扩散系数远越大于页岩的原因。当然还需考虑页岩与煤的岩石力学特性不同，因为吸附过程中岩石是受压的，可能会变形。至于黏土和干酪根的扩散系数基本都小于页岩和煤样，可能由于两者孔隙结构的差异。比如所用黏土样品为分析纯，而所用干酪根样品，在由油页岩提取过程中经酸洗、碱洗、重液分离、冷冻和烘干，其本身的孔隙结果改变太大，它们的孔隙非均质都不及真实页岩。

最后，吸附或解吸时的气压会影响气体分子自由程，进而与岩样孔径一起决定了气体的扩散类型，并最终影响扩散系数。例如，若温度取 300K、350K、400K、450K，压力取 0.1～100MPa，不同温度下的甲烷分子自由程随环境压力的变化如图 5-5 所示：

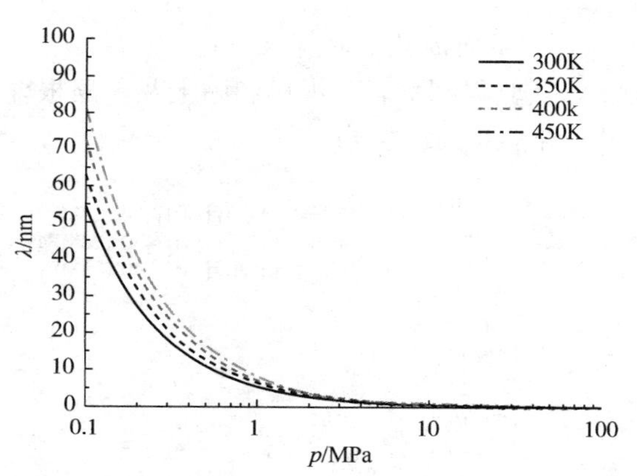

图 5-5　甲烷的分子自由程在不同温度下随环境压力的变化

可见，甲烷气体分子自由程随环境压力的升高而减小，在<1MPa 范围内减小幅度大，>1MPa后幅度变小，以 350K 时的曲线为例，压力 0.1MPa、1MPa、10MPa 分别对应 64×10^{-9}m、8×10^{-9}m、1×10^{-9}m。甲烷分子自由程随温度的升高而增大，压力 0.1MPa 时增率约为 7.5×10^{-9}m /K。

所以，根据研究结果结合前人研究可以明确：其一，甲烷在岩样上的吸附和解吸会引起基质的膨胀和收缩，引起孔径的变化，继而影响扩散系数；其，吸附或解吸时的气压影响了气体分子自由程，进而与岩样孔径一起决定了气体的扩散类型，并最终影响扩散系数。这两点都与其测定方法有关。使用吸附法还是解吸法决定了岩样基质是膨胀还是膨胀后再适度收缩(能否完全复原未知)，这决定了扩散中孔径的变化。而解吸法中气压又与解吸气量的获取是由状态方程计算，还有用量气管直接计量有关，前者气压为解吸时的实际压力，后者解吸压力近于大气压。

5.2 温度对页岩气扩散的影响

关于温度对解吸及扩散和影响，一般认为岩样中气体的扩散系数随温度的升高而增大，如李相臣等(2013)、聂百胜等(2013)对甲烷在煤样中的扩散研究。Andreas Busch 等(2004)也发现低温导致扩散系数降低，使解吸平衡时间增长。

本节进行了页岩、煤、黏土、石英和干酪根干样在不同吸附和解吸温度下的解吸实验，分析了温度对解吸及扩散的影响。

实验所用材料为1#~5#页岩样品、1#无烟煤、干酪根，和高岭土、蒙脱石、伊利石、石英，全为干样，岩样粒径40~80目(平均粒径为0.280 mm)，黏土粒径<160目(平均粒径为0.048 mm)，样品参数如表5-1所述。所用方法为颗粒样品中气体解吸直接计量法。实验吸附平衡压力为8MPa，温度设为20℃、30℃、40℃三个水平。需说明，在进行不同温度下的解吸实验时，吸附实验的环境参数本应尽可能一致，在解吸时再迅速改变至设定的不同解吸温度，但这实现困难，只得将解吸和吸附实验温度设定一致。

5.2.1 不同温度下扩散系数测定实验结果

1. 不同温度下的解吸曲线

实验得到页岩、煤样和黏土及干酪根样品在不同吸附平衡压力下解吸气量随时间的变化(图5-6、图5-7)。

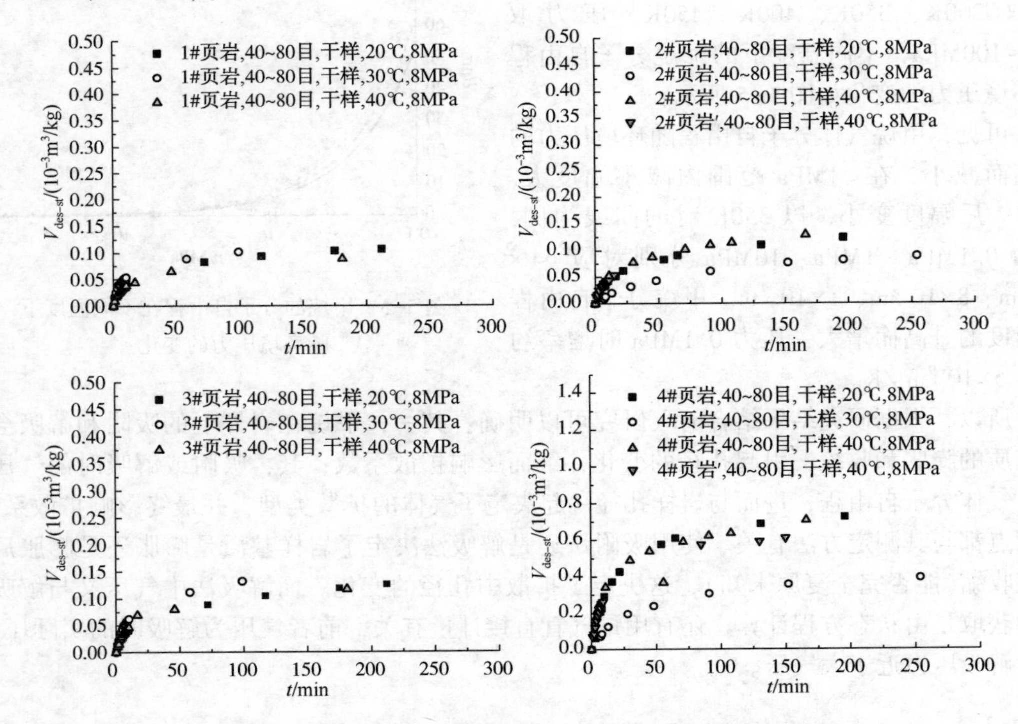

图5-6 页岩和煤样在不同温度下解吸气量随时间的变化

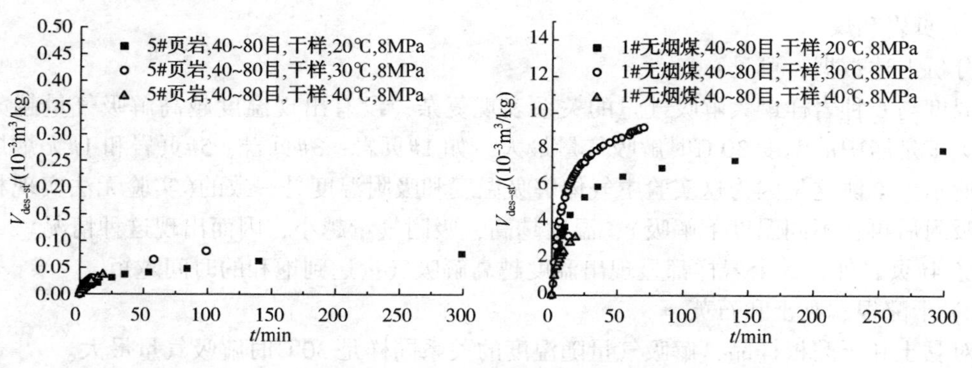

图 5-6 页岩和煤样在不同温度下解吸气量随时间的变化(续)

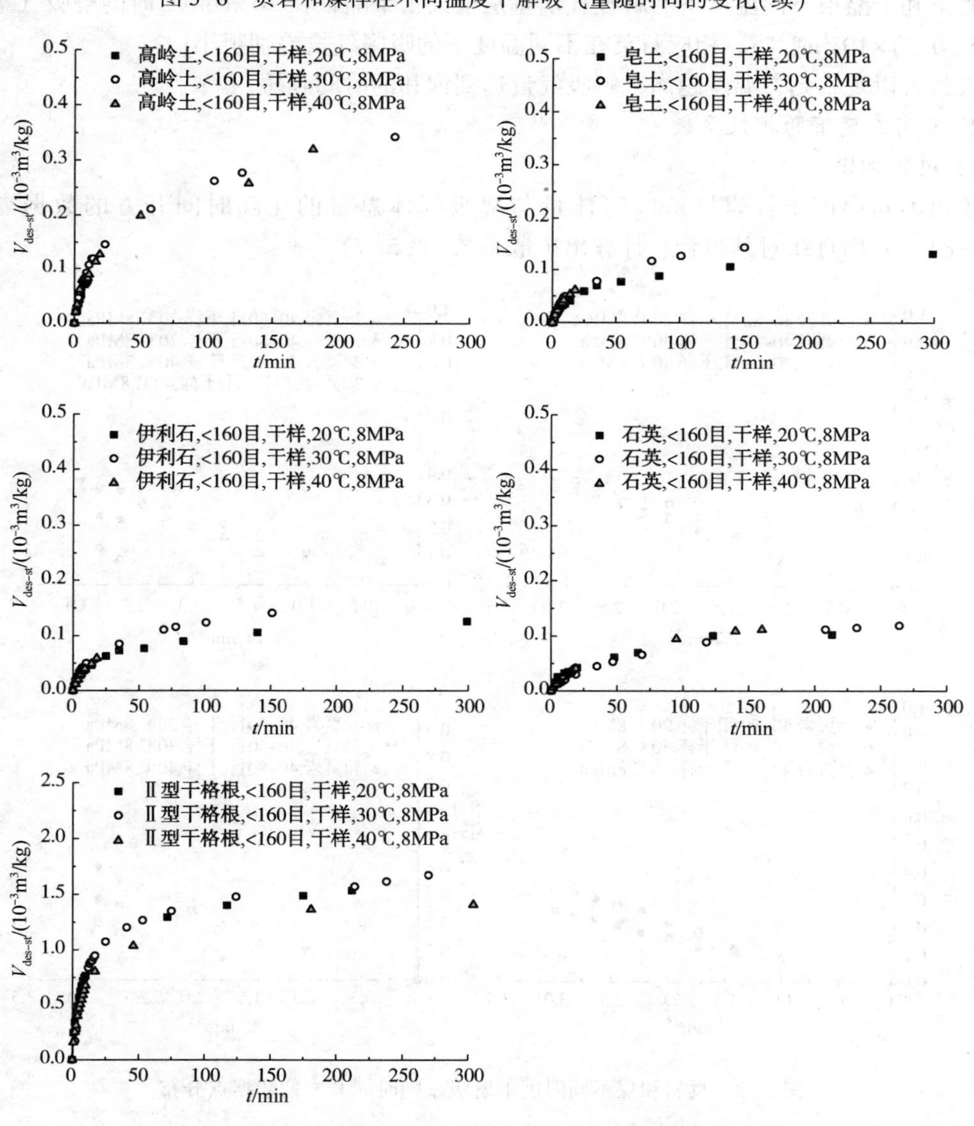

图 5-7 黏土、石英和干酪根在不同温度下解吸气量随时间的变化

1）页岩和煤

分析上述数据，可见：

温度与6种岩样最大解吸气量的关系表现复杂，没有出现温度越高解吸气量越大的现象，更多是居中的温度30℃时解吸气量最大，如1#页岩、3#页岩、5#页岩和1#无烟煤样的数据所示。推测这是因为这实验中气体解吸温度和吸附温度是一致的（实验无法实现相同的温度吸附后再在不同温度下解吸），温度越高，吸附气量越小，因而出现这种情况。

除4#页岩外，其余岩样都显现出温度越高解吸气量达到饱和的时间越短。

2）干酪根、黏土和石英

对黏土和干酪根样品，解吸气量随温度的关系同样是30℃时解吸气量最大。

黏土和干酪根不同温度下的解吸气量差别很大，干酪根在20和40℃时的解吸气量相差（0.25~0.5）$\times 10^{-3}\mathrm{m}^3/\mathrm{kg}$。相应石英在不同温度下的吸附气量差别很小。

大致可以观察到，温度越高，解吸气量达到饱和的时间越短。

2. 不同温度下的扩散系数

1）页岩和煤

绘出不同温度下，岩样解吸气体量与解吸气体总量的比随时间开方的数据点分布（图5-8），并用直线对其拟合，计算出扩散系数（表5-7）。

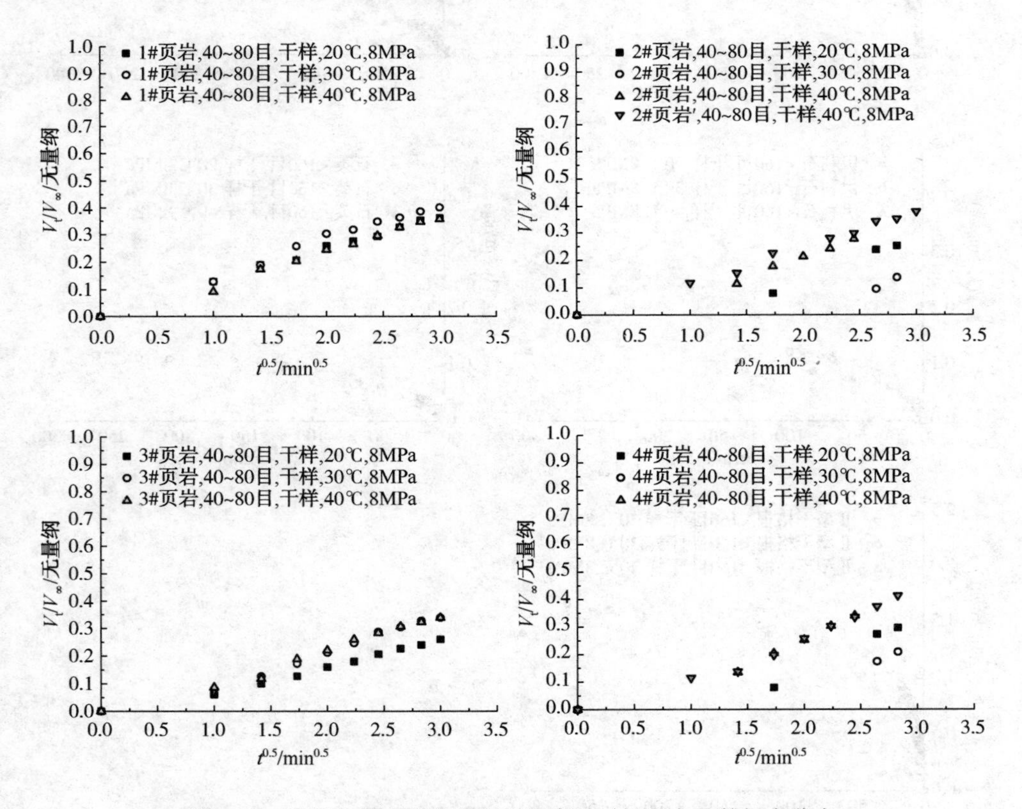

图5-8　页岩和煤不同温度下解吸率随时间开方的数据点分布

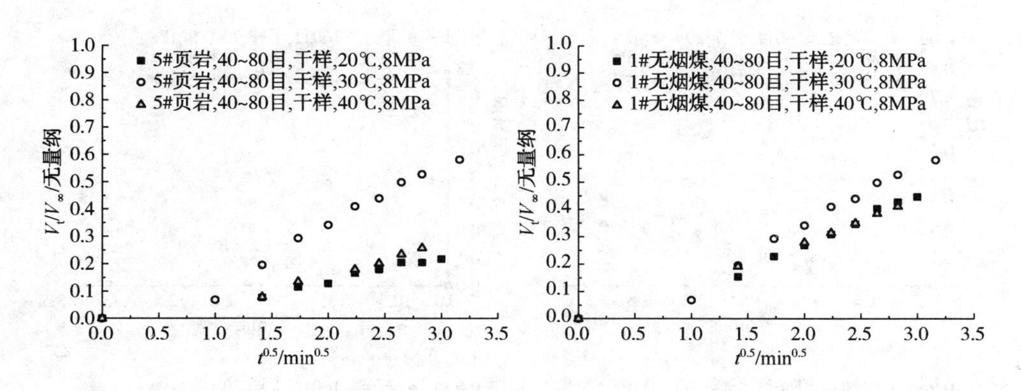

图 5-8　页岩和煤不同温度下解吸率随时间开方的数据点分布(续)

表 5-7　页岩和煤不同温度下的扩散系数计算结果

样　品	40~80 目，干样，20℃，8MPa			40~80 目，干样，30℃，8MPa			40~80 目，干样，40℃，8MPa		
	$\frac{12\sqrt{\frac{D}{\pi}}}{d}$	R	D/(10^{-12} m^2/s)	$\frac{12\sqrt{\frac{D}{\pi}}}{d}$	R	D/(10^{-12} m^2/s)	$\frac{12\sqrt{\frac{D}{\pi}}}{d}$	R	D/(10^{-12} m^2/s)
1#页岩	0.122	0.998	0.423	0.139	0.997	0.547	0.123	0.997	0.432
2#页岩	0.086	0.963	0.213	0.043	0.979	0.052	0.109	0.990	0.339
							0.126	0.998	0.458
3#页岩	0.087	0.994	0.217	0.118	0.993	0.394	0.118	0.993	0.394
4#页岩	0.100	0.952	0.286	0.070	0.997	0.140	0.133	0.986	0.507
							0.143	0.987	0.581
							0.120	0.996	0.408
5#页岩	0.075	0.991	0.159	0.089	0.994	0.228	0.088	0.985	0.223
1#无烟煤	0.150	0.992	0.645	0.194	0.985	1.074	0.144	0.999	0.595

分析上述数据，发现：

不同温度下的页岩和煤不同温度下解吸率随时间开方也都呈线性关系。

对 2#页岩、3#页岩、4#页岩、5#页岩，温度越高气体扩散系数越大，1#页岩和 1#无烟煤的情况稍有异常。也可发现，对所有样品有近于温度越低扩散系数越小的趋势。

2）干酪根、黏土和石英

对于黏土、石英和干酪根，温度对扩散系数的影响类似，但它们的扩散系数本就较页岩和煤小，所以不同温度下扩散系数的差异相对不明显(图 5-9、表 5-8)。

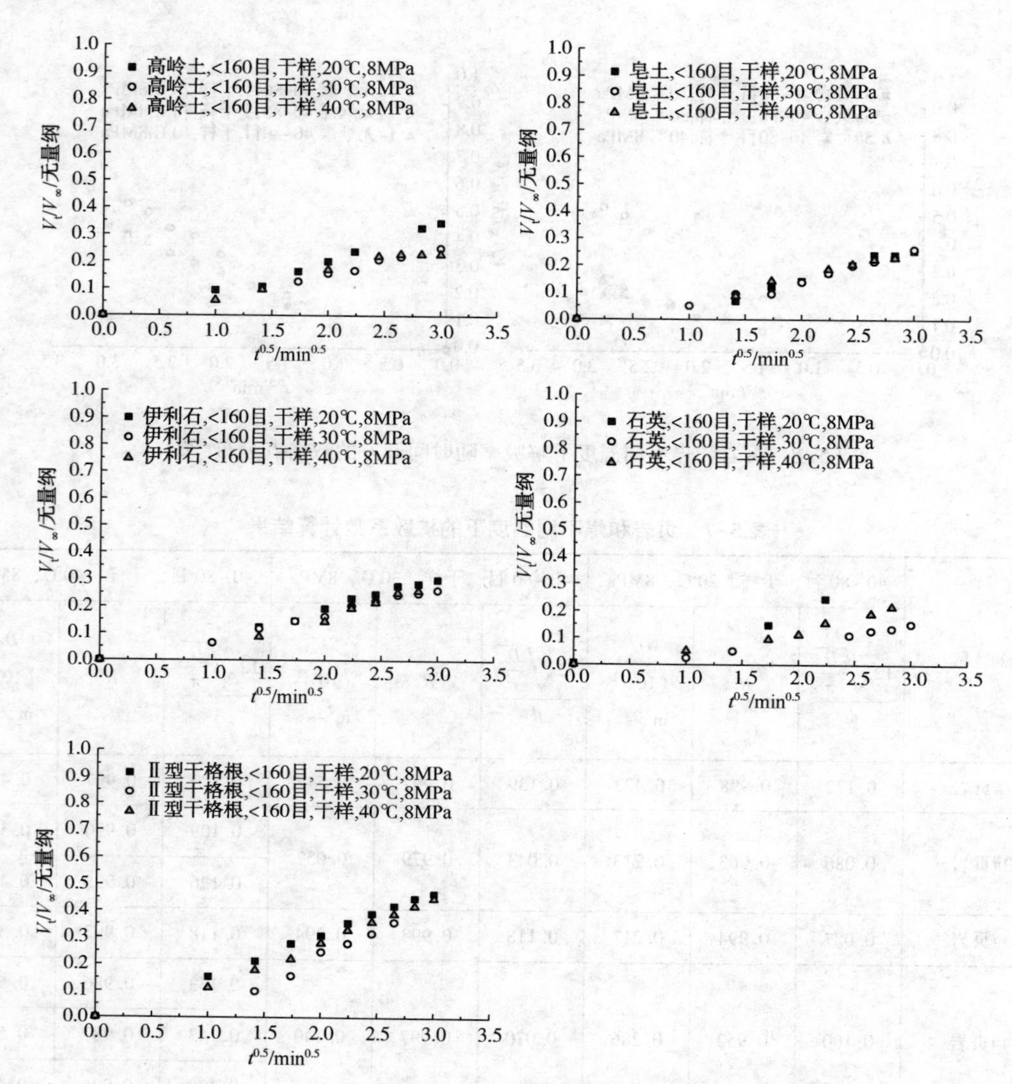

图 5-9 黏土、石英和干酪根不同温度下解吸率随时间开方的数据点分布

表 5-8 黏土、石英和干酪根不同温度下的扩散系数计算结果

样品	<160 目，干样，20℃，8MPa			<160 目，干样，30℃，8MPa			<160 目，干样，40℃，8MPa		
	$\frac{12\sqrt{\frac{D}{\pi}}}{d}$	R	D/(10^{-12} m^2/s)	$\frac{12\sqrt{\frac{D}{\pi}}}{d}$	R	D/(10^{-12} m^2/s)	$\frac{12\sqrt{\frac{D}{\pi}}}{d}$	R	D/(10^{-12} m^2/s)
高岭土	0.114	0.987	0.011	0.082	0.995	0.006	0.084	0.988	0.006
蒙脱石	0.087	0.979	0.006	0.085	0.981	0.006	0.083	0.993	0.006
伊利石	0.102	0.995	0.009	0.091	0.995	0.007	0.091	0.983	0.007
石英	0.100	0.986	0.008	0.050	0.988	0.002	0.072	0.981	0.004
Ⅱ型干格根	0.158	0.999	0.021	0.130	0.967	0.014	0.151	0.995	0.019

5.2.2 温度对页岩气扩散系数的影响机理

温度对扩散系数的影响机理与压力的影响类似，一方面吸附温度越高，吸附量越少，基质膨胀越小孔径越大，扩散系数越大；另一方面；解吸温度越高，分子运动越剧烈，扩散系数越大。

另外，实验与页岩储层产气的过程不同。真实储层，含气量一定，随着开采的进行，气藏温度小幅度的降低，温度越低，扩散系数越小，所以不利于气体的扩散产出。

5.3 岩样含水率对页岩气扩散的影响

岩样含水后，气体在其中的扩散系数将会降低。多名学者有此发现，如：C. R. Clarkaon 等(1999)观察到甲烷在湿煤样中的扩散能力较干样中的大幅度减小；Nikolai siemons 等(2003)发现水对小颗粒煤样的扩散系数的抑制更明显；Andreas Busch 等(2004)也发现湿煤样的扩散系数较干样降低了40%~50%，其原因为甲烷在水中的扩散可以忽略，而水分子吸附层却减小了孔径；Zhejun Pan 等(2010)测量到甲烷在含水煤样中的介孔和微孔扩散系数较在干样中降低了80%，且后者降低更多；Hao Xu 等(2015)研究认为煤样含水后减小了其对甲烷的吸附量，使岩样内外的甲烷浓度梯度降低，从而导致扩散系数较干样的减小。对页岩，Weina Yuan 等(2014)发现无论介孔和微孔扩散系数都因页岩中水的存在而降低；Qiao Lyu 等(2015)专门分析了页岩吸水膨胀的问题。可见目前此方面的研究，实验材料主要为煤，页岩、特别是黏土矿物用得较少。

本节进行了页岩、煤、黏土湿样对甲烷的解吸实验，分析了样品含水率对解吸和扩散的影响。

实验所用材料为5#页岩样品、1#无烟煤、和高岭土、蒙脱石、伊利石，为干样和平衡湿样，岩样粒径40~80目(平均粒径为0.280mm)，黏土粒径<160目(平均粒径为0.048mm)，样品参数如表5-1所述。所用方法为颗粒样品中气体解吸直接计量法。实验温度30℃，吸附平衡压力设为8MPa。同样需要说明，样品含水率无法在吸附完成后再改变(无法再注入水，即便注入含水也会不均匀)，只能在吸附前就设定好，即吸附和解吸时的含水率是相同的。

5.3.1 不同含水率样品的扩散系数测定实验结果

1. 不同样品含水率下的解吸曲线

实验得到页岩、煤样和黏土样品在不同样品含水率下解吸气量随时间的变化曲线(图5-10、图5-11)。

1) 页岩和煤

分析上述数据，可见：

5#页岩平衡湿样对气体的解吸量大于干样，1#无烟煤平衡湿样的解吸量远远小与干样。煤样气体解吸量达到最大值时的时间小于干样，而页岩却相反。由此可见样品含水量对页岩和煤解吸气体的影响是不同的，作用可能相反。

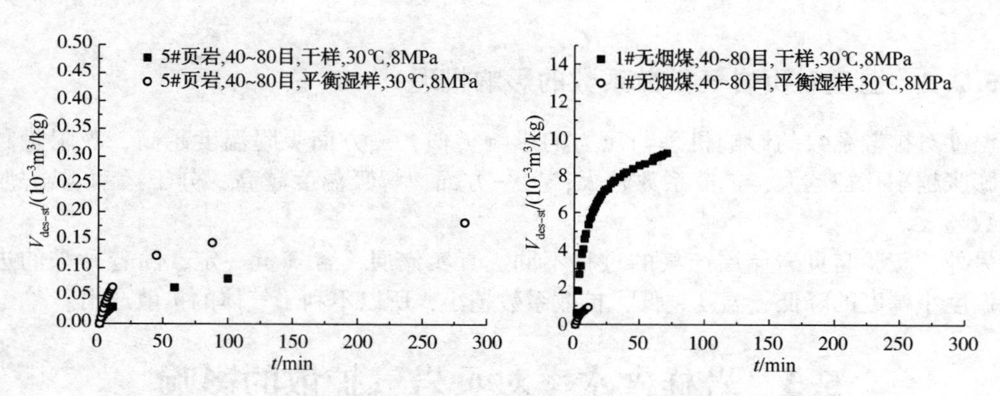

图 5-10 页岩和煤样在不同含水率下解吸气量随时间的变化

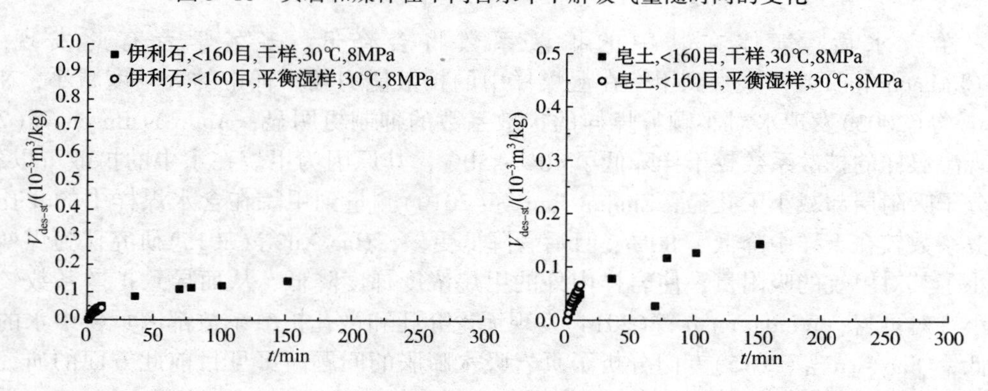

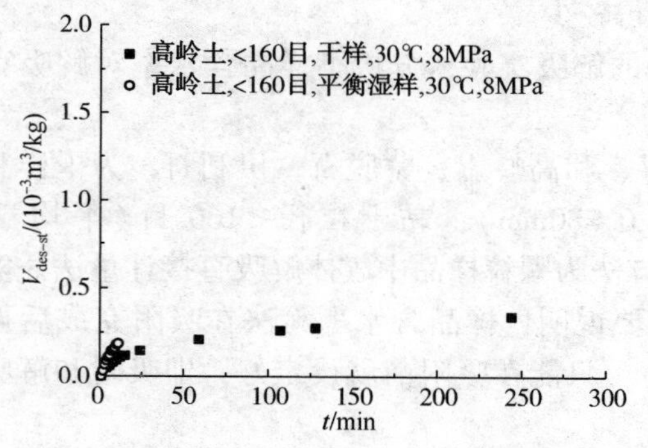

图 5-11 黏土样在不同含水率下解吸气量随时间的变化

2）黏土

分析上述数据，可见：

伊利石和蒙脱石平衡湿样对气体的解吸量大于对应干样的，高岭土的干湿样气体解吸量接近。但需注意，蒙脱石和高岭土在刚开始解吸阶段，湿样的气体解吸量是高于干样的。

三种黏土平衡湿样品对气体的解吸量达到最大的时间均小于干样的。

2. 不同样品含水率下的扩散系数

绘出不同含水率岩样解吸气体量与解吸气体总量的比随时间开方的数据点分布（图 5-12、图 5-13），并用直线对其拟合，计算出扩散系数(表 5-9、表 5-10)。

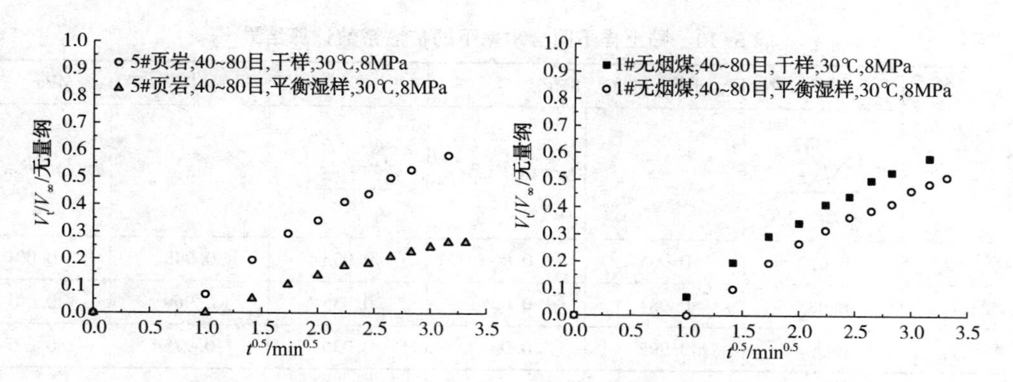

图 5-12　页岩和煤不同含水率下解吸率随时间开方的数据点分布

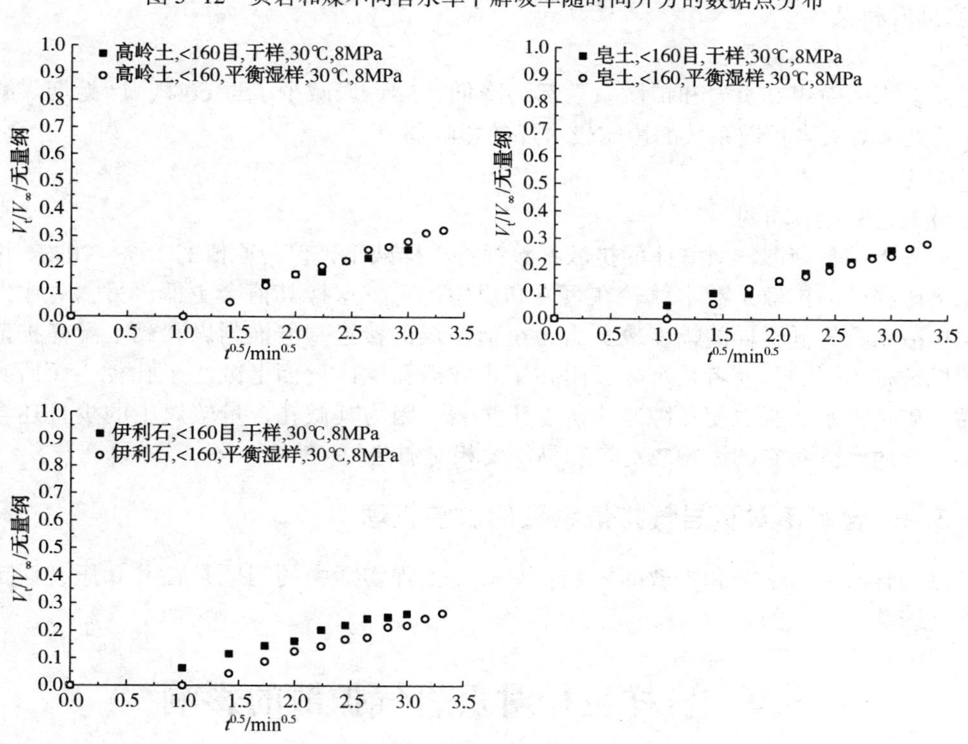

图 5-13　黏土样不同含水率下解吸率随时间开方的数据点分布

表 5-9　页岩和煤样在不同含水率下扩散系数的计算结果

样　品	40~80 目，干样，30℃，8MPa			40~80 目，平衡湿样，30℃，8MPa		
	$\frac{12\sqrt{\frac{D}{\pi}}}{d}$	R	$D/(10^{-12}m^2/s)$	$\frac{12\sqrt{\frac{D}{\pi}}}{d}$	R	$D/(10^{-12}m^2/s)$
5#页岩	0.089	0.994	0.228	0.054	0.979	0.082
1#无烟煤	0.194	0.985	1.074	0.031	0.829	0.028

表 5-10 黏土样不同含水率下的扩散系数计算结果

样品	<160 目，干样，30℃，8MPa			<160 目，平衡湿样，30℃，8MPa		
	$\frac{12\sqrt{\frac{D}{\pi}}}{d}$	R	$D/(10^{-12}m^2/s)$	$\frac{12\sqrt{\frac{D}{\pi}}}{d}$	R	$D/(10^{-12}m^2/s)$
高岭土	0.082	0.995	0.006	0.035	0.948	0.001
蒙脱石	0.085	0.981	0.006	0.035	0.969	0.001
伊利石	0.091	0.995	0.007	0.036	0.975	0.001

1) 页岩和煤

分析上述数据，可见：

样品含水后对煤和页岩和扩散系数都会降低，5#页岩减少了近 60%，1#无烟煤减小了 95%。可见水对页岩扩散系数的影响较对煤的影响弱。

2)黏土

分析上述数据，可见：

三种黏土的平衡湿样对气体的扩散系数都将干样减小，仅为原值的 15%~20%。因为甲烷在黏土矿物中的扩散系数本就较在页岩和煤中的低，这样其值会更低。另，对比发现湿黏土样扩散系数较低干样的幅度较页岩为小但与煤的接近。但推测煤和黏土湿样扩散系数减小的机理是不同的，前者是水分吸附在了煤样微孔隙内壁面上减小了孔径，而后者则是因为黏土矿物吸水膨胀也使孔隙减小。至于页岩，因为其微孔含量较煤中的少且还含有石英等成分，故水分对它的影响较对煤和黏土要相对弱些。

5.3.2 含水率对页岩气扩散系数的影响机理

样品的含水率对解吸和扩散的影响，对应在工程实际中的问题是钻井和压裂后工作液对储层的影响。

5.4 岩样粒径对页岩气扩散的影响

岩样粒径对气体在其中解吸及扩散的影响研究，最早出于煤矿中分析采落煤中的瓦斯涌出问题。杨其銮(1987)发现，甲烷饱和解吸量与煤样粒径无关，且超过一极限粒径后气体解吸速度与粒径无关，之前随粒度的增大而减小，扩散系数随粒度的增加而增加。同样，Andreas Busch 等(2004)发现煤中气体的吸附率随其粒径增加而减小，聂百胜等(2013)发现煤样粒径越大扩散系数越大。但是，对于页岩，Weina Yuan(2014)等却发现样品粒径对甲烷在页岩中的扩散系数影响较小，S. Reza Etminan 等(2014)测得了甲烷在柱塞状页岩岩样中的扩散系数，发现其值非常低，在 10^{-20} m^2/s 数量级。可见，相关机理还值得具体分析。

本节进行了页岩和煤干样在不同样品粒径下的甲烷解吸实验，分析了粒径对解吸和扩散的影响。

实验所用材料为1#~5#页岩样品、1#无烟煤，全为干样，岩样粒径40~80目(平均粒径为0.280 mm)、80~160目(平均粒径为0.138 mm)、<160目(平均粒径为0.048 mm)，样品参数如表5-1所述。所用方法为颗粒样品中气体解吸直接计量法。实验温度30℃，吸附平衡压力设为8MPa。

5.4.1 不同粒径样品的扩散系数测定实验结果

1. 不同样品粒径的解吸曲线

实验得到页岩和煤样样品在不同粒径下解吸气量随时间的变化(图5-14)。

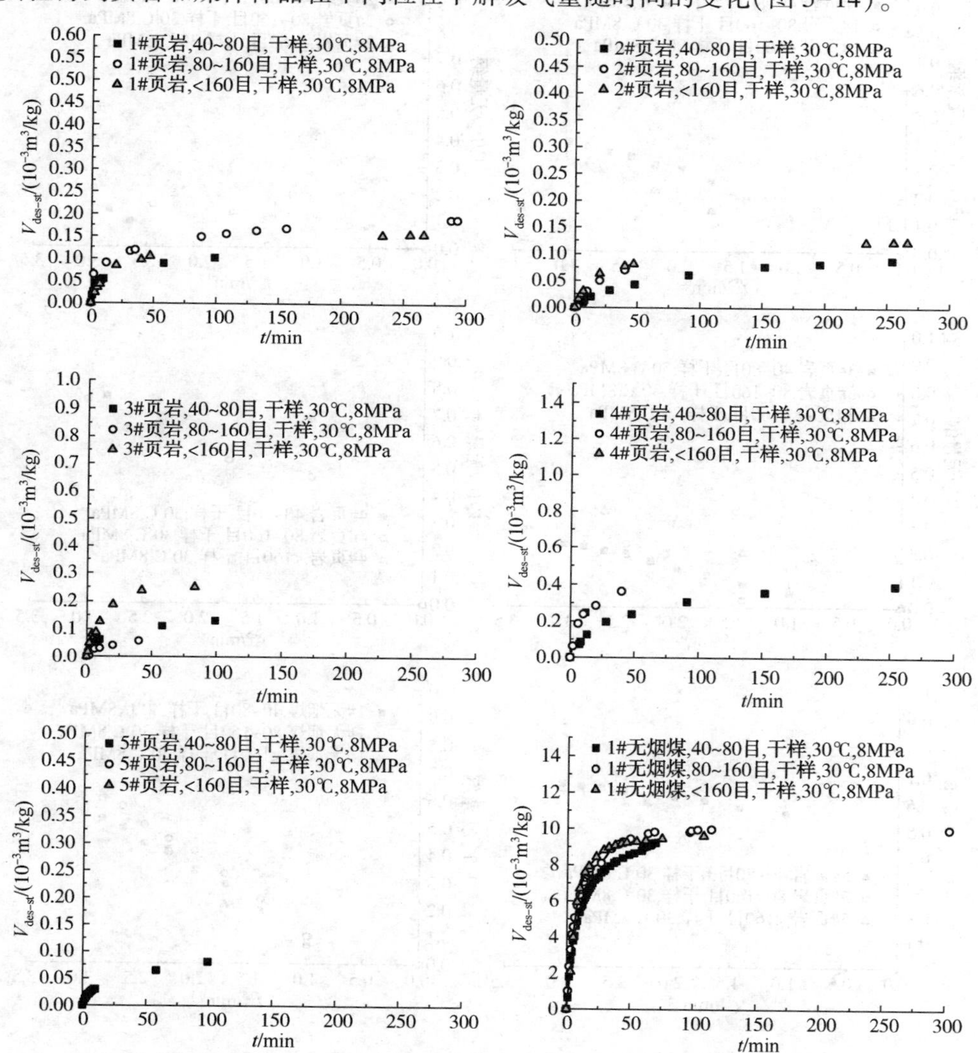

图5-14　不同粒径页岩和煤样中气体解吸量随时间的变化

分析上述数据，可见：

1#页岩、4#页岩和1#无烟煤80~160目的样品对甲烷的解吸量最大，其余2#页岩和3#页岩<160目样品解吸量最大，5#页岩数据缺失。1#页岩、2#页岩、4#页岩和无烟煤样都呈

现出40~80目的样品甲烷解吸量最小。

所有不同粒径样品气体解吸量达到最大的时间无明确定规律可循。

页岩不同粒径样品的解吸量差异较大，而煤样间的差异不明显。

2. 不同样品粒径的扩散系数

绘出不同粒径下，岩样解吸气体量与解吸气体总量的比随时间开方的数据点分布(图5-15)，并用直线对其拟合，计算出扩散系数(表5-11)。

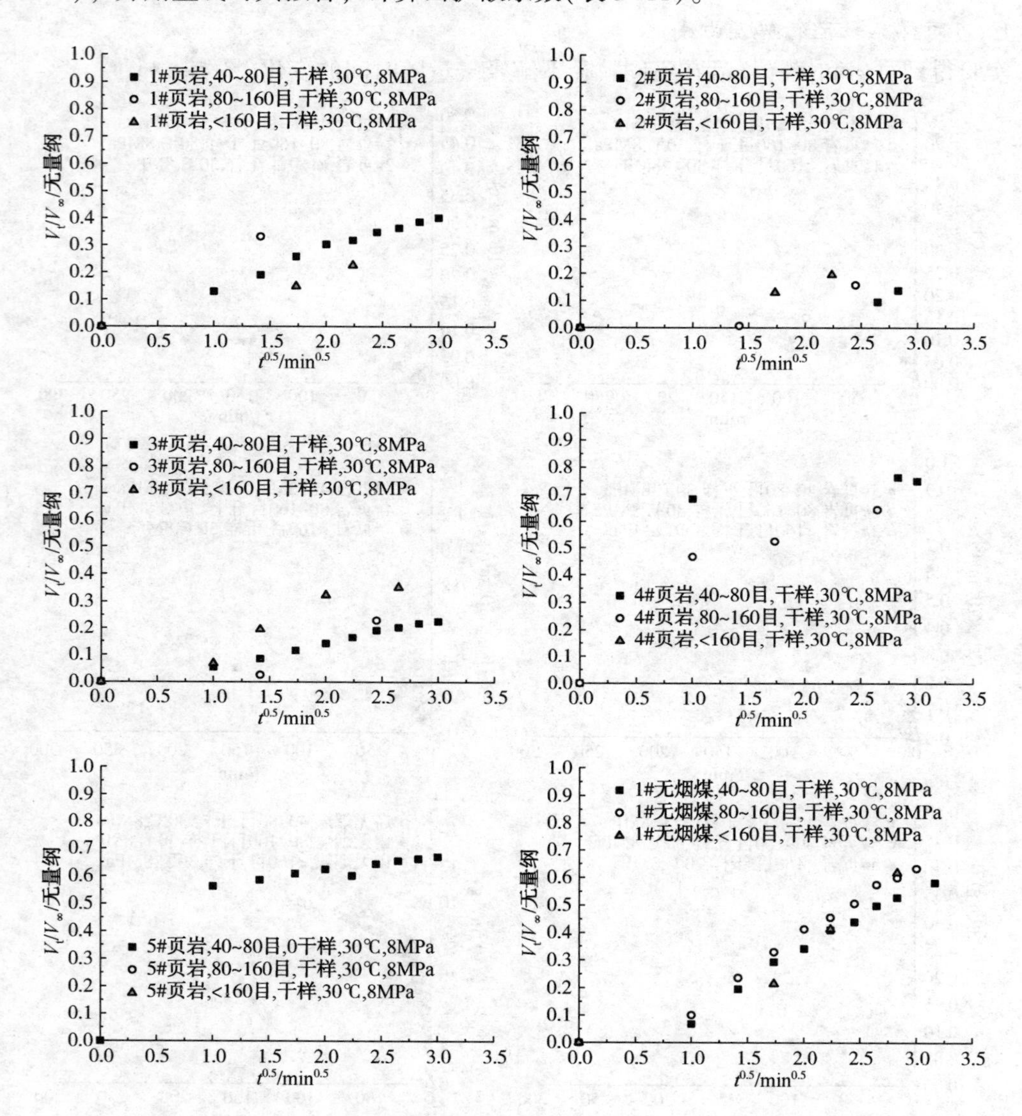

图5-15 页岩和煤不同粒径下解吸率随时间开方的数据点分布

分析上述数据，可见：

除4#页岩和5#页岩外，其余样品都明显展现出样品的粒径越小扩散系数越小，反之越大的规律。

表 5-11　页岩和煤不同粒径时的扩散系数计算结果

样品	40~80 目，干样，30℃，8MPa			80~160 目，干样，30℃，8MPa			<160 目，干样，40℃，8MPa		
	$\frac{12\sqrt{\frac{D}{\pi}}}{d}$	R^2	$D/(10^{-12}m^2/s)$	$\frac{12\sqrt{\frac{D}{\pi}}}{d}$	R^2	$D/(10^{-12}m^2/s)$	$\frac{12\sqrt{\frac{D}{\pi}}}{d}$	R^2	$D/(10^{-12}m^2/s)$
1#页岩	0.139	0.997	0.547	0.234	0.999	0.381	0.096	0.994	0.008
2#页岩	0.043	0.979	0.052	0.055	0.853	0.021	0.083	0.995	0.006
3#页岩	0.118	0.993	0.394	0.083	0.885	0.048	0.143	0.972	0.017
4#页岩	0.070	0.997	0.140						
5#页岩	0.089	0.994	0.228						
1#无烟煤	0.194	0.985	1.074	0.221	0.989	0.337	0.200	0.967	0.033

5.4.2　粒径对页岩气扩散系数的影响机理

在4.4节有述，样品粒径对其吸附气体的影响并不很突出，但此处发现气体在页岩中的扩散系数随粒径的减小而减小，且是在实验所用不同粒径的页岩成分稍有差异(粒径越小黏土含量越多)的情况下依然观察到这一明显规律，这说明粒径对扩散系数的影响十分大，值得重点关注。

颗粒样的形态与真实页岩储层差异巨大，用多少粒径的样品进行扩散系数测定实验还需要做进一步的分析。

样品的粒径对解吸和扩散的影响，在工程实际中与压裂后页岩储层的破碎程度相关，即压裂规模越大，相对应颗粒越小。

5.5　页岩扩散系数理论计算和实测值的对比

为了进一步探寻甲烷在岩样中的扩散规律，使用文献(Javadpour，2009；Sigal 和 Qin，2008；王瑞，2013)中用到的扩散系数理论计算模型结合样品的孔隙结构参数计算出理论扩散系数，将其并与实测值进行对比分析。

5.5.1　扩散系数理论计算模型

计算流体在固体多孔介质中扩散时的扩散系数要首先据 *Kn* 数划分流动区域，再求得各区域对应扩散系数作为系统的扩散系数(实际上，已有扩散系数为 *Kn* 数的函数这样的处理方法)。

Knudsen 流动分析的最初目的是出于研究低压下稀薄气体的流动，1909 年，Knudsen M 首次以分子流动的术语从理论和实验解释了低压下气体流动现象。文献(Chen 和 P Fender，1983)中有根据克努森数对气体流动区域的具体划分。Civan F、Rai C S 和 Sondergeld C H (2010)使用了这种划分标准，并指出了页岩储层孔隙类型、流动类型、粒子运动和

Knudsen 流动区域的对应关系，但其划分标准与文献(陈晋南，2004；时钧，1996)中的并不一致。使用如图 5-16 所示的划分标准。

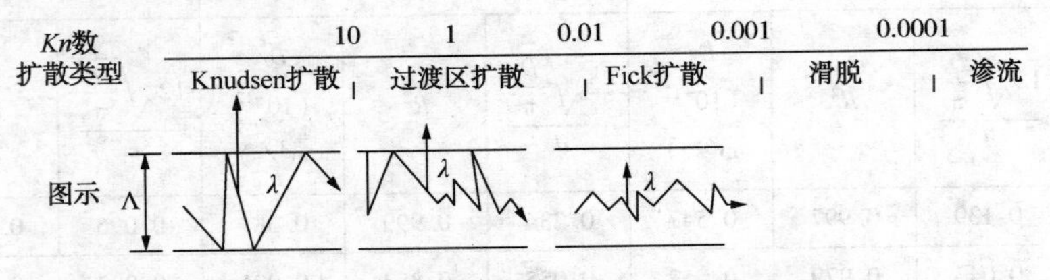

图 5-16 所用的 Kn 数流动区域划分的标准

Knudsen 数(克努森数)的计算式为：

$$Kn = \frac{\lambda}{\Lambda} \tag{5-2}$$

式中，Kn 为克努森数，无量纲；λ 为分子自由程，m；Λ 为孔隙直径，m；k_b 为 Boltzmann 常数，1.38×10^{-23}，$J\cdot K^{-1}$；T 为环境温度，K；δ 为分子碰撞直径，m；p 为环境压力，Pa。分子自由程常用式(4-3)(还有 Loeb 式)计算。

扩散系数的计算式为：

$$D = \begin{cases} D_{\text{fick}} = \dfrac{k_{\text{b}}T}{6\pi\mu_{\text{B}}r_{\text{A}}}, & Kn < 0.1 \\ D_{\text{transition}} = (D_{\text{fick}}^{-1} + D_{\text{knudsen}}{}^{-1})^{-1}, & 0.1 < kn < 10 \\ D_{\text{knudsen}} = \dfrac{2}{3}ur = \dfrac{2r}{3}\left(\dfrac{8RT}{\pi M}\right)^{0.5}, & kn > 10 \end{cases} \tag{5-3}$$

式中，D_{knudsen} 为 Knudsen 扩散系数，$m^2\cdot s^{-1}$；r 为孔道半径，m；u 为气体分子平均速度，m；R 为绝对气体常数，$8.314J\cdot mol^{-1}\cdot K^{-1}$；$T$ 为绝对温度，K；D_{fick} 为 Fick 扩散系数，$m^2\cdot s^{-1}$；r_A 为气体分子的半径，m；μ_B 为孔隙中原所含流体(后续计算假设为氮气)的黏度，$Pa\cdot s$；k_b 为 Boltzmann 常数，为绝对气体常数除以 Avogadro 数，即 $k_b = R/N_A = 8.314\div6.02\times10^{23} = 1.38\times10^{-23}$，$J\cdot K^{-1}$；$T$ 为绝对温度，K；$D_{\text{transition}}$ 为过渡区扩散系数。另，考虑到孔的截面积和扩散路径的曲折程度还需要对扩散系数进行修正，得到有效扩散系数，即

$$D_e = \frac{\phi D}{\tau} \tag{5-4}$$

式中，D_e 为有效扩散系数，m^2/s；ϕ 为岩石的孔隙度，%；τ 为曲折因子，无量纲。

5.5.2 不同压力下扩散系数理论与实测值的对比

计算所需已知参数为：温度为 30 ℃，孔径为样品用-196℃氮气吸附法和 0℃二氧化碳吸附法实测得到介孔和微孔等效孔径数据(4.2 节，表 4-9)。关于压力值的选取，解吸扩散实验中，解吸气是在吸附压力卸掉之后计量的，扩散出口的压力约为 0.101MPa，扩散入口的压力未知。若按扩散仅是因浓度差而非压力差引起的这一基本原理，扩散入口的也应为 0.101MPa，而与吸附平衡压力无关。

具体计算先求出介孔和微孔的扩散系数，再据介孔和微孔体积占总孔隙体积的比，组合求出总的扩散系数，结果见表 5-12。

表 5-12　理论模型计算的甲烷在页岩、煤、黏土样品中的扩散系数

样　品	分子自由程/m	介　孔			
		等效孔径/nm	Kn 数	扩散类型	扩散系数/(m^2/s)
1#页岩	6.45×10^{-8}	3.184	10.14	Knudsen	1.36×10^{-6}
2#页岩					
3#页岩	6.45×10^{-8}	4.515	7.15	过渡	9.48×10^{-8}
4#页岩	6.45×10^{-8}	4.636	6.96	过渡	9.50×10^{-8}
5#页岩	6.45×10^{-8}	3.234	9.98	过渡	9.30×10^{-8}
1#无烟煤	6.45×10^{-8}	9.178	3.52	过渡	9.73×10^{-8}
干酪根	6.45×10^{-8}	8.330	3.88	过渡	9.71×10^{-8}
高岭土	6.45×10^{-8}	9.772	3.30	过渡	9.75×10^{-8}
蒙脱石	6.45×10^{-8}	3.703	8.72	过渡	9.38×10^{-8}
伊利石	6.45×10^{-8}	5.417	5.96	过渡	9.56×10^{-8}

样　品	微　孔				V_{meso}%/%	V_{micro}%/%	$D_{综合}$/(m^2/s)
	等效孔径/nm	Kn 数	扩散类型	扩散系数/(m^2/s)			
1#页岩	0.874	36.94	Knudsen	3.69×10^{-7}	78.41	21.59	1.15×10^{-6}
2#页岩	1.123	28.75	Knudsen	4.73×10^{-7}			
3#页岩	1.260	25.62	Knudsen	5.31×10^{-7}	16.39	83.61	4.60×10^{-7}
4#页岩	0.849	38.02	Knudsen	3.58×10^{-7}	41.41	58.59	2.49×10^{-7}
5#页岩	1.154	27.97	Knudsen	4.87×10^{-7}	40.02	59.98	3.29×10^{-7}
1#无烟煤	0.824	39.18	Knudsen	3.48×10^{-7}	4.10	95.90	3.38×10^{-7}
干酪根	1.062	30.40	Knudsen	4.48×10^{-7}	18.50	81.50	3.83×10^{-7}
高岭土	1.361	23.72	Knudsen	5.74×10^{-7}	70.02	29.98	2.40×10^{-7}
蒙脱石	0.986	32.74	Knudsen	4.16×10^{-7}	73.23	26.77	1.80×10^{-7}
伊利石	0.905	35.67	Knudsen	3.82×10^{-7}	68.26	31.74	1.87×10^{-7}

结合分析，可见：

1#~5#页岩、1#无烟煤、干酪根和黏土的理论扩散系数为 1.87×10^{-7} ~ 1.15×10^{-6}。若假设页岩孔隙度取5.0%，迂曲度取1.5，求得各样品的理论有效扩散系数，其数量级与实测值是一致的，即两者可相互印证。

理论计算出样品介孔中甲烷的扩散主要在过渡扩散区，微孔中的扩散主要在Knudsen扩散区，微孔扩散系数大于介孔扩散系数。

所有样品的总扩散系数大小次序为：1#页岩>3#页岩>干酪根>1#无烟煤>5#页岩>4#页岩>高岭土>伊利石>蒙脱石。将此与2MPa时的实测值(此时吸附对样品孔隙结构的影响最小，与理论计算的状况最接近)大小次序对比发现，黏土样品的次序是一致的，页岩和煤样的有差异，此意指煤和页岩样的孔隙结构复杂，有效扩散系数和扩散系数差别较大。

5.5.3　不同温度下扩散系数理论与实测值的对比

计算出不同温度下的扩散系数(表5-13)，再与实测值进行对比。

表 5-13 理论模型计算的甲烷在页岩、煤、黏土样品中的扩散系数

样品	温度/℃	λ/m	介孔				微孔				V_{meso}%/%	V_{micro}%/%	$D_{综合}$/(m^2/s)
			等效孔径/nm	Kn 数	扩散类型	扩散系数/(m^2/s)	等效孔径/nm	Kn 数	扩散类型	扩散系数/(m^2/s)			
1#页岩	20	6.24×10^{-8}	3.184	9.80	过渡	9.28×10^{-8}	0.874	35.72	Knudsen	3.63×10^{-7}	78.41	21.59	1.51×10^{-7}
	30	6.45×10^{-8}		10.14	Knudsen	1.36×10^{-6}		36.94	Knudsen	3.69×10^{-7}			1.15×10^{-6}
	40	6.67×10^{-8}		10.47	Knudsen	1.36×10^{-6}		38.15	Knudsen	3.75×10^{-7}			1.15×10^{-6}
2#页岩	20						1.123	27.80	Knudsen	4.66×10^{-7}			
	30							28.75	Knudsen	4.73×10^{-7}			
	40							29.70	Knudsen	4.81×10^{-7}			
3#页岩	20	6.24×10^{-8}	4.515	6.91	过渡	9.47×10^{-8}	1.260	24.78	Knudsen	5.23×10^{-7}	16.39	83.61	4.53×10^{-7}
	30	6.45×10^{-8}		7.15	过渡	9.48×10^{-8}		25.62	Knudsen	5.31×10^{-7}			4.60×10^{-7}
	40	6.67×10^{-8}		7.39	过渡	9.50×10^{-8}		26.47	Knudsen	5.40×10^{-7}			4.67×10^{-7}
4#页岩	20	6.24×10^{-8}	4.636	6.73	过渡	9.49×10^{-8}	0.849	36.77	Knudsen	3.52×10^{-7}	41.41	58.59	2.46×10^{-7}
	30	6.45×10^{-8}		6.96	过渡	9.50×10^{-8}		38.02	Knudsen	3.58×10^{-7}			2.49×10^{-7}
	40	6.67×10^{-8}		7.19	过渡	9.51×10^{-8}		39.28	Knudsen	3.64×10^{-7}			2.53×10^{-7}
5#页岩	20	6.24×10^{-8}	3.234	9.65	过渡	9.29×10^{-8}	1.154	27.05	Knudsen	4.79×10^{-7}	40.02	59.98	3.24×10^{-7}
	30	6.45×10^{-8}		9.98	过渡	9.30×10^{-8}		27.97	Knudsen	4.87×10^{-7}			3.29×10^{-7}
	40	6.67×10^{-8}		10.31	Knudsen	1.39×10^{-6}		28.90	Knudsen	4.95×10^{-7}			8.53×10^{-7}

续表

样品	温度/℃	λ/m	介孔				微孔				V_{meso}%/%	V_{micro}%/%	$D_{综合}$/(m²/s)
			等效孔径/nm	Kn数	扩散类型	扩散系数/(m²/s)	等效孔径/nm	Kn数	扩散类型	扩散系数/(m²/s)			
1#无烟煤	20	6.24×10^{-8}	9.178	3.40	过渡	9.72×10^{-8}	0.824	37.88	Knudsen	3.42×10^{-7}	4.10	95.90	3.32×10^{-7}
	30	6.45×10^{-8}		3.52	过渡	9.73×10^{-8}		39.18	Knudsen	3.48×10^{-7}			3.38×10^{-7}
	40	6.67×10^{-8}		3.63	过渡	9.74×10^{-8}		40.47	Knudsen	3.53×10^{-7}			3.43×10^{-7}
干酪根	20	6.24×10^{-8}	8.330	3.74	过渡	9.70×10^{-8}	1.062	29.39	Knudsen	4.40×10^{-7}	18.50	81.50	3.77×10^{-7}
	30	6.45×10^{-8}		3.88	过渡	9.71×10^{-8}		30.40	Knudsen	4.48×10^{-7}			3.83×10^{-7}
	40	6.67×10^{-8}		4.00	过渡	9.72×10^{-8}		31.40	Knudsen	4.55×10^{-7}			3.89×10^{-7}
高岭土	20	6.24×10^{-8}	9.772	3.19	过渡	9.74×10^{-8}	1.361	22.94	Knudsen	5.65×10^{-7}	70.02	29.98	2.38×10^{-7}
	30	6.45×10^{-8}		3.30	过渡	9.75×10^{-8}		23.72	Knudsen	5.74×10^{-7}			2.40×10^{-7}
	40	6.67×10^{-8}		3.41	过渡	9.76×10^{-8}		24.50	Knudsen	5.83×10^{-7}			2.43×10^{-7}
蒙脱石	20	6.24×10^{-8}	3.703	8.43	过渡	9.37×10^{-8}	0.986	31.66	Knudsen	4.09×10^{-7}	73.23	26.77	1.78×10^{-7}
	30	6.45×10^{-8}		8.72	过渡	9.38×10^{-8}		32.74	Knudsen	4.16×10^{-7}			1.80×10^{-7}
	40	6.67×10^{-8}		9.01	过渡	9.39×10^{-8}		33.82	Knudsen	4.23×10^{-7}			1.82×10^{-7}
伊利石	20	6.24×10^{-8}	5.417	5.76	过渡	9.55×10^{-8}	0.905	34.49	Knudsen	3.75×10^{-7}	68.26	31.74	1.84×10^{-7}
	30	6.45×10^{-8}		5.96	过渡	9.56×10^{-8}		35.67	Knudsen	3.82×10^{-7}			1.87×10^{-7}
	40	6.67×10^{-8}		6.16	过渡	9.57×10^{-8}		36.85	Knudsen	3.88×10^{-7}			1.88×10^{-7}

分析可见：

理论计算出样品介孔中甲烷的扩散主要在过渡扩散区，微孔中的扩散主要在 Knudsen 扩散区，微孔扩散系数大于介孔扩散系数。由 1#页岩和 5#页岩的数据可见，在不同温度时，是介孔扩散类型可能发生改变。

全部样品的理论计算所得介孔、微孔和综合扩散系数随温度降低而减小，且 1#页岩和 5#页岩在等效孔径在 3~4nm，温度升高，扩散类型由过渡扩散转变成 Knudsen 扩散，扩散系数突增。这一趋势和实测值的表现基本一致，部分样品实测值之所以有异常(1#页岩、2#页岩和 1#无烟煤)是因为实验解吸和吸附温度相同，温度越高吸附量越小，基质膨胀越小，同时岩样内外的甲烷浓度差越小，扩散系数又会变小小，即这都对解吸扩散结果有影响。

黏土、煤和干酪根样品 20~40℃的理论综合扩散系数相差分别约为 $0.05\times10^{-7}\ m^2/s$ 和 $0.1\times10^{-7}\ m^2/s$，2#~4#页岩的相差$(0.07\sim0.1)\times10^{-7}\ m^2/s$，1#页岩、5#页岩的相差$(5\sim10)\times10^{-7}\ m^2/s$。这说明相对黏土矿物，页岩和有机质的扩散系数对温度更敏感。

第6章 页岩气渗流特征和视渗透率计算

对于开采中的页岩气体系，最主要的渗流过程包括：钻完井完成后裂缝中存在的气体(原始的游离气和溶解在油水中的溶解气)向井筒的渗流，和经过解吸和扩散来的气体(原始的吸附气和溶解在基质中的溶解气)通过裂缝系统向生产井筒渗流。至于页岩气在基质微米、纳米孔隙中的渗流问题，其机理上还不明了，甚至在其概念表述上还存在混乱和交叉，如有“运移”“传质”“渗流”“扩散”等多种提法。

页岩气储层裂缝网络中的达西渗流，因其渗透率极低、气体赋存状态多样等特点，决定了采用常规的压裂的增产改造技术已不能适用，现在提得较多的是体积压裂技术，这样就形成了自然和人工裂缝交织的裂缝网络。裂缝网络中的渗流是在达西流的范畴，单就渗流机理来说其规律是相对明了的，目前的困难是在对自然裂缝和特殊压裂产生的人工裂缝的形态描述上。

页岩气储层基质里纳米级孔隙中非达西渗流，因孔隙尺寸到了纳米级别，尺度上属于介观层面，准确说其宏观连续性假设不再成立，渗流现象也非现有常规宏观渗流实验所能观测，而要使用特殊的如压力脉冲法等方法，并且对其渗流规律的也不能单纯使用达西定律表征，而要考虑滑脱、扩散等效应，更进一步要使用分子动力学的方法来模拟，目前主要还是利用一些涉及分子动力学概念的经验公式对宏观渗流模型的修正，还有用数字岩心及孔隙网络模型结合格子玻兹曼(Boltzmann)和耗散粒子动力学(DPD)方法等。

6.1 页岩气解吸、扩散与渗流耦合过程描述

对于开采中的页岩气体系，其完整的气体产出过程是在多机理作用(解吸-扩散-渗流)下，多尺度孔隙介质(基质孔隙-自然裂缝-人工裂缝)里的耦合传质过程。

对页岩气解吸、扩散与渗流多机理耦合过程的研究，F. Javadpour(2009)发表了考虑坎德逊扩散和滑脱流的气体在纳米孔中流动方程，并将其改写成达西渗流方程形式，从而引出了一个纳米孔隙中“视”渗透率的概念，其不同于达西渗透率仅仅是与岩石有关，还与气体种类和环境条件有关，计算表明，“视”渗透率与达西渗透率的比值随孔隙尺寸减小到100nm以下会急剧地增加，同时坎德逊扩散对流量的贡献变少。Faruk Civan和Chandra S. Rai以及CarlH. Sondergeld(2010)发表了一个描述气体在页岩储层中滞留和传递的模型，它考虑了由*Kn*划分的多种流动机理，如连续流、滑脱流、过渡流和自由分子流动。。V. Shabro、C. Torres-Verdín和F. Javadpour(2011)提出了一种新的孔隙尺寸模型并与油气藏数值模型耦合以预测页岩气的生产状况，其中为确保实时吸附和解吸附的平衡使用了表面质量平衡的迭代验证方法，在传质机理上考虑了非滑脱和滑脱流、扩散和吸附。

6.2 考虑扩散的视渗透率及其影响因素

页岩储层中孔隙的直径最低可到纳米级，与甲烷分子的直径接近。通过对 Knudsen 数计算发现，气体在页岩储层中的流动处于滑脱流区和过渡流区，因此需要考虑滑脱和扩散效应。对其研究，Roy S 和 Raju R(2003)通过 Ar、N_2 和 O_2 在孔径 200nm 的氧化铝过滤膜上的传质实验建立了气体在纳米孔中的扩散数学模型；Javadpour F(2007)使用 Roy S 和 Raju R 的模型描述了页岩气在纳米孔中的扩散和渗流；Sigal R 和 Qin B(2008)用引入有效传递系数分析了页岩储层气体传质过程中自扩散作用的重要性；Javadpour F(2009)建立了考虑克努森扩散和滑脱的页岩气渗流方程，并引出了视渗透率的概念；Shabro V 和 Javadpour F(2009)建立了气体在微米、纳米孔隙介质中的有限差分传质模型。但是，上述模型在建立时，都没有考虑扩散类型的差异，(Javadpour，2007、2009)用 Knudsen 扩散，而有些学者用 Fick 扩散。

本节研究建立了考虑扩散种类的扩散和渗流耦合视渗透率计算模型，先由 *Kn* 数划分流动区域，再求得各区域对应的扩散系数，然后求出视渗透率，分析其与达西渗透率的比以及扩散质量通量占总质量通量的百分比随孔径、压力和温度的变化趋势。

6.2.1 考虑扩散的视渗透率模型

气体在纳米孔中的传质过程的运动方程方程：

$$\begin{cases} J = J_D + J_a \\ J_D = -\dfrac{MD}{RT}\dfrac{\Delta p}{L}，\ J_a = -\dfrac{r^2}{8\mu}\rho\dfrac{\Delta p}{L} \end{cases} \tag{6-1}$$

式中，J 为气体总的质量通量，$kg \cdot s^{-1} \cdot m^{-2}$；$J_D$ 为气体扩散的质量通量，$kg \cdot s^{-1} \cdot m^{-2}$；$J_a$ 为气体渗流的质量通量，$kg \cdot s^{-1} \cdot m^{-2}$；$q$ 为气体体积流量，$m^3 \cdot s^{-1}$；ρ 为气体密度，$kg \cdot m^{-3}$；ϕ 为孔隙度,%；A 为过滤膜暴露面积，m^2；M 为分子摩尔质量，$kg \cdot mol^{-1}$；D 为扩散系数文献(Javadpour，2009)中为 Knudsen 扩散系数，此处假设为一般情况，$m^2 \cdot s^{-1}$；R 为绝对气体常数，8.314$J \cdot mol^{-1} \cdot K^{-1}$；$T$ 为绝对温度，K；Δp 为通过多孔介质的压力降，Pa；L 为多孔介质长度，m。

扩散通量除以流体密度即为渗流速度，对照达西公式，就可获得相关渗透率的表达式。

1. 不考虑滑脱效应时的渗透率的计算

由 Hagen-Poiseuille 方程：

$$J_a = -\frac{r^2}{8}\rho_{avg}\frac{\Delta p}{\mu L} \tag{6-2}$$

不考虑滑脱效应时的达西渗透率：

$$k_{darcy} = \frac{r^2}{8} \tag{6-3}$$

式中，k_{darcy} 为达西渗透率，m^2。

2. *考虑滑脱效应时视渗透率的计算*

对于气体在纳米级尺寸孔隙中流动时存在的滑脱效应，据文献(Javadpour，2009)，引入一个理论无量纲系数对Hagen-Poiseuille方程进行校正：

$$J_a=-k_S\frac{r^2}{8\mu}\rho_{avg}\frac{\Delta p}{L}=-\left[1+\left(\frac{8\pi RT}{M}\right)^{0.5}\frac{\mu}{p_{avg}}\left(\frac{2}{\alpha}-1\right)\right]\frac{r^2}{8\mu}\rho_{avg}\frac{\Delta p}{L} \tag{6-4}$$

式中，k_s为滑脱校正系数，无量纲；p_{avg}为平均压力，MPa；α为切向动量供给系数，与壁面粗糙度、气体类型、温度和压力有关，可实测，数值范围0~1，本研究计算时取0.5，无量纲；r为孔隙半径，m。

$$k_{darcy-slip}=\left[1+\left(\frac{8\pi RT}{M}\right)^{0.5}\frac{\mu}{p_{avg}}\left(\frac{2}{\alpha}-1\right)\right]\frac{r^2}{8} \tag{6-5}$$

式中，$k_{darcy-slip}$为考虑滑脱效应的达西渗透率，m^2。

3. *考虑滑脱和扩散时的视渗透率的计算*

考虑滑脱和扩散的气体质量通量为：

$$J=J_D+J_a=-\left\{\frac{MD\mu}{RT}+\left[1+\left(\frac{8\pi RT}{M}\right)^{0.5}\frac{\mu}{p_{avg}r}\left(\frac{2}{\alpha}-1\right)\right]\frac{r^2\rho_{avg}}{8}\right\}\frac{1}{\mu}\frac{\Delta p}{L} \tag{6-6}$$

扩散系数的计算模型要根据Kn数来选取，需要注意的是所用气体在纳米孔隙中的扩散方程基于气体通过氧化铝过滤膜的扩散和渗流实验，且实验扩散区域主要是在Knudsen扩散区，能否扩展用于3种扩散类型以及进一步作为气体在页岩纳米级孔隙介质中扩散的一般方程还未知。

使用Javadpour F(2009)提出的视渗透率的概念，得到其表达式为：

$$k_{app}=\frac{MD\mu}{RT\rho_{avg}}+\left[1+\left(\frac{8\pi RT}{M}\right)^{0.5}\frac{\mu}{p_{avg}r}\left(\frac{2}{\alpha}-1\right)\right]\frac{r^2}{8} \tag{6-7}$$

式中，k_{app}为考虑扩散后的视渗透率，m^2。

6.2.2 视渗透率和扩散通量影响因素分析

1. *孔径对视渗透率和扩散通量的影响*

对页岩气视渗透率的影响因素主要有孔径、温度和压力以及气体种类等，下通过实例计算进行分析。

计算涉及的参数及其单位、数值范围见表6-1。

表6-1 计算涉及的参数及其单位、数值范围

参 数	单 位	物理意义和数值范围
M	kg/mol	甲烷、氮气摩尔质量
T	K	温度，300~450
r_B	m	孔隙半径，10^{-10}~10^{-3}
μ_A和μ_B	Pa·s	氮气和甲烷的黏度
ρ_{avg}	kg/m^3	p_{avg}和T时甲烷密度
p_{avg}	MPa	平均压力，0.1~100
Δp	Pa	压差，10

1）Kn 数的计算

计算得到在 350K 时不同孔隙直径（$10^{-1} \sim 10^{6}$nm）下的 Kn 数随环境压力的变化如图 6-1 所示。

由图 6-1 可见 Kn 数随环境压力的增大而减小，随介质孔隙直径的减小而增大。当孔隙直径 10nm 时，压力从 0.1MPa 到 100MPa，Kn 数从 6 到 0.03，为过渡扩散和 Fick 扩散区域。

2）扩散系数的计算

甲烷在 300K、5MPa 时不同孔隙半径（$10^{-1} \sim 10^{6}$nm）下扩散系数的计算结果见图 6-2。

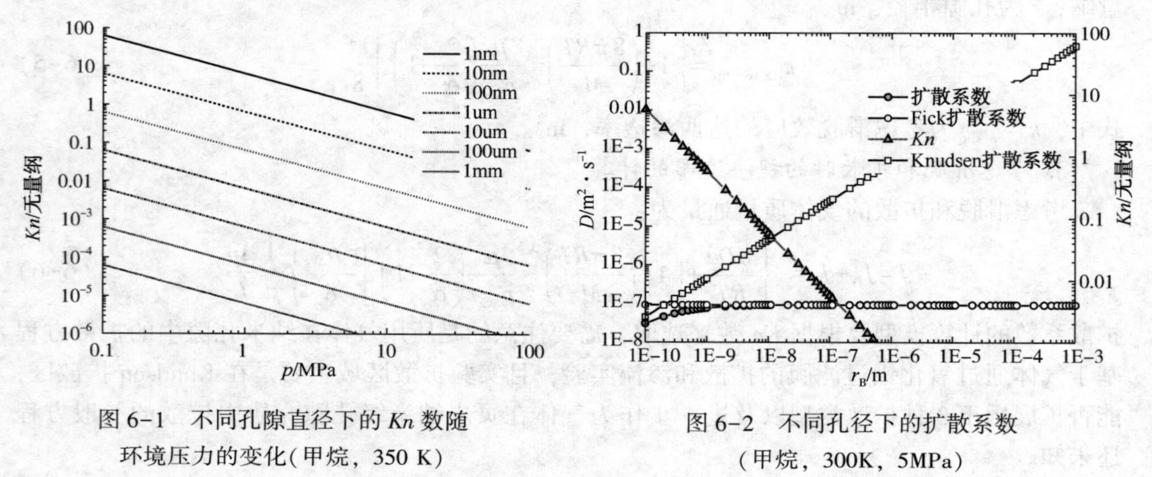

图 6-1 不同孔隙直径下的 Kn 数随环境压力的变化（甲烷，350 K）

图 6-2 不同孔径下的扩散系数（甲烷，300K，5MPa）

可见 Fick 扩散系数与孔隙半径变化无关，Knudsen 扩散系数随孔隙半径的增大而增大。在孔隙半径为 0.2nm 时，Fick 扩散系数和 Knudsen 扩散系数两者值相等。在孔隙半径<10nm时，气体流态处于过渡扩散区域，过渡扩散系数低于 Knudsen 扩散系数；在孔隙半径>10nm 时，气体流态处于费克扩散区，Fick 扩散系数低于 Knudsen 扩散系数。所以，在仅考虑 Knudsen 扩散时，计算所得的扩散系数在整个分析的孔径范围内都会高于考虑 3 种扩散时的情况。

3）视渗透率的计算

平均压力为 5MPa、温度为 350K 时，不同孔隙半径（$10^{-1} \sim 10^{6}$nm）的视渗透率计算结果：

在 5MPa、350K 的温压条件下，孔隙半径<20nm 时视渗透率大于达西渗透率，孔隙半径>20nm 时视渗透率与达西渗透的值相同。在孔隙半径最小的 0.1nm 处，视渗透率约为 $10^{-7}\mu m^2$，达西渗透率约为 $10^{-9}\mu m^2$，这说明单纯就页岩的达西渗透率来说，其数值确实到了相关文献中经常提到的"页岩的孔隙尺寸到了纳米级，渗透率到了 $10^{-9}\mu m^2$"，但如果考虑了扩散效应，情况就会发生非常大的变化，页岩渗透率只是 $10^{-7}\mu m^2$ 而已。所以，对于页岩中气体传质机理的研究，不应仅仅考虑非达西渗流，还必须包括扩散，对表征页岩气体传质能力的参数，除了渗透率外也必须要有扩散系数（视渗透率是两者的综合），而相对于低至纳达西的渗透率实验测试困难，微达西以及气体在岩石中的扩散系数的测定要相对容易，如图 6-3 所示。

不同孔隙半径下视渗透率与达西渗透率的比以及扩散质量通量占总质量通量百分比的变化计算结果如图 6-4 所示(标 J · F 的为 Javadpour F 模型计算的结果)。

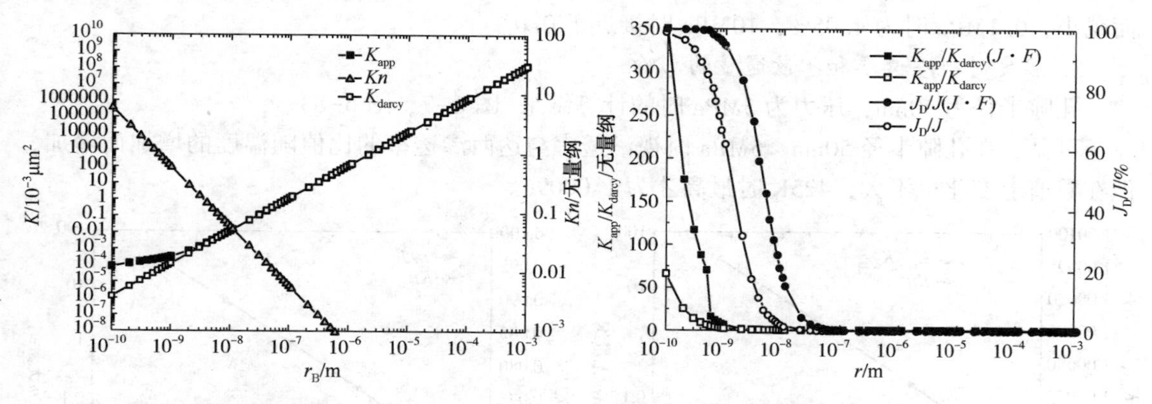

图 6-3　不同孔径下渗透率的变化（甲烷，5MPa，350K）

图 6-4　不同孔径下视渗透率与达西渗透率的比以及扩散通量占总通量的百分比（甲烷，5MPa，350K）

由图 6-4 可见，在相同孔径和温压条件下，使用模型计算的视渗透率与达西渗透率的比值以及扩散质量通量占总质量通量百分比与都低于文献(Javadpur，2009)的计算结果，分析其原因可能因为 Javadpour 在计算渗透率时使用了密度的平方，以及只考虑了一种扩散类型所致。一般性规律为，5MPa、350K 时视渗透率与达西渗透率的比值随孔隙半径的增加而减小，孔隙半径<1nm 时减小非常明显，由 0. 1nm 时的 66. 13 到 10nm 时的 1. 02 倍，后趋近于 1。扩散质量通量占总质量通量百分比也随孔隙半径的增加而降低，孔隙半径<10nm 时减小明显，由 0. 1nm 时的 98. 48% 到 10nm 时的 1. 62%。值得注意的是孔隙半径在 1～2nm 时恰巧为 50%，即此时整个传质过程，扩散和渗流的贡献各占一半。

2. *压力对视渗透率和扩散通量的影响*

孔隙半径为 50nm，温度为 350K 时的计算结果(图 6-5、图 6-6)：

可见，在孔隙半径 50nm、350K 时视渗透率与达西渗透率的比值随压力的增加而减小，但在数值上变化不大，0. 1MPa 时最高才为 1. 04。

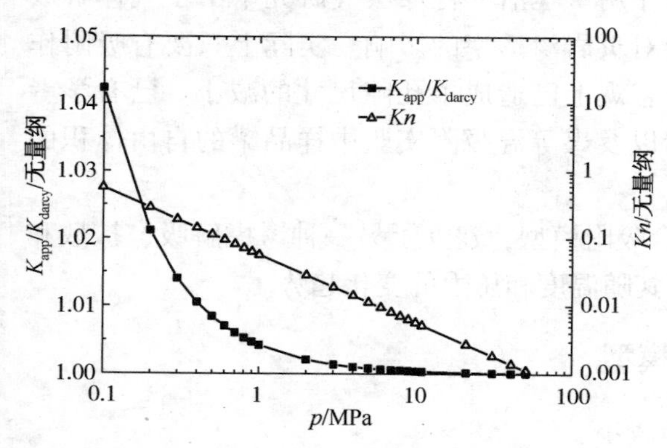

图 6-5　孔隙半径 50nm、350K 时不同压力下视渗透率与达西渗透率的比(甲烷)

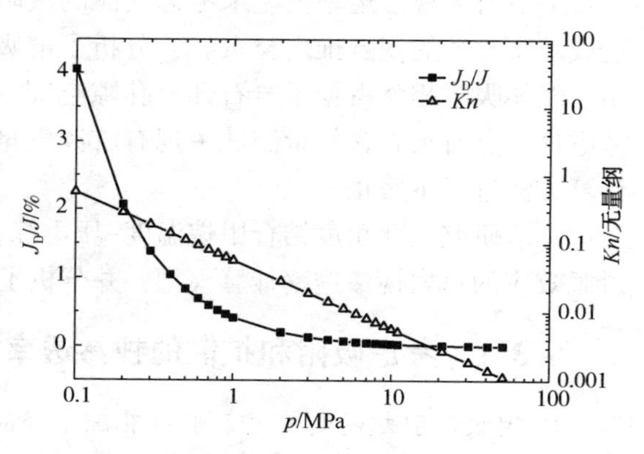

图 6-6　孔隙半径 50nm、350K 时不同压力下扩散质量通量占总质量通量百分比的变化(甲烷)

可见，在孔隙半径 50nm、350K 时扩散质量通量占总质量通量的百分比随压力的增加而减小，0.1MPa 时为 4.05%，10MPa 时接近于 0.0。

3. 温度对视渗透率和扩散通量的影响

孔隙半径为 50nm，压力为 5MPa 时的计算结果(图 6-7、图 6-8)：

可见，在孔隙半径 50nm、5MPa 时视渗透率与达西渗透率的比值随温度的增加而增加，但在数值上变化也不大，425K 时最高才为 1.00096。

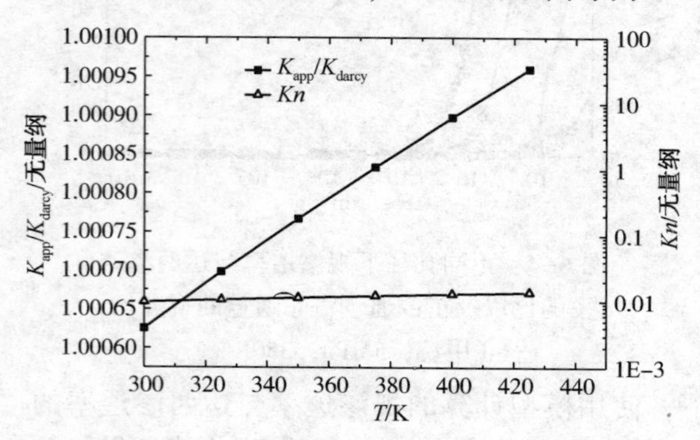

图 6-7 孔隙半径 50nm、5MPa 时不同温度下视渗透率与达西渗透率的比的变化(甲烷)

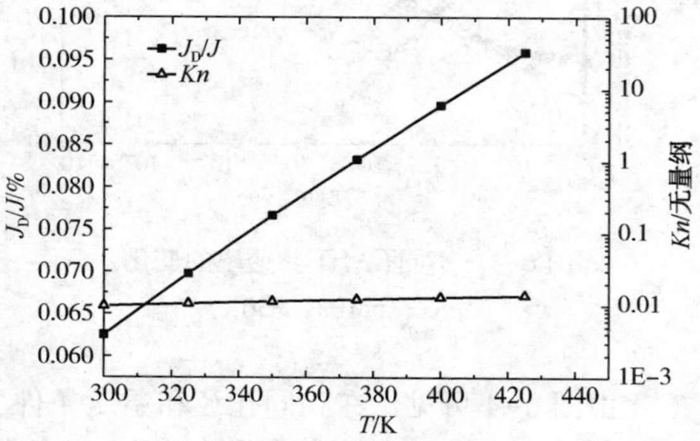

图 6-8 孔隙半径 50nm、5MPa 时不同温度下扩散质量通量与总质量通量的比的变化(甲烷)

可见，在孔隙半径 50nm、5MPa 时扩散质量通量占总质量通量的百分比随温度的增加而增加，但数值上最大也没超过 1.0%。

由此可知，外部环境压力和温度对视渗透率与达西渗透率的比值以及扩散对总通量的贡献的影响很小，几乎可以忽略。

6.3 考虑吸附和扩散的视渗透率及其影响

上节所述视渗透率模型未考虑气体的吸附作用。李治平将煤层气研究中由于气体解吸造成基质收缩的观点推广至页岩，分析了解吸对页岩渗透率的影响。实际上只要有吸附作用，气体吸附相就占据了岩石部分孔隙空间，客观上已造成了孔隙尺寸的减小。已有学者考虑这一点对页岩含气量测试中现有游离气量以及煤等温吸附实验中样品罐的自由体积的计算方法进行了修正。

本节研究从此角度结合甲烷温度-压力综合吸附模型，建立了另一种考虑解吸、扩散和滑脱效应的页岩视渗透率计算模型，并分析了其随温度和压力的变化趋势。

6.3.1 考虑吸附和扩散的视渗透率模型

1. 因吸附引起的页岩储层有效孔隙半径的减小

因为有吸附作用的存在，吸附层占据了页岩储层部分孔隙空间，客观上造成了孔隙尺寸、孔隙度的减小。文献(Ambrose 等，2010；崔永君，2001)有考虑这一点对现有游离气量计算方法以及等温吸附实验中氮气所测的样品罐自由体积的修正。而解吸过程则相反，因为解吸，吸附层将变薄，孔隙尺寸、孔隙度将增大。仅考虑孔隙尺寸，定义页岩孔隙半径加上解吸层厚度为其有效孔隙半径，由式(6-8)计算：

$$r_e = r - h_{ads-phase} \tag{6-8}$$

式中，r 为岩石骨架孔隙半径，m；r_e 为有效岩石孔隙半径，m；r_{ori} 为岩石原始孔道半径(即饱和吸附量时的孔隙半径，$r_{ori}=r-V_{ads-phase-ori}/S_m$)，m；$h_{ads-phase}$ 为解吸屋的厚度，m；$V_{ads-phase-ori}$ 为原始吸附相的厚度(即饱和吸附量时的厚度)，m；S_m 为岩石质量比表面积(一般为 1.0×10^8)，m^2/t。

吸附相的厚度由式(6-9)计算：

$$h_{ads-phase} = \frac{V_{ads-phase}}{S_m} = \frac{e^{\frac{1}{a}\left\{RT\ln\left[\frac{p_c}{p}\left(\frac{T}{T_c}\right)^2\right]-b\right\}}}{S_m} \tag{6-9}$$

式中，$h_{ads-phase}$ 为吸附相的厚度，m；S_m 为岩石质量比表面积(一般为 1.0×10^8)，m^2/t。

2. *考虑吸附、扩散和滑脱的视渗透率计算模型*

1）气体在纳米孔中的扩散和渗流运动方程

气体在纳米孔中的传质质量通量方程为：

$$J = J_D + J_a \tag{6-10}$$

式中，J 为气体总的质量通量，kg/(s·m²)；J_D 为气体扩散的质量通量，kg/(s·m²)；J_a 为气体渗流的质量通量，kg/(s·m²)。

Roy S 和 Raju R 通过 Ar、N_2 和 O_2 对 What-Man 氧化铝过滤膜的扩散实验，忽略黏滞效应并引入了一个为常数的扩散系数建立了纳米孔中的气体扩散方程，据此可得气体扩散的质量通量为：

$$J_D = -\frac{MD_{knusden}}{RT}\frac{\Delta p}{L} = \frac{4\sqrt{2}M^{0.5}r}{3(RT\pi)^{0.5}}\frac{\Delta p}{L} \tag{6-11}$$

式中，$D_{knudsen}$ 为 Knudsen 扩散系数(据分子动力学理论有 $D_{knudsen}=(2r/3)(8RT)^{0.5}(\pi M)^{-0.5}$，$m^2/s$；$r$ 为孔道半径，m；R 为绝对气体常数，8.314J/(mol·K)；T 为绝对温度，K。

气体在纳米级尺寸孔隙中流动时存在滑脱效应，文献(Javadpour，2009)中引入一个理论无量纲系数对 Hagen-Poiseuille 方程进行了校正，得到气体渗流的质量通量为

$$J_a = -k_S\frac{r^2}{8\mu}\rho_{avg}\frac{\Delta p}{L} = -\left[1+\left(\frac{8\pi RT}{M}\right)^{0.5}\frac{\mu}{p_{avg}}\left(\frac{2}{\alpha}-1\right)\right]\frac{r^2}{8\mu}\rho_{avg}\frac{\Delta p}{L} \tag{6-12}$$

式中，k_s 为滑脱校正系数，无量纲；p_{avg} 为平均压力，MPa；α 为切向动量供给系数，与壁面粗糙度、气体类型、温度和压力有关，可实测，数值范围 0~1，后续计算暂取 0.5，无量纲；r 为孔隙半径，m。

这样在纳米孔中气体扩散和渗流的质量通量就为：

$$J = J_D + J_a = -\left\{\frac{4\sqrt{2}M^{0.5}r\mu}{3(RT\pi)^{0.5}} + \left[1+\left(\frac{8\pi RT}{M}\right)^{0.5}\frac{\mu}{p_{avg}r}\left(\frac{2}{\alpha}-1\right)\right]\frac{r^2\rho_{avg}}{8}\right\}\frac{1}{\mu}\frac{\Delta p}{L} \tag{6-13}$$

2）考虑吸附、扩散和滑脱时视渗透率的计算

扩散通量除以流体密度即为渗流速度，用扩散通量除以流体密度的平方，这从原理和量纲上分析都是不当的。知道渗流速度后对照达西公式，就可获得相关渗透率的表达式。

使用 Javadpour F 提出的视渗透率的概念，得到考虑扩散和滑脱的视渗透率：

$$k_{\text{app}}=\frac{M^{0.5}4\sqrt{2}r\mu}{3\left(RT\pi\right)^{0.5}\rho_{\text{avg}}}+\left[1+\left(\frac{8\pi RT}{M}\right)^{0.5}\frac{\mu}{p_{\text{avg}}r}\left(\frac{2}{\alpha}-1\right)\right]\frac{r^2}{8} \tag{6-14}$$

式中，k_{app} 为考虑滑脱和扩散的视渗透率，m^2。

使用有效孔隙半径替换式(6-14)中的孔隙半径得到考虑吸附、滑脱和扩散的视渗透率的表达式为：

$$k_{\text{appads}}=\frac{M^{0.5}4\sqrt{2}r_{\text{e}}\mu}{3\left(RT\pi\right)^{0.5}\rho_{\text{avg}}}+\left[1+\left(\frac{8\pi RT}{M}\right)^{0.5}\frac{\mu}{p_{\text{avg}}r_{\text{e}}}\left(\frac{2}{\alpha}-1\right)\right]\frac{{r_{\text{e}}}^2}{8} \tag{6-15}$$

式中，k_{appads} 为考虑吸附、滑脱和扩散的视渗透率，m^2。

6.3.2 考虑吸附的视渗透率影响因素分析

1. 吸附相厚度随温度和压力的变化

计算涉及的吸附常数，取文献（辜敏等，2012）中的页岩等温吸附实验数据，其页岩岩心取自我国首个页岩气开发实验区为四川盆地威远地区埋深 1519.68～1519.81m 处。以其 25℃的特征曲线数据拟合的结果得到吸附常数 $a=-2547.63$，$b=-4425.25$，这样吸附相的体积函数式为：

$$V_{\text{ads-phase}}=\text{e}^{\frac{1}{-2547.63}\left\{RT\ln\left[\frac{4.59}{p}\left(\frac{T}{190.55}\right)^2\right]+4425.25\right\}} \tag{6-16}$$

计算涉及的其他参数及其单位、数值范围见表 7-1。

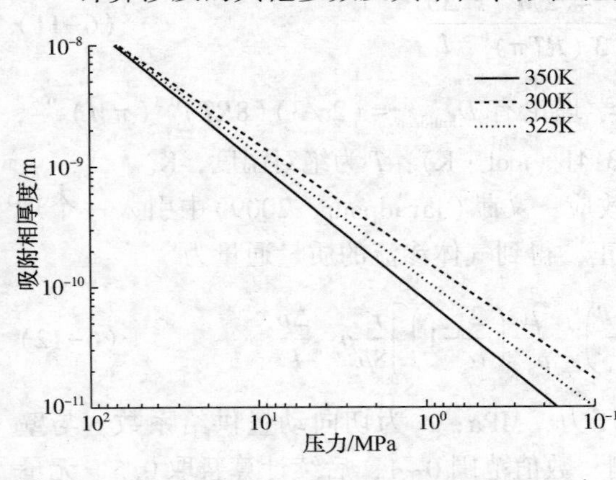

图 6-9 不同温度下吸附层厚度随压力的变化趋势（甲烷）

页岩孔隙原始半径为 5nm，在不同温度下甲烷吸附层厚度随压力的变化趋势如图 6-9。可见甲烷吸附层厚度随压力的降低而减小，在压力为 10MPa 时吸附层达到 1～2nm；随温度的降低而增加，并且压力越低温度的影响越大，如 10MPa、300K 时的厚度是 10MPa、350K 时的 1 倍，0.2MPa、300K 时的厚度是 0.2MPa、350K 时的 2 倍。

2. 考虑吸附的视渗透率随温度的变化

页岩原始孔隙半径 5nm，压力 5MPa，考虑吸附后的页岩视渗透率随温度的变化趋势见图 6-10。可见在压力 5MPa 时页岩考虑吸附、扩散和滑脱的视渗透率虽然同考虑扩散和滑脱的视渗透率一样都随温度的下降而减小，但整体要低于后者，且下降幅度更大，由 400K 时的 $0.0024\times10^{-3}\mu\text{m}^2$ 降到 300K 时的 $0.001\times10^{-3}\mu\text{m}^2$。考虑吸附、扩散和滑脱的视渗

透率与达西渗透率的比值低于仅扩散和滑脱的视渗透率与达西渗透率的比值(且低于1.0)，也随温度的下降而减小，从400K时的0.76倍到300K时的0.4倍。

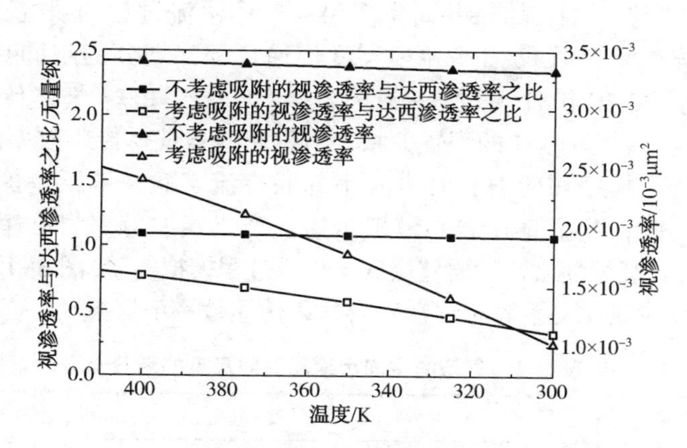

图6-10　页岩视渗透率随温度的变化(甲烷，5MPa)

3. 考虑吸附的视渗透率随压力的变化

页岩原始孔隙半径5nm，温度325K，考虑吸附后的页岩视渗透率随压力的变化趋势见图6-11。可见在温度325K时页岩考虑吸附、扩散和滑脱的视渗透率比仅扩散和滑脱的视渗透率要低，但随着压力的降低两者差异逐渐减小<1MPa后基本趋于一致。

考虑吸附、扩散和滑脱的视渗透率与达西渗透率的比值随压力的降低先减小后增加(这不同于仅扩散和滑脱时的视渗透率与达西渗透率的比值持续增加的情况)，20MPa开始低于1.0，10MPa时到0，接着再增大，趋近于仅扩散和滑脱时的情况。

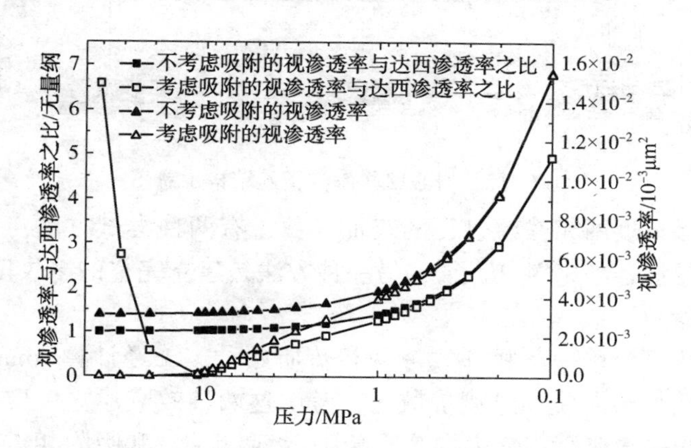

图6-11　页岩视渗透率随压力的变化(甲烷，325K)

6.4　页岩气多尺度两相渗流过程的表征

气体产出过程除了是在多机理作用(解吸-扩散-渗流)下之上，还是多尺度孔隙介质(基质孔隙-自然裂缝-人工裂缝-井筒)里，多尺度时间(室内实验的数小时或数天到实际生产的数十年)范围内的气-液两相流耦合传质过程，且机理与空间和时间尺度间还有对应关系，如基质孔隙中存在解吸、扩散和渗流、自然裂缝和人工裂缝尺度中存在渗流，在裂缝中渗流较快，在大孔和介孔中渗流较慢，而微孔、纳孔中扩散最慢。

对在基岩-天然裂缝-人工裂缝-井筒中多尺度气体渗流过程的研究，李前贵等(2006)初步分析了致密砂岩气藏多尺度描述和多尺度传递过程，划分的空间尺度和时间尺度如表6-2所示。杨建等(2010)设计于裂缝-基块岩样“串联、并联”气体传质过程模拟实验，研究分析了裂缝宽度、裂缝-基块的配置关系等对致密砂岩气体传质效率的影响。现有的页岩气多尺度多机理产出模拟实验有，有岩心串并联渗流实验，微压差扩散系数测定实验、多测压点耦合传质实验，和全直径岩心模拟页岩气产出实验等。岩心串并联实验如杨建、康毅力等(2010)设计了裂缝性致密砂岩储层气体传质过程模拟实验(图6-12)，研究分析了裂缝宽度、裂缝—基块的配置关系等对致密砂岩气体传质效率的影响。

表6-2 气藏的空间尺度和时间尺度的划分

尺度	传递过程	空间尺度/m		时间尺度/s
致密其块孔喉	解吸	$<10^{-9}$		$10^{-2}\sim10^{2}$
	扩散	孔喉半径 $10^{-8}\sim10^{-4}$	距离 $10^{-5}\sim10^{-1}$	$10^{1}\sim10^{10}$
	渗流	孔喉半径 $10^{-7}\sim10^{-10}$	长度 $10^{-3}\sim10^{2}$	$10^{0}\sim10^{9}$
天然裂缝	渗流	缝宽 $10^{-6}\sim10^{-4}$	缝长 $10^{-2}\sim10^{1}$	$10^{-2}\sim10^{1}$
水力裂缝	渗流	缝宽 $10^{-3}\sim10^{-2}$	缝长 $10^{1}\sim10^{2}$	$10^{-1}\sim10^{1}$
井筒	管流	$>10^{-2}$		$10^{-4}\sim10^{-1}$

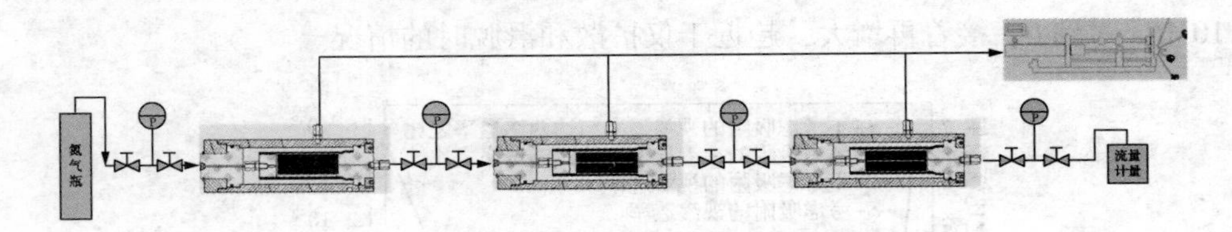

图6-12 岩心串联渗流实验结构示意图

对建立页岩气多尺度两相渗流过程的表征参数，有两种尝试方法，一种将解吸、扩散效应引入渗流，用视渗透率来对其表征，另一种方法是建立完整的多尺度多机理耦合方程，再从中提炼出评价参数。

视渗透率的方法又分单一气相和气液两相传质两种：①经计算 Knudsen 数发现，页岩储层中单相气体传质处于滑脱和过渡扩散区，考虑这两种效应建立传质方程，可以引出一个视渗透率参数，再结合吸附引起岩样基质膨胀(解吸反之)和吸附相占据空间减小孔隙尺寸的原理，最后就可建立一个考虑了吸附解吸、扩散和滑脱的视渗透率模型；②根据水的相态平衡，计算出页岩孔隙中含水饱和度的分布，再结合单相气体的传质方程，建立出页岩储层考虑气-液两相传质的相渗透率模型。

建立页岩气多尺度多机理耦合方程，是在宏观模拟中考虑微尺度特征，以实现对整个多尺度区域的准确模拟，目前常采用逐级尺度升级的方法得到宏观尺度上的控制方程，尺度升级有均化理论和体积平均两种方法，但这方面的研究才刚刚开始。

第7章 页岩气储层伤害机理和评价

页岩气与常规天然气相比，除黏土矿物含量相对较高外最关键的是其储层中孔隙的直径已经到了纳米级，与甲烷分子的直径(0.38nm)接近，渗透率极低，这就造成其对各类伤害可能特别敏感；同时因为储层过于致密，使得页岩气藏一般都需经过特殊水力压裂措施后才能生产，如水平井分段压裂、体积压裂、重复压裂等，这样压裂液与储层的接触规模就很大，又因为其储渗空间是从纳米级的基质孔隙到微米级自然裂缝和毫米级人工裂缝组成的多尺度的裂缝网络最后才至井筒，机理也就更为复杂，且页岩气产出过程涉及气体吸附与解吸附、扩散和滑脱渗效应，这些都需要予以考虑。

7.1 页岩气储层伤害潜在因素

与常规天然气藏相比，页岩气储层伤害的特殊潜在因素体现在：页岩为强非均质，其组成富含有机质(干酪根)，含量为1.0%~20.0%(质量分数)，并且黏土矿物含量高；页岩中的孔隙除大孔、介孔外，还存在微孔和微裂缝，有机质含量越高微孔含量越多，黏土含量越高介孔含量越多；因含有黏土矿物和有机质成分所以页岩表面呈现两性润湿，同时因经历生、排烃阶段，所以储层含水饱和度超低；页岩气井钻井液油基和水基都有使用，压裂液以滑溜水为主，它们与页岩储层岩石和流体作用复杂。

深层页岩气藏与常压页岩气藏相比，路保平等(2018)认为，其地质条件更为复杂，对工程技术提出了新的挑战主，即储层埋藏更深，温度更高，压力体系复杂，页岩塑性增强、闭合压力高、水平应力差异大，缝网改造难度更大等。相应，针对流体对页岩气产出的影响和储层伤害表现出的特殊性：①储层致密渗透率更低，这就造成其对各类伤害可能特别敏感；②储层含水饱和度更低，储层吸水能力极强，有可能使水相圈闭伤害更大；③压裂后外来流体与储层的接触规模大，因毛细管力极强，且页岩气产出过程涉及气体吸附与解吸、扩散、滑脱渗流和液体渗吸等多过程多机理，流动关系复杂；④储层压力更大温度更高，所以一系列伤害问题将更为突出。

7.2 页岩气储层的伤害特殊机理

7.2.1 工作液对页岩气渗流的伤害

流体作用对页岩气产出的影响及工作液伤害与页岩气开采中气体产出过程一一对应。页岩气产出，首先是气体在压力差的作用下由裂缝流向井筒，然后气体由基质扩散至裂缝，同时气体在基质表面进行解吸，两个阶段逐一引发相互连贯和接替。传统的工作液对储层的伤害仅关注第一阶段，即对渗透率的损伤。

1. 储层敏感性伤害

页岩储层敏感性伤害，因页岩储层富含黏土矿物，所以流体敏感性伤害和应力敏感性伤害严重，前者因为黏土的水化膨胀，后者因矿物颗粒运移、流体润滑导致岩石强度降低。目前的研究对页岩气储层矿物含量与敏感性密切相关性关注较多，但有机质的存在对敏感性的影响机理还未见有详细分析。

对页岩储层的应力敏感伤害研究，郭为等(2012)实验分析对比了页岩岩心的外部压力敏感效应和内部压力敏感效应，发现前者远大于后者，进而说明页岩储层渗透率非均质性强，如生产压差过大采出速度过快，解吸气不能迅速补充和接替，会导致地层压力迅速下降，等同覆岩石压力急剧增加，从而引发应力敏感伤害，渗透率骤降。何金钢(2011)等对比流体敏感性损害前后的应力敏感性差异，结果发现流体损害后的储层应力敏感性系数较损害前增大30%，原因分析为黏土矿物微粒分散运移、水化膨胀、流体润滑作用导致岩石强度降低，并使渗流通道更易变窄，加剧了应力敏感性损害。

对裂缝对敏感性伤害的影响，付永强等(2011)认为页岩与常规油气储集层岩石相比，所具有的极端致密的特征使得常规的液体伤害和敏感性分析不能完全指导压裂设计优选液体性能，而页岩的敏感性评价与页岩天然裂缝和层理的伤害评价结合，有助于认识裂缝的渗透性能、筛选液体，并为压裂工艺优化提供参考依据。

2. 水锁伤害及解除

页岩储层中细小孔喉会存在较大的毛细管压力，工作液滤液侵入储层后，附着在孔隙喉道壁面成不可流动态，即液相渗吸形成液锁，降低储层渗透率，对储层造成一定的伤害。但需要注意页岩储层的水锁伤害还存在自解除效应，即液相进入储层补充了地层能量并通过渗吸向基岩更深部转移，同时这一过程伴随水岩反应诱发了微裂缝的延展，导致储层渗透率的增加。

页岩对水的渗吸过程及其影响因素的研究，目前多数观点认为渗吸过程是分阶段的，且与有无裂缝和孔隙尺寸密切相关。渗吸分阶段不同学者描述不同，如游利军等(2009)将其分为润湿相饱和度增大和饱和度重新分布，李相臣等(2011)将其分为液相自吸和液相扩散吸附两个阶段。裂缝和孔隙尺寸对渗吸的影响研究，游利军(2011)和康毅力(2017)等认为裂缝越多自吸越快，孔隙越小毛细管力越大，自吸越快。此外，深层页岩气，高压环境下的气体产出的特殊性，即此时压裂液在页岩地层中渗吸滞留的微观动力学效应，还需深入研究。

对常规天然气藏，压裂时为降低伤害，工程中常要求加快返排速度提高返排率，但大量页岩气开发实践中发现，页岩气藏压后返排率较低，大量液体残留于地层中，且页返排率越低产能反而较高。即对页岩气藏，工作液侵入伤害会解除，可能由伤害与抑制变成了增产与促进。对伤害解除机理目前有两种解释：一是任凯和葛洪魁等(2015)研究等认为是因为页岩气储层的水锁伤害自解除，其主要机理是液相进入储层补充了地层能量，液相通过渗吸向基岩更深部转移，伴随水岩反应诱发了微裂缝进一步延展；二是游利军(2016)等研究发现渗吸使储层微裂缝扩张、并产生新的微裂缝及缝网导致储层渗透率增加，以及黏土与水膨胀后减轻了应力敏感伤害，使液体作用由对储层的伤害转变成对储层的改造。

3. 工作液污染伤害

工作液对页岩气储层的伤害，康毅力等(2013)研究认为，钻井液伤害以固相侵入、应力敏感、液相圈闭为主。压裂伤害主要有压裂液侵入，以及支撑剂嵌入、添加剂残留、滤饼堵塞。对应工作液体系的研究，以研发储层保护剂和水化抑制剂等为主。

因工作液在储层中的滤失造成流体侵入伤害，常用岩样对液体的渗吸实验来研究，此方面针对页岩和实际工作液的研究不多，更多集中在致密砂岩气和煤层气，以及前述页岩对水的渗吸等方面。如：丛连铸(2007)使用IR和GC/MS分析仪等，对煤基质吸附压裂液进行了试验研究，将复杂的压裂液体系简化为三类吸附组分，即GCPMS分析结果为代表的有机组分、无机物分析代表的吸附组分、瓜胶及其破胶后的断链有机物组分，通过无烟煤和长焰煤对压裂液的吸附试验及IR分析发现，煤样对有机成分有更强的吸附性能。

对微小岩屑颗粒对页岩裂缝导流能力的伤害，赵立翠等(2013)在裂缝岩心的应力敏感性分析实验中就发现，由于选取岩样中的裂缝类型均为人造裂缝，因此当有效覆压增加时，裂缝发生压缩、错动以及啮合等现象严重，使得裂缝面中微粒被挤碎、压实，并充填在裂缝间隙，导致渗透率剧烈降低，岩样升压和降压曲线明显不重合，且渗透率恢复程度低，但对此未做进一步分析。

对支撑剂嵌入引起的页岩裂缝导流能力的伤害，邹雨石等(2013)用页岩进行了室内裂缝导流能力测试，结果表明：闭合压力低时，低支撑剂浓度的导流能可与一的高浓度时的接近，但支撑剂嵌入和破碎明显，并且其导流能力不稳定，随时间增加持续降低，闭合压力越高，支撑剂嵌入程度越严重，乃至裂缝闭合失效。所以，对较低硬度的页岩，支撑剂嵌入严重导致低支撑剂浓度裂缝残余不足以支撑缝宽，除增加支撑剂粒径外，需要有足够的支撑剂浓度才能有效克服嵌入影响，并且页岩黏土含量高，支撑剂充填层泥化严重，对支撑裂缝有效性的伤害不容忽视。

7.2.2 工作液对页岩气解吸和扩散的伤害

影响页岩气吸附、解吸和扩散的主要因素包括储层的矿物和有机质组成及含量、孔隙类型和结构、岩样状态如粒径和含水率，以及外部环境如温度和压力等。其中，流体作用对气体解吸和扩散的影响，目前主要研究的是水对其的影响，以及工作液对煤层气解吸和扩散的影响。

如4.3节所述，页岩岩样含水对其吸附气体影响较大，在湿样的吸附实验中，岩样含水率与吸附气体量间相关性较复杂，有正相关和负相关以及临界含水率的表现，且与水对岩样孔隙结构和润湿性的改变有关。含水状态下的页岩气的吸附和解吸三种理论(表7-1，图7-1)，传统的气-固吸附理论，气-固和气-液界面复合吸附解吸理论 ，和气-固和液-固界面复合吸附解吸理论，后两者考虑了气体在页岩储层中气-固、气-液和液-固界面的吸附，但它们目前还缺少实验和分子模拟方面的验证。这在有复杂成分的工作液体系作用后，页岩气吸附解吸，如润湿性、三相界面状态，气体在液相中的溶解度等都会发生变化，有待深入分析。

表 7-1 三种考虑液相存在的吸附理论

类型	气-固吸附	气-固和气-液界面复合吸附	气-固和液-固界面复合吸附
提出者	传统理论	李相方	李传亮
吸附位置	气固界面	气-固界面和气-液界面	气-固界面和液固界面
表征模型	Langmuir 模型，D-A 模型	气-液吸附：Gibbs 方程	液-固 Langmuir 方程
主要文献	Crosdale 等(2008)	李相方等(2016)	李传亮等(2017)

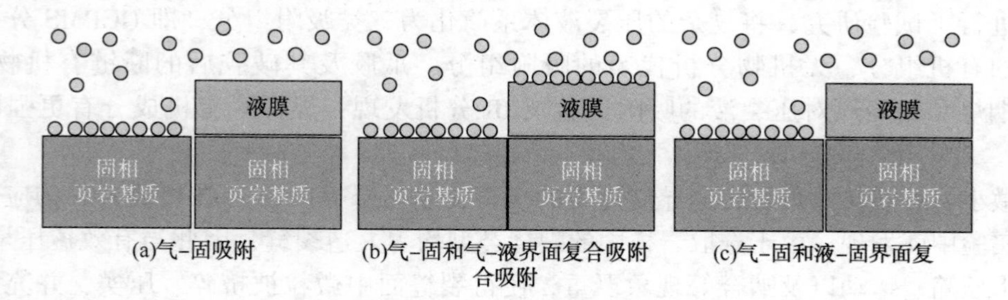

(a)气-固吸附 (b)气-固和气-液界面复合吸附 (c)气-固和液-固界面复合吸附

图 7-1 三种考虑流相存在的吸附理论示意图

水对岩样中气体扩散的影响，首先，多名学者研究发现岩样含水后气体在其中的扩散系数会降低。其次，工作液对岩样中气体扩散的影响与压力、温度和岩样状态的影响密不可分，共同作用。解吸法扩散系数测定实验中，吸附平衡压力和温度相当于真实页岩气藏的储层压力和温度，颗粒粒径对应储层中的裂缝规模。在储层中温度对扩散的影响是与压力相关联的，它们共同作用影响了气体在岩样上的吸附和解吸平衡，而吸附和解吸又会引起基质的膨胀和收缩，从而引起孔径的变化，以决定了扩散类型，并最终影响扩散系数。样品状态如颗粒粒径决定了介孔和微孔的数量以及颗粒的外表面积和孔隙内比表面积的比例，也就决定了扩散过程中在孔隙与裂缝中的扩散和由基质内到基质表面扩散两个阶段所占的比例，这在有工作液存在时影响将更明显。

工作液对煤层气解吸和扩散的影响研究，陈尚斌等(2009)以 IS-100 等温吸附解析仪为实验平台，探讨清洁压裂液对煤层气吸附性能的影响，发现采用清洁压裂液压裂后的煤层可采系数显著增大；陈德飞、康毅力等(2013)开展平衡水煤样、饱和水煤样及各种压裂液作用后甲烷气体解吸实验，研究表明，压裂液作用后煤样解吸量、解吸速度以及拟合得出的扩散系数均低于平衡水煤样及饱和水煤样，结合润湿角测定及扫描电镜分析结果说明，与地层水相比，煤样对压裂液的强润湿性及吸附作用是导致煤层气解吸扩散能力降低的主要原因；李相臣、康毅力等(2014)以宁武盆地 9 号煤层和现场用钻井完井液为研究对象，开展了煤层气解吸、毛细管自吸和钻井完井液动—静态损害评价等实验，结果发现钻井完井液作用后煤样与平衡水煤样、饱和水煤样相比，煤层气解吸量和扩散系数降低。

根据前述分析可见，工作液对页岩气产出的影响，涉及气体的解吸、扩散和渗流三种传质方式，有机质、黏土矿物和有微米孔、纳米孔、裂缝、无裂缝多成分、多尺度孔隙介质，水蒸气、液态水和吸附、溶解、游离态气体的多相态，工作液体系的复杂成分和深层的温压环境，以及对气体产出的抑制和促进这种两种效应，过程和机理复杂，这些因素间的相互作用关系还待深入研究。

综上所述，工作液对页岩气储层伤害研究需要关注和待解决的主要问题有：

(1) 页岩储层流体敏感性伤害和应力敏感性伤害严重，有机质的存在对敏感性的影响机理还未见分析。对页岩气藏，工作液侵入伤害会解除，可能由伤害与抑制变成了增产与促进。

(2) 工作液对页岩气扩散的伤害，主要因液体层占据了孔隙内壁，黏土接触水后膨胀，两者共同造成孔隙尺寸的减小和孔隙结构的变化，且这种影响与压力、温度和岩样状态的影响密不可分。

(3) 含水状态下的页岩气的吸附和解吸机理，目前有气-固和气-液界面复合吸附解吸理论和气-固和液-固界面复合吸附解吸理论，但其还缺少实验和分子模拟方面的验证。

(4) 页岩储层敏感性和工作液侵入伤害、页岩对工作液渗吸引起的水锁及自解除、工作液体对页岩气吸附解吸扩散的影响三者间的相互作用机理待分析。

7.3　页岩气井压裂返排伤害的模拟

7.3.1　气井压裂返排过程

压裂液的返排，是压裂施工作业过程中的一个重要环节，压裂液能否顺利、及时地排出对施工效果影响非常明显，特别是对于低渗低压地层，如果压裂液最终不能很好返排出地面，残液可能造成地层再次伤害，影响增产效果。即使压裂的设计和施工做得非常完美，但如果压后返排方式不理想，也很难充分发挥油气井的潜在产能。具体表现在：①如果排液速度过快，高速流动的压裂液会将支撑剂携带出裂缝，引起支撑剂回流，导致裂缝导流能力下降。当裂缝闭合后，导致人工裂缝的支撑分布状况变差，导流能力下降，影响油气井产量，或导致井底沉砂堆积掩埋油气层，或出砂侵蚀地面油嘴和阀门，影响开采工作的正常进行。②如果排液速度过慢，压裂液长时间滞留在地层中，压裂液携带支撑剂滤失进生产层中，压裂液残渣造成裂缝周围的地层有效渗透率的降低，对储层造成二次伤害。因此对返排过程进行合理优化，完善水平井压裂返排工艺技术，特别是水平井改造后合理控制压裂液的返排速度及返排过程，显得尤为必要。

对压裂井的返排过程分为裂缝闭合前的返排和裂缝闭合后的返排，前者裂缝由返排液支撑，裂缝内的压力大于地层压力，返排液只向地层滤失且同时也向井筒内流动，而地层流体不会进入裂缝，此时整个的返排液的流动体系主要呈返排液单相管流状态；后者裂缝由支撑剂支撑，裂缝内的压力小于地层压力，返排液只向井筒内流动，前期滤失进地地层的返排液连同地层流体会进入裂缝，此时整个返排液的流动体系不再为单相管流，而为多相管流状态和多相渗流的耦合状态。

7.3.2　分段压裂水平气井返排优化

1. 分段压裂水平气井各段单独返排优化

分段压裂水平气井各段单独返排，是在单条裂缝闭合和支撑剂回流模型的耦合的基础上对返排进行优化，计算包含的模型如下所示(图 7-2)：

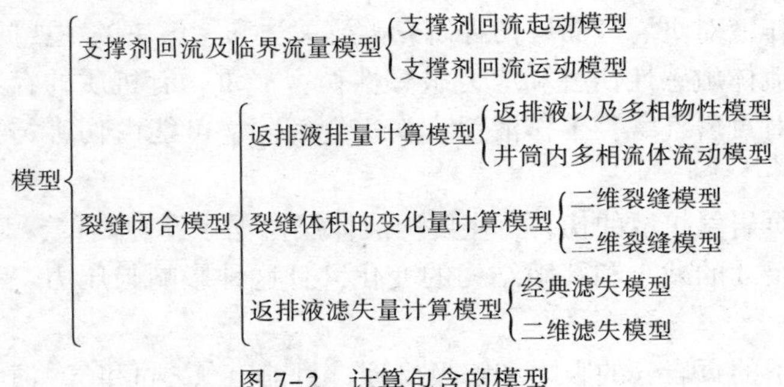

图 7-2 计算包含的模型

1）描述裂缝闭合的返排、裂缝体积变化和滤失量耦合

模型概述：返排时裂缝内压力不断降低，缝内压力大于缝外压力时，返排液不断地向地层滤失，同时向井筒中返排，当裂缝的平均压力等于裂缝的闭合压力时，裂缝闭合，滤失停止，此阶段返排结束，可得裂缝闭合前的裂缝体积变化量和返排量及滤失量间的关系：

$$\Delta V_{\mathrm{f}}=V_{\mathrm{fb}}+V_{\mathrm{loss}} \tag{7-1}$$

式中，ΔV_{f} 为停泵后裂缝体积的变化量，m^3；V_{fb} 为压裂液的累积返排量 m^3；V_{loss} 为压裂液的累积滤失量 m^3。

2）裂缝闭合模型和支撑剂回流模型的关联

裂缝闭合过程和支撑剂控制的耦合主要体现在：

（1）支撑剂回流临界流速与井底流速间没有直接的函数关系，仅是在计算雷诺数时为必要参数；支撑剂回流临界流量与裂缝宽度有关，后者由裂缝闭合过程决定。由此可见裂缝闭合模型与支撑剂回流模型的耦合是通过实时井底返排液的流速、流量和裂缝宽度来进行的。

（2）简化判断支撑剂是否发生回流仅与返排液最大排量（初始排量）有关，精确判断与返排液实时排量相关。

3）针对油嘴尺寸和关井时间的双重返排优化

返排优化的目标参数为油嘴尺寸和关井时间。出于缩短返排时间的考虑，油嘴尺寸和关井时间两者优先级不同，即首先在最短关井时间下，对放喷油嘴尺寸进行优选，若全部尺寸都不满足，则再延长关井时间，计算流程如图 7-3 所示。

具体计算过程为：

（1）取关井时间 $T_{\mathrm{cw-l}}$ 为 $T_{\mathrm{cw-1}}$。

（2）取放喷油嘴尺寸 r_{choke} 为 $r_{\mathrm{choke-1}}$，代入返排时关井和放喷耦合的裂缝闭合模型，求得实时井口压力和井底流压。

（3）将实时井口压力和井底流压，代入返排量计算模型和裂缝宽度计算模型，求得实时排量和裂缝横截面积，两者相除即为裂缝出口处的返排液流速。

（4）将裂缝出口处的返排液流速代入支撑剂起动临界流速和流量模型，求得支撑剂起动临界流量。

（5）将返排液流量与支撑剂起动临界流量相比较，前者大于后者，则选用较小的下一

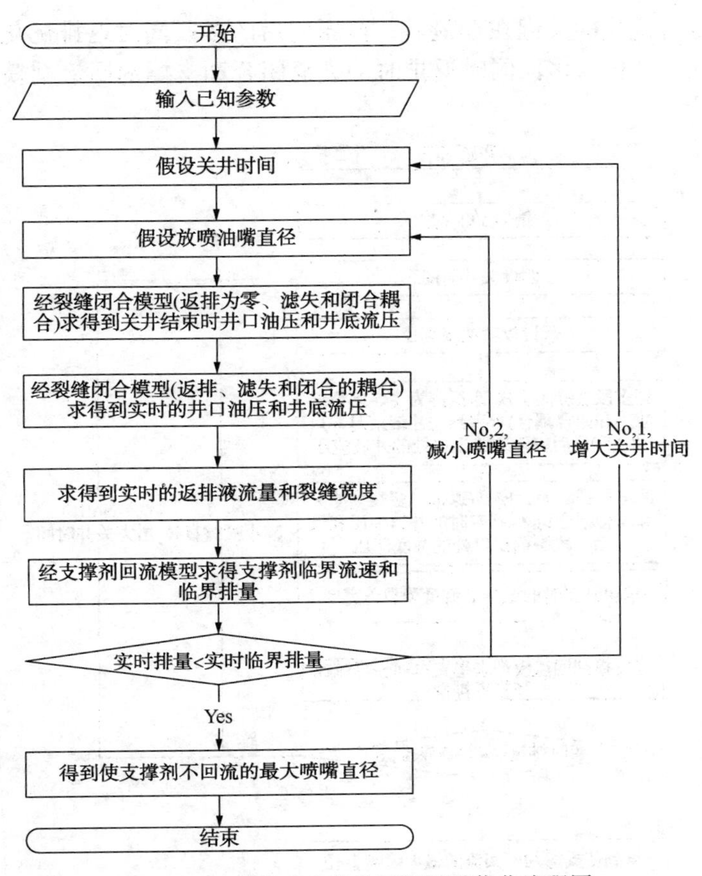

图 7-3　油嘴尺寸和关井时间双重优化流程图

级放喷油嘴重新计算第(2)~(4)步，否则计算结束，得到最大放喷油嘴尺寸和 T_{cw-1} 即为最优放喷油嘴尺寸和最优关井时间。

(6) 若遍历全部的放喷油嘴尺寸，仍不能满足返排液流量小于支撑剂起动临界流量的条件，则延长放喷时间重新计算第(2)~(4)步，最终得到的最大放喷油嘴尺寸和最短关井时间即为最优放喷油嘴尺寸和最优关井时间。

2. 分段压裂水平气井多段同时返排优化

设分段压裂水平井各段同时返排裂缝闭合中设有 N_f 段裂缝，压后同时返排。返排、裂缝体积变化和滤失的耦合与单段返排时完全不同，其中裂缝体积变化和滤失量是多段裂缝的体积变化和滤失量，而返排量仅是一条井筒的返排液流量，即返排、多条裂缝体积变化和多条裂缝滤失通过最后一条裂缝出口处的压力(返排液流量计算中的井底流压)耦合起来的，基于此原理的对应数学表达式如下：

$$\sum_{k=1}^{N_f} dV_f = V_{排} + \sum_{k=1}^{N_f} V_{loss} \tag{7-2}$$

须注意，从返排优化的角度分析，除最后一段裂缝外多裂缝关井时期，也是中间各段的压裂时期，几乎不可能为了最后的返排人为对某一段的关井时间进行调整，所以分段压裂水平气井多段同时返排优化的关键在于最后一段压完后的多段同时返排优化，目标依然是放喷油嘴和关井时间。这样，多段同时返排时的裂缝闭合和支撑剂回流耦模及返排优化计算流程图(图 7-4)为：

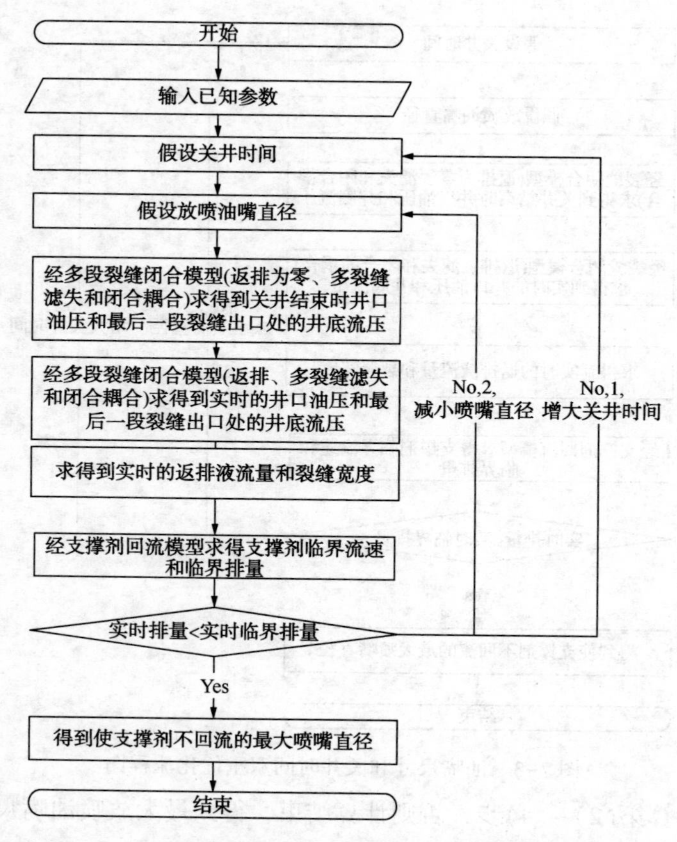

图 7-4 多段返排油嘴尺寸和关井时间双重优化模型流程图

具体计算过程为：

(1) 取关井时间 T_{cw-1} 为 T_{cw-1}。

(2) 取放喷油嘴尺寸 r_{choke} 为 $r_{choke-1}$，代入多段同时返排时关井和放喷耦合的裂缝闭合模型，求得实时井口压力和最后一段裂缝出口处的井底流压。

(3) 将实时井口压力和最后一段裂缝出口处的井底流压，代入返排量计算模型和裂缝宽度计算模型，求得实时排量和最后一段裂缝横截面积，两者相除即为最后一段裂缝出口处的返排液流速。

(4) 将第后一段裂缝出口处的返排液流速代入支撑剂起动临界流速和流量模型，求得支撑剂起动临界流量。

(5) 将返排液流量与支撑剂起动临界流量相比较，前者大于后者，则选用较小的下一级放喷油嘴重新计算第(2)~(4)步，否则计算结束，得到最大放喷油嘴尺寸和 T_{cw-1} 即为最优放喷油嘴尺寸和最优关井时间。

(6) 若遍历全部的放喷油嘴尺寸，仍不能满足返排液流量小于支撑剂起动临界流量的条件，则延长放喷时间重新计算第(2)~(4)步，最终得到的最大放喷油嘴尺寸和最短关井时间即为最优放喷油嘴尺寸和最优关井时间。

3. 分段压裂水平井返排率和返排时间计算

完整的压裂后返排包含裂缝闭合前和闭合后两个过程。裂缝闭合后的返排模型实质为压裂水平井的产能预测模型，但时间范围只是到返排结束。因气井返排的结束以不见水为准，所以此过程在储层中渗流和井筒中流动的流体为气-返排液两相流体，如果考虑地层水，则为三相。

裂缝闭合前后的返排模型的对接，涉及两方面的问题。对于气井，缝闭合前后的返排，初始井底流压为裂缝闭合前的终态井底流压，初始含水为裂缝闭合前滤失进储层的返排液。

这样，完整的返排率和返排时间计算：

返排率=裂缝闭合前的返排量+裂缝闭合后的返排量/压裂泵入量

=裂缝闭合前的返排量+裂缝闭合后的返排量/(裂缝闭合前的滤失量+裂缝闭合前的返排量+裂缝闭合后的返排量)

=裂缝闭合前的返排量+裂缝闭合后的返排量/(裂缝闭合前多段返排时的滤失量+裂缝闭合前多段返排前的滤失量+裂缝闭合前的返排量+裂缝闭合后的返排量)

返排时间=裂缝闭合时间+裂缝闭合后的返排时间

7.3.3　页岩气井返排伤害模拟初探

根据前述页岩储层的水锁以及在压裂返排时的水锁自解除现象和机理，结合气井压裂返排过程和分段压裂水平气井返排优化模型，可以进行页岩气井返排伤害的模拟研究。需要考虑的问题有：首先对裂缝闭合前的伤害模拟，现有返排优化模型只用滤失量计算模型表征了液相的侵入，但没有反映出因无压力差的渗吸造成的液相侵入，其次渗吸引发微裂缝的延展从而解除水锁，可通过改进裂缝体积变化量模型来实验，再者现模型返排优化时是以支撑剂不回流为降低储层伤害的界限的，这没有量化返排液对储层伤害和改善，所以可从此方向丰富返排优化的界限，完整准确表征返排时储层伤害过程；对裂缝闭合后的伤害模拟，实际是产能预测的范畴，只是限定了时间为返排结束，所以只要在产能预测模型中引入渗吸引起的储层渗透性的改善即可，并且要考虑返排液与页岩储层间的化学作用，目前已有此方面的研究。

7.4　页岩气储层伤害评价实例分析

7.4.1　延长组页岩储层伤害潜在因素

分析延长组长7段页岩储层特征(2.3节)可见，长7段页岩储层黏土含量达34.31%，可能有极强的应力敏感存在，黏土矿物中速敏性矿物(伊利石、高岭石、绿泥石)含量达88.78%、水敏性矿物(伊蒙混层)含量为11.22%，表明储层可能有一定的速敏和水敏等伤害存在。储层孔隙度在0.43%~3.80%，渗透率主要分布为$<0.05\times10^{-3}\mu m^2$，最大孔隙直径

<0.1μm，最小孔径已到达纳米级，远远小于钻井液中固相颗粒粒径，因此外来固相侵入伤害会很小，但细小孔喉在极强的毛细管力作用下可能会产生严重水锁伤害。储层微裂缝比较发育，自然状态下其开度可达5μm，这样固相颗粒可能会进入微裂缝，联同滤液侵入伤害储层，故需要提高钻井液的封堵能力和泥饼质量。

7.4.2 延长组页岩储层敏感性伤害评价

岩心及其制备，实验所用页岩岩心取自FY-2井，长7页岩储层段，深度1405.13~1440.96m，岩样参数如表7-2所示，其中裂缝岩心为用巴西劈裂法对岩样人工造缝所得。

表7-2 岩样基本参数

序 号	长度/m	直径/m	深度/m	有无裂缝	实验项目	备注原编号
1	4.744	2.511	1419	是	速敏	FY105-1
2	4.637	2.518	1411	是	速敏	FY46-1
3	5.368	2.495	1411	是	水敏	FY43-2
4	8.512	2.505	1411	是	水敏	FY46-2
5	5.350	2.498	1417	否	水敏	FY92-1
6	5.686	2.507	1410	是	碱敏	FY34-4
7	5.001	2.525	1411	是	碱敏	FY49-1
8	5.675	2.510	1414	否	碱敏	FY72-1
9	6.095	2.505	1410	是	应力敏感	FY34-1
10	5.686	2.507	1410	是	应力敏感	FY34-2
11	6.119	2.510	1410	否	应力敏感	FY34-3
12	4.502	2.505	1411	是	水锁自吸	FY45-3
13	4.580	2.511	1417	否	水锁自吸	FY92-2
14	4.965	2.504	1414	否	核磁	FY72-2
15	5.235	2.496	1410	否	核磁	FY36-1
16	4.820	2.511	1409	是	钻井液动态污染	FY32-1
17	5.012	2.499	1410	是	钻井液动态污染	FY38-1
18	5.750	2.508	1412	否	钻井液动态污染	FY58-1
19	5.032	2.510	1408	是	钻井液静态污染	FY24-1
20	4.368	2.453	1410	否	钻井液静态污染	FY35-1

1. 速敏、水敏和碱敏

实验得到裂缝型岩心的速敏、水敏、水敏和碱敏损害实验结果如表7-3~表7-5所示。

表 7-3 岩样速敏实验结果

岩 样	有无裂缝	流量/(mL/min)	0.030	0.050	0.075	0.100	-	损害程度
FY105-1	有	渗透率/$10^{-3}\mu m^2$	0.2400	0.2010	0.1740	0.1670	-	中等偏弱
		损害率/%	0.00	16.25	27.63	30.42	-	
FY46-1	有	渗透率/$10^{-3}\mu m^2$	0.0835	0.0715	0.0539	0.0449	-	中等偏弱
		损害率/%	0.00	14.33	35.70	46.16	-	

表 7-4 岩样水敏实验结果

岩 样	有无裂缝	矿化度	地层水	3/4 地层水	1/2 地层水	1/4 地层水	蒸馏水	损害程度
FY43-2	有	渗透率/$10^{-3}\mu m^2$	0.2542	0.2478	0.2230	0.1856	0.1588	中等偏弱
		损害率/%	0.00	2.18	7.31	26.99	34.01	
FY46-2	有	渗透率/$10^{-3}\mu m^2$	10.1164	9.6225	9.1477	6.8350	5.1820	中等偏弱
		损害率/%	0.00	4.88	9.58	32.436	48.78	
FY92-1	无	渗透率/$10^{-3}\mu m^2$	1.3032	1.1423	1.0641	0.9072	0.8305	中等偏弱
		损害率/%	0.00	12.35	18.35	30.39	36.27	

表 7-5 岩样碱敏实验结果

岩 样	有无裂缝	pH 值	7	8.5	10	11.5	13	损害程度
FY34-4	有	渗透率/$10^{-3}\mu m^2$	4.5812	3.7811	3.0049	2.4585	2.0839	中等偏强
		损害率/%	0.00	17.46	34.41	46.34	54.51	
FY49-1	有	渗透率/$10^{-3}\mu m^2$	2.2078	1.6265	1.2732	1.0079	0.8055	中等偏强
		损害率/%	0.00	26.33	42.33	54.35	63.52	
FY72-1	无	渗透率/$10^{-3}\mu m^2$	16.8380	14.6200	12.7800	10.9500	10.2660	中等偏弱
		损害率/%	0.00	13.17	24.10	34.97	39.03	

可见，有裂缝岩样 FY105-1、FY46-1 的速敏临界流量都为 0.075mL·min⁻¹，速敏损害率分别为 30.42%和 46.16%，速敏损害程度为中等偏弱；有裂缝岩样 FY43-2、FY46-2 对低矿化度地层水存在一定的敏感性，最高损害率为 48.78%，这较无裂缝岩样的水敏损害率 36.27%高，两者的水敏损害程度都为中等偏弱，临界矿化度为 1/2 地层水矿化度；有裂缝岩样 FY34-4 和 FY49-1 的碱敏损害率最大为 63.52%，无裂缝岩样 FY72-1 的碱敏损害程度为 39.03%，有裂缝岩样碱敏损害程度为中等偏强，无裂缝的为中等偏弱，两者临界 pH 值都为 8.5。

2. 应力敏感

实验得到岩心的应力敏感伤害实验结果如图 7-5 和表 7-6 所示。

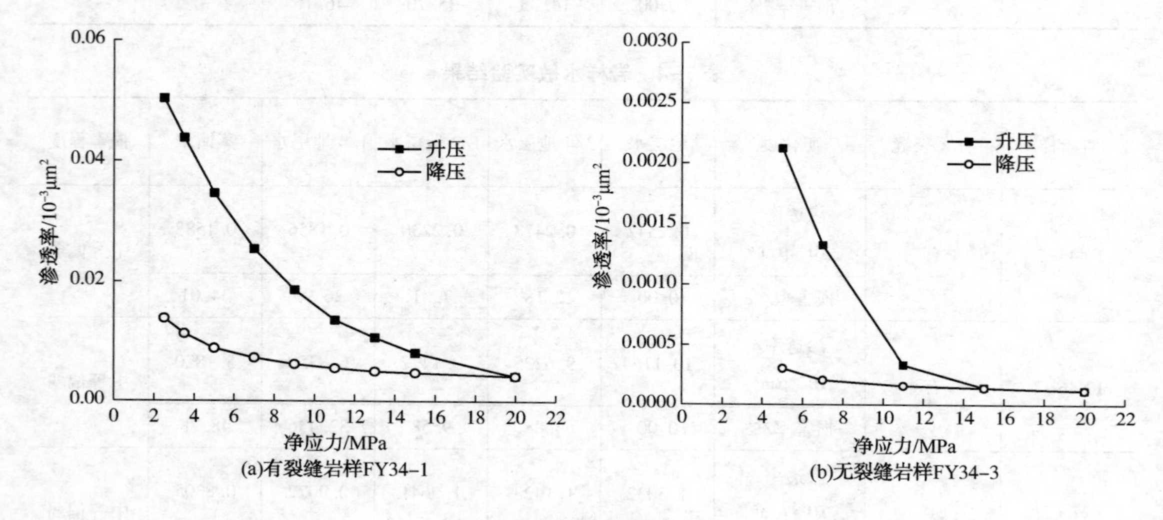

图 7-5　岩样应力敏感曲线

可见，有裂缝岩样 FY34-1 当净应力由 2.5MPa 加至 20MPa 时，损害率已达到 90%以上，并且在净应力卸至 2.5MPa 后损害率仍为 72.43%。无裂缝岩样 FY34-3 当净压力从 2.5MPa 加至 20MPa 后损害率达到了 95.74%，再逐渐降至 2.5MPa 后损害率为 83.67%，即虽然有无裂缝岩样的应力敏感损害程度都极强，但无裂缝岩心的应力敏感损害更为严重。

综上，延长组长 7 段页岩气储层存在中等偏弱速敏、中偏弱水敏及碱敏，且有裂缝岩心的渗透率损伤要略高于无裂缝岩心的，即裂缝的存在会加重此类伤害。长 7 段页岩气储层有着极强的应力敏感伤害，不可逆伤害率达 70%以上，且无裂缝岩心的损伤更为严重，所以应该考虑压裂在形成裂缝时裂缝面基岩的不可逆伤害对压裂效果的影响。

7.4.3　长 7 页岩储层水锁伤害评价

实验得到岩心的自吸和核磁共振测含水饱和度实验结果如图 7-6 所示，得到自吸水占孔隙体积和含水饱和度结果如表 7-7 所示。

表 7-6 岩样应力敏感实验结果

岩 样	有无裂缝	净应力/MPa		2.5	3.5	5	7	9	11	13	15	20	损害程度
FY34-1	有	增加	渗透率/$10^{-3}\mu m^2$	0.0504	0.0437	0.0346	0.0253	0.0186	0.0130	0.0107	0.0082	0.0043	极强
			损害率/%	0.00	13.15	31.25	49.69	63.05	72.94	78.73	83.77	91.37	
		减小	渗透率/$10^{-3}\mu m^2$	0.0139	0.0114	0.0090	0.0074	0.0066	0.0056	0.0052	0.0049	0.0043	
			损害率/%	72.43	77.46	82.21	85.26	87.37	88.70	89.74	90.21	90.21	
FY34-3	无	增加	渗透率/$10^{-3}\mu m^2$	2.8445	2.6011	2.1215	1.3218	0.8456	0.3337	0.2484	0.1489	0.1211	极强
			损害率/%	0.00	8.55	25.41	53.53	70.27	88.26	91.26	94.76	95.74	
		减小	渗透率/$10^{-3}\mu m^2$	0.4644	0.3941	0.3373	0.2099	0.1848	0.1627	0.1561	0.1444	0.1211	
			损害率/%	83.67	86.14	88.14	92.62	93.50	94.28	94.51	94.92	95.74	

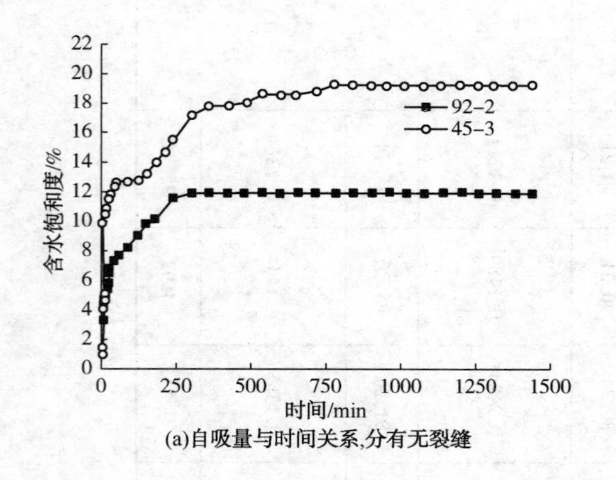

(a)自吸量与时间关系,分有无裂缝

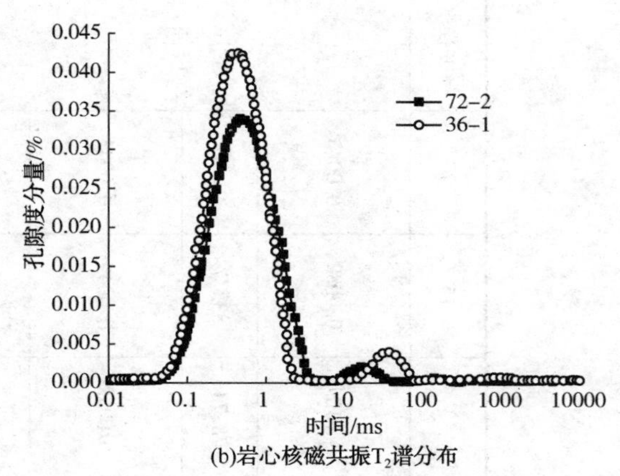

(b)岩心核磁共振T_2谱分布

图 7-6 岩心自吸量与时间关系和岩心核磁共振 T_2 谱分布

表 7-7 岩心自吸水和核磁数据

岩 心	孔隙度/%	自吸水占孔隙体积/%	自吸水侵入深度/cm	岩 样	核磁孔隙度/%	束缚水含水饱和度/%	可动水含水饱和度/%
FY45-3	1.84	19.18	约0.09	FY72-2	1.13	97.35	2.65
FY92-2	1.21	11.87	约0.06	FY36-1	1.31	95.11	4.89

可见，岩心自吸水量在前5min内速率较快，之后自吸速率逐渐降低，10h左右时自吸量基本达到平衡状态，不再升高，其中，有裂缝岩心FY45-3较无裂缝岩心FY92-2自吸速率要快，饱和自吸量要高。计算表明，自吸水占孔隙体积的20%以下，液相自吸侵入深度<0.1cm。同时核磁共振测得的 T_2 谱分布为双峰结构，其中左峰下的面积代表束缚流体含量，右峰下的面积代表可动流体含量，所以求得其束缚水含水饱和度>90%。由此综合说明，因长7段页岩储层孔隙喉道极其微小，毛细管力极强，一旦水相进入喉道后将变为束缚水，形成水锁，但这样又有效地阻止了后续液相进入，所以水锁侵入深度又较浅。需要说明的是此实验中自吸时间有限，还未发现因渗吸而产生的水锁解除现象。

储层敏感性和水锁伤害评价结果综合分析可见，延长组长7段页岩气储层存在中等偏弱速敏、中偏弱水敏(水敏)和碱敏，极强的应力敏感等伤害，且有裂缝岩心的伤害要略高于无裂缝岩心。因储层中黏土含量高，储层应力敏感伤害严重，不可逆损害率达70%以上，在压裂过程中应该考虑形成裂缝时裂缝表面基岩的不可逆伤害对压裂效果的影响。长7段页岩储层孔隙喉道极其微小，虽然造成毛细管力极强，但是一旦水相进入喉道后将变为束缚水，有效地阻止了后续液相进一步侵入，导致液相自吸侵入深度较浅。所以由于长7段页岩储层水敏伤害为中偏弱，加之液相侵入深度有限，在保证井壁稳定和泥饼质量的基础上，完全可用水基泥浆代替油基泥浆进行钻井。

另据5.3节，水相存在虽然会提高页岩中气体的解吸量，但水遇黏土膨胀堵塞了气体渗流和扩散通道，降低了页岩的扩散系数和渗透率，所以综合考虑伤害依然存在。

7.4.4　延长组7页岩储层水基钻井液伤害评价

1. 水基钻井液性能

伤害实验使用PSW-1型水基钻井液，其为延长石油研究院研制，具有页岩强抑制和强封堵特性。PSW-1型水基钻井液的配方为：4%A+1.5%B+0.1%C+33%D+2.5%E+0.05%F+0.05%G+5.0%H+9%M+2.0%N，其中：A：膨润土；B：抑制剂；C：pH调节剂；D：加重剂；E、H：降滤失剂；F：降黏剂；G：润滑剂；M、N：封堵剂。水基钻井液的pH值为9。用MS2000激光粒度仪测得钻井液中值粒径为$d(0.5)$：11.539μm，其中$d(0.1)$：0.661μm，$d(0.9)$：109.481μm，最小粒径0.08μm(图7-7)，固相颗粒粒径远远大于长7页岩基岩孔隙喉道半径)。水基钻井液其他性能参数如表7-8所示，可见其常温常压下滤失量为3.5mL，80℃下高温高压滤失量为6.5mL，符合标准，形成的泥饼薄而韧，具有较好封堵性能。

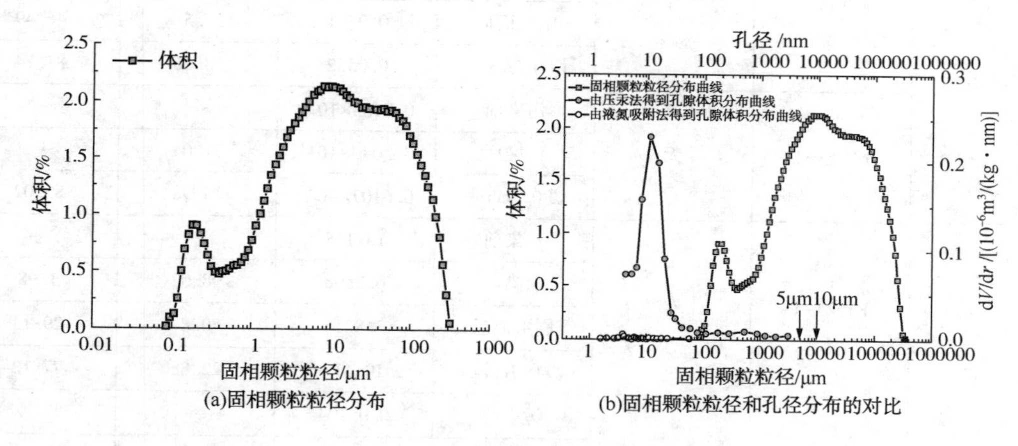

(a)固相颗粒粒径分布　(b)固相颗粒粒径和孔径分布的对比

图7-7　钻井液中固相颗粒粒径分布

表7-8　水基钻井液性能参数测定结果

温度/℃	*PV*/mPa·s	*AV*/mPa·s	*API*/mL	*HTHP*/mL	初切/Pa	终切/Pa	动切力/Pa
25	40	53	3.5	—	3.066	4.088	13.286
50	22	33	—	—	2.044	2.555	11.242
80	15	11.5	—	6.5	1.022	1.2775	4.088

2. 水基钻井液伤害评价

岩心动态和静态污染前后、污染后刷出端面以及切除岩心污染端面后用氮气驱替至出口无水相析出，气测渗透率如表7-9所示。

可见，FY 32-1、FY 38-1、FY 58-1三块岩心动态污染后伤害率高达70%~80%，且渗透率越高伤害率越高，刷端面后气测渗透率有所恢复，但幅度不大，截去0.7cm污染端后气测渗透率恢复率为50%~80%。裂缝对伤害和恢复率影响大，有裂缝岩心渗透率伤害率高，且切污染断面后恢复率低，如有裂缝FY 32-1岩样损害率为87.42%，截去污染端后恢复率55.80%，而无裂缝FY 58-1岩样损害率为71.04%，截去污染端后恢复率85.02%。相对于动态污染，FY 35-1 和 FY 24-1 岩样的静态伤害率都超过了 90%，静态伤害率高。刷端面和截去 0.7cm 污染端后恢复值较动态相差不大，但 FY24-1 因有裂缝，原始渗透率较高，所以刷端面和截去污染端后恢复率都较无裂缝的 FY 35-1 岩样所测值低。

表 7-9　岩心动态和静态污染对比数据表

污染类型	岩心号	有无裂缝	渗透率/$10^{-3}\mu m^2$		伤害率/%	恢复率/%
动态	FY 32-1	有	污染前	2.1999	—	—
			污染后	0.2768	87.42	—
			刷端面后	1.0956	50.20	49.80
			切 0.7cm 后	1.2276	44.20	55.80
	FY 38-1	有	污染前	0.0712	—	—
			污染后	0.0166	76.69	—
			刷端面后	0.0331	53.51	46.49
			切 0.7cm 后	0.0582	18.26	81.74
	FY 58-1	无	污染前	0.7183×10^{-3}	—	—
			污染后	0.2080×10^{-3}	71.04	—
			切 0.7cm 后	0.6107×10^{-3}	14.98	85.02
静态	FY 24-1	有	污染前	13.118	—	—
			污染后	0.2598	98.02	1.98
			刷端面后	3.8215	70.87	29.13
			切 0.7cm 后	10.117	22.88	77.12
	FY 35-1	无	污染前	0.05104	—	—
			污染后	0.00461	90.97	9.03
			刷端面后	0.02163	57.62	42.38
			切 0.7cm 后	0.04523	11.38	88.62

岩心动态和静态污染后端面外观如图 7-8 所示，再使用光学显微镜观察岩心动态和静态污染后、污染前及切端面后的端面，图像如图 7-9 所示。

(a)FY32-1动态污染后

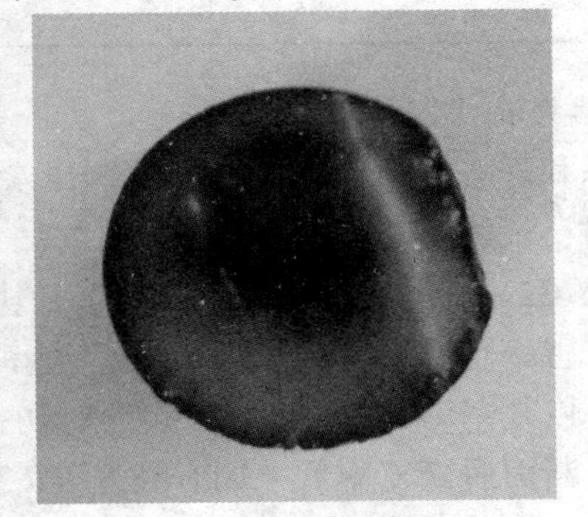

(b)FY24-1静态污染后

图 7-8　岩心动态、静态污染后端面图

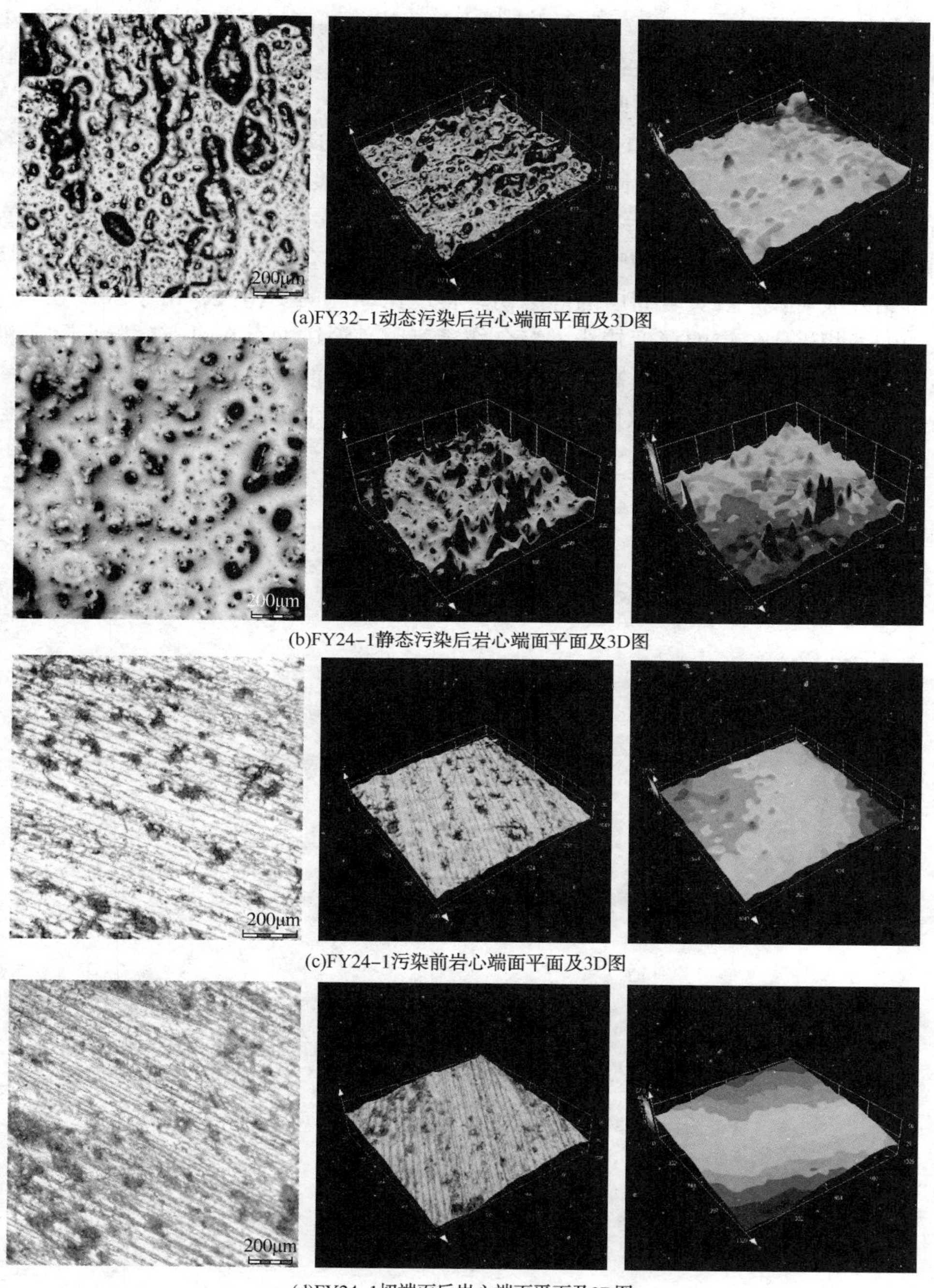

(a)FY32-1动态污染后岩心端面平面及3D图

(b)FY24-1静态污染后岩心端面平面及3D图

(c)FY24-1污染前岩心端面平面及3D图

(d)FY24-1切端面后岩心端面平面及3D图

图 7-9　页岩岩心端面显微镜图像

可见，当钻井液动态污染后，岩心端面形成的泥饼较静态污染的薄(图 7-7)，通过光学显微镜在相同放大倍数下观察发现钻井液覆盖在岩心端面，并通过 3D 效果图可以看出污染后的岩心端面存在较强的凹凸不平，说明钻井液固相颗粒堆积在了岩心端面，在岩心端面形成了封堵效果[图 7-8(a)]。通过对比静态污染岩心端面显微镜图发现，静态污染后岩心端面不平整度更加明显[图 7-8(b)]，相比于动态污染，静态污染时钻井液不冲刷端面，固相颗粒只受垂直方向的力，因此形成的泥饼会更厚。动、静态污染后的端面与污染前的[图 7-8(c)]和切端面≤1cm 后的[图 7-8(d)]相比，可发现差别明显，后两者端面较为清洁的，同时也可判断出，钻井液固相及液相侵入岩心的深度<1cm。

钻井液性能评价和伤害评价综合分析可见，PSW-1 型水基钻井液中的固相颗粒直径大于 0.1μm，远大于页岩储层孔隙喉道直径，故固相颗粒不会进入储层孔隙喉道造成堵塞伤害。水基钻井液对长 7 段页岩储层的静态伤害程度比动态的要稍大，由于水锁效应，水基钻井液中的液相进入储层的深度较浅，综合伤害有限。泥饼的存在可有效降低钻井液中固相和液相对储层的伤害，通过提高泥饼质量，降低失水，能进一步降低钻井液的伤害。综合评价，PSW-1 型水基钻井液对储层的配伍性较好，其可以满足长 7 段页岩储层保护的要求。

参 考 文 献

[1] ALEXEEV A, ULYANOVA E, STARIKOV G, et al. Latent methane in fossilcoals [J] . Fuel, 2004, 83 (10): 1407~1411.

[2] ALEXEEV A, VASYLENKO T, UL'YANOVA E. Phase states of methane in fossil coals [J]. Solid state communications, 2004, 130 (10): 669~673.

[3] AMARASEKERA G, SCARLETT M J, MAINWARING D E. Micropore size distributions and specific interactions in coals [J]. Fuel, 1995, 74 (01): 115~118.

[4] AMBROSE R J, HARTMAN R C C, AKKUTLU I Y. Multi~component Sorbed-phase Considerations for Shale Gas-in-place Calculations [C]. SPE Production and Operations Symposium. Oklahoma City, Oklahoma, USA; Society of Petroleum Engineers. 2011.

[5] AMBROSE R J, HARTMAN R C, CAMPOS M D, et al. New Pore-scale Considerations for Shale Gas in Place Calculations [C]. SPE Unconventional Gas Conference. Pittsburgh, Pennsylvania, USA; Society of Petroleum Engineers. 2010.

[6] AMBROSE R, HARTMAN R, DIAZ-CAMPOS M, et al. Shale Gas-in-Place Calculations Part I: New Pore-Scale Considerations [J]. SPE Journal, 2012, 17 (01): 219~229.

[7] BARRETT E P, JOYNER L G, HALENDA P P. The ditermination of pore volume and area distributions in porous substances: Computions from nitrogen isotherm [J]. Journal of the American Chemical Society, 1951, 73 (01): 373~380.

[8] BRUNAUER S, EMMETT P H, TELLER E. Adsorption of Gases in Multimolecular Layers [J]. Journal of the American Chemical Society, 1938, 60 (2): 309~319.

[9] BUSCH A, GENSTERBLUM Y, KROOSS B M. Methane and carbon dioxide adsorption-diffusion experiments on coal: upscaling and modeling [J]. International Journal of Coal Geology, 2004, 60 (2-4): 151~168.

[10] BUSTIN R M, BUSTIN A M M, CUI A, et al. Impact of Shale Properties on Pore Structure and Storage Characteristics [C]. SPE Shale Gas Production Conference. Fort Worth, Texas, USA; Society of Petroleum Engineers. 2008.

[11] CAO T, SONG Z, WANG S, et al. A comparative study of the specific surface area and pore structure of different shales and their kerogens [J]. Sci China Earth Sci, 2015, 58 (04): 510~522.

[12] CHAREONSUPPANIMIT P, MOHAMMAD S A, ROBINSON R L, et al. High-pressure adsorption of gases on shales: Measurements and modeling [J]. International Journal of Coal Geology, 2012, 95 (0): 34~46.

[13] CHEN X, PFENDER E. Effect of the Knudsen number on heat transfer to a particle immersed into a thermal plasma [J]. Plasma Chemistry and Plasma Processing, 1983, 3 (01): 97~113.

[14] CIVAN F, RAI C S, SONDERGELD C H. Shale-gas permeability and diffusivity inferred by improved formulation of relevant retention and transport mechanisms [J]. Transport inPorous Media, 2011, 86 (03): 925~944.

[15] CIVAN F. Effective correlation of apparent gas permeability in tight porous media [J]. Transport in Porous Media, 2010, 82 (02): 375~384.

[16] CLARKSON C R, SOLANO N, BUSTIN R M, et al. Pore structure characterization of North American shale gas reservoirs using USANS/SANS, gas adsorption, and mercury intrusion [J]. Fuel, 2013, 103 (0): 606~616.

[17] CLARKSON C, BUSTIN R. The effect of pore structure and gas pressure upon the transport properties of coal:

a laboratory and modeling study. 2. Adsorption rate modeling [J]. Fuel, 1999, 78 (11): 1345~1362.

[18] CRANK. The Mathematics of Diffusion [M]. London: Oxford University Press, 1975.

[19] CROSDALE P J, BEAMISH B, VALIX M. Coalbed methane sorption related to coal composition [J]. International Journal of Coal Geology, 1998, 35 (01): 147~58.

[20] CROSDALE P J, MOORE T A, MARES T E. Influence of moisture content and temperature on methane adsorption isotherm analysis for coals from a low-rank, biogenically-sourced gas reservoir [J]. International Journal of Coal Geology, 2008, 76 (1-2): 166~174.

[21] CURTIS J B. Fractured shale-gas systems [J]. AAPG bulletin, 2002, 86 (11): 1921~1938.

[22] DAY S, FRY R, SAKUROVS R. Swelling of Australian coals in supercritical CO_2 [J]. International Journal of Coal Geology, 2008, 74 (01): 41~52.

[23] DEBELAK K A, SCHRODT J T. Comparison of pore structure in Kentucky coals by mercury penetration and carbon dioxide adsorption [J]. Fuel, 1979, 58 (10): 732~736.

[24] ETMINAN S R, JAVADPOUR F, MAINI B B, et al. Measurement of gas storage processes in shale and of the molecular diffusion coefficient in kerogen [J]. International Journal of Coal Geology, 2014, 123 (1): 10~19.

[25] FARUK CIVAN C S R, CARL H. SONDERGELD. Shale-Gas Permeability and Diffusivity Inferred by Improved Formulation of Relevant Retention and TransportMechanisms [J]. Transp Porous Med, 2010, 86 (03): 925~944.

[26] FIGUEROA-GERSTENMAIER S, SIPERSTEIN F R, CELZARD A, et al. Application of Density Functional Theory for Determining Pore-Size Distributions of Microporous Activated Carbons [J]. Adsorption Science & Technology, 2014, 32 (01): 23~36.

[27] GASPARIK M, REXER T F T, APLIN A C, et al. First international inter-laboratory comparison of high-pressure CH_4, CO_2 and C_2H_6 sorption isotherms on carbonaceous shales [J]. International Journal of Coal Geology, 2014, 132 (0): 131~446.

[28] GUO B, GAO D, WANG Q. The Role of Formation Damage in Hydraulic Fracturing Shale Gas Wells [C]. SPE Eastern Regional Meeting. Colombus, Ohio, USA; Society of Petroleum Engineers. 2011.

[29] GUO H, CHENG Y, WANG L, et al. Experimental study on the effect of moisture on low-rank coal adsorption characteristics [J]. Journal of Natural Gas Science and Engineering, 2015, 24 (0): 245~251.

[30] HAO S, CHU W, JIANG Q, et al. Methane adsorption characteristics on coal surface above critical temperature through Dubinin-Astakhov model and Langmuir model [J]. Colloids and Surfaces A: Physicochemical and Engineering Aspects, 2014, 444 (0): 104~113.

[31] HARTMAN R C C, AMBROSE R J, AKKUTLU I Y, et al. Shale Gas-in-Place Calculations Part II - Multicomponent Gas Adsorption Effects [C]. North American Unconventional Gas Conference and Exhibition. The Woodlands, Texas, USA; Society of Petroleum Engineers. 2011.

[32] HELLER R, ZOBACK M. Adsorption of methane and carbon dioxide on gas shale and pure mineralsamples [J]. Journal of Unconventional Oil and Gas Resources, 2014, 8 (1): 14~24.

[33] ISO. Pore size distribution and porosity of solid materials by mercury porosimetry and gas adsorption [S]. 2007.

[34] JAVADPOUR F, FISHER D, UNSWORTH M. Nanoscale gas flow in shale gasSediments [J]. Journal of Canadian Petroleum Technology, 2007, 46 (10): 55~61.

[35] JAVADPOUR F. Nanopores and Apparent Permeability of Gas Flow in Mudrocks (Shales and Siltstone) [J]. Journal of Canadian Petroleum Technology, 2009, 48 (8): 16~21.

[36] JOUBERT J I, GREIN C T, BIENSTOCK D. Effect of moisture on the methane capacity of American coals [J]. Fuel, 1974, 53 (03): 186~191.

[37] JOUBERT J I, GREIN C T, BIENSTOCK D. Sorption of methane in moist coal [J]. Fuel, 1973, 52 (03): 181~185.

[38] KANG S M, FATHI E, AMBROSE R, et al. Carbon dioxide storage capacity of organic-rich shales [J]. SPE Journal, 2011, 16 (04): 842~855.

[39] KING G R. Material Balance Techniques for Coal Seam and Devonian Shale Gas Reservoirs [C]. SPE Annual Technical Conference and Exhibition. New Orleans, Louisiana; Society of Petroleum Engineers. 1990.

[40] KROOSS B, VAN BERGEN F, GENSTERBLUM Y, et al. High-pressure methane and carbon dioxide adsorption on dry and moisture-equilibrated Pennsylvanian coals [J]. International Journal of Coal Geology, 2002, 51 (02): 69~92.

[41] LABANI M M, REZAEE R, SAEEDI A, et al. Evaluation of pore size spectrum of gas shale reservoirs using low pressure nitrogen adsorption, gas expansion and mercury porosimetry: A case study from the Perth and Canning Basins, Western Australia [J]. Journal of Petroleum Science and Engineering, 2013, 112 (0): 7~16.

[42] LI J, GUO B, GAO D, et al. The Effect of Fracture-Face Matrix Damage on Productivityof Fractures with Infinite and Finite Conductivities in Shale-Gas Reservoirs [J]. SPE Drilling & Completion, 2012, 27 (3): pp. 348~354.

[43] LI Y, LI X, WANG Y, et al. Effects of composition and pore structure on the reservoir gas capacity of Carboniferous shale from Qaidam Basin, China [J]. Marine and Petroleum Geology, 2015, 62 (0): 44~57.

[44] LIU D, YUAN P, LIU H, et al. High-pressure adsorption of methane on montmorillonite, kaolinite and illite [J]. Applied Clay Science, 2013, 85 (0): 25~30.

[45] LORENZ K, WESSLING M. How to determine the correct sample volume by gravimetric sorption measurements [J]. Adsorption, 2013, 19 (6): 1117~1125.

[46] LU X-C, LI F-C, WATSON A T. Adsorption studies of natural gas storage in Devonian shales [J]. SPE Formation Evaluation, 1995, 10 (02): 109~113.

[47] LYU Q, RANJITH P G, LONG X, et al. A review of shale swelling by water adsorption [J]. Journal of Natural Gas Science and Engineering, 2015, 27 (03): 1421~1431.

[48] MAHMUD SUDIBANDRIYO, ZHENJUN PAN, JAMES E. FITZGERALD, et al. Adsorption of methane, nitrogen, carbon dioxide, and their binary mixtures on dry activated carbon at 318. 2 K and pressures up to 13. 6MPa [J]. Langmuir, 2003, 19 (13): 5323~5331.

[49] MAO SHENG G-S L, LI-QIANG CHEN, SHANG-QI SHAO, RAN ZHANG Mechanisms analysis of shale-gas supercritical adsorption and modeling of isorption adsorption [J]. Journal of China Coal Society, 2014, 39 (S1): 179~183.

[50] MASTALERZ M, HE L L, MELNICHENKO Y B, et al. Porosity of Coal and Shale: Insights from Gas Adsorption and SANS/USANS Techniques [J]. Energy & Fuels, 2012, 26 (08): 5109~5120.

[51] MASTALERZ M, SCHIMMELMANN A, LIS G P, et al. Influence of maceral composition on geochemical characteristics of immature shale kerogen: Insight from density fraction analysis [J]. International Journal of Coal Geology, 2012, 103 (0): 60~69.

[52] MEDEK J í. Possibility of micropore analysis of coal and coke from the carbon dioxide isotherm [J]. Fuel, 1977, 56 (02): 131~133.

[53] NANDI S P, WALKER JR P L. Activated diffusion of methane in coal [J]. Fuel, 1970, 49 (3):

309~323.

[54] PAN Z, CONNELL L D, CAMILLERI M, et al. Effects of matrix moisture on gas diffusion and flow in coal [J]. Fuel, 2010, 89 (11): 3207~3217.

[55] PERNIA D, BISSADA K K, CURIALE J. Kerogen based characterization of major gas shales: Effects of kerogen fractionation [J]. Organic Geochemistry, 2015, 78 (0): 52~61.

[56] PIEROTTI R, ROUQUEROL J. Reporting physisorption data for gas/solid systems with special reference to the determination of surface area and porosity [J]. Pure Appl Chem, 1985, 57 (04): 603~619.

[57] REXER T F T, BENHAM M J, APLIN A C, et al. Methane Adsorption on Shale under Simulated Geological Temperature and Pressure Conditions [J]. Energy & Fuels, 2013, 27 (06): 3099~109.

[58] REXER T F, MATHIA E J, APLIN A C, et al. High-Pressure Methane Adsorption and Characterization of Pores in Posidonia Shales and Isolated Kerogens [J]. Energy&Fuels, 2014, 28 (0): 2886~2901.

[59] ROSS D J K, BUSTIN R M. The importance of shale composition and pore structure upon gas storage potential of shale gas reservoirs [J]. Marine and Petroleum Geology, 2009, 26 (06): 916~927.

[60] ROY S, RAJU R, CHUANG H F, et al. Modeling gas flow through microchannels and nanopores [J]. Journal of applied physics, 2003, 93 (08): 4870~4879.

[61] RP40 A. Recommended Practices for Core Analysis [S]. 1998.

[62] SANG S, ZHU Y, ZHANG J, et al. Influence of liquid water on coalbed methane adsorption: An experimental research on coal reservoirs in the south of Qinshui Basin [J]. Chinese Science Bulletin, 2005, 50 (01): 79~85.

[63] SHABRO V, TORRES-VERDIN C, JAVADPOUR F. Numerical Simulation of Shale-Gas Production: From Pore-Scale Modeling of Slip-Flow, Knudsen Diffusion, and Langmuir Desorption to Reservoir Modeling of Compressible Fluid [C]. North American Unconventional Gas Conference and Exhibition. The Woodlands, Texas, USA; Society of Petroleum Engineers. 2011.

[64] SIEMONS N, BUSCH A, BRUINING H, et al. Assessing the Kinetics and Capacity of Gas Adsorption in Coals by a Combined Adsorption/ Diffusion Method [C]. Society of Petroleum Engineers. 2003.

[65] SIGAL R F, QIN B F. Examination of the importance of self-diffusion in the transportation of gas in shale gas reservoirs [J]. PetroPhysics, 2008, 49 (03): 301~305.

[66] SONDERGELD C H, NEWSHAM K E, COMISKY J T, et al. Petrophysical Considerations in Evaluating and Producing Shale Gas Resources [C]. SPE Unconventional Gas Conference. Pittsburgh, Pennsylvania, USA; Society of Petroleum Engineers. 2010.

[67] STECKELMACHER W. Knudsen flow 75 years on: the current state of the art for flow of rarefied gases in tubes and systems [J]. Reports on Progress in Physics, 1999, 49 (10): 1083.

[68] TAN Z, GUBBINS K E. Adsorption in carbon micropores at supercritical temperatures [J]. Journal of Physical Chemistry, 1990, 94 (15): 6061~6069.

[69] UTPALENDU KUILA M P. Specific surface area and pore-size distribution in clays and shales [J]. Geophysical Prospecting, 2013, 61 (02): 341~362.

[70] WANG R, LIU H, DOU L, et al. Effect of adsorption phase and matrix deformation onmethane adsorption isotherm of Fuling shale [J]. Journal of Natural Gas Science and Engineering, 2021, 95 (11): 1-13.

[71] WANG R, WU X, LI W, et al. A Laboratory Approach to Predict the Water-Based Drill-In Fluid Damage on a Shale Formation [J]. Energy Exploration & Exploitation, 2020, 38 (6): 2579-2600.

[72] WANG R, ZHANG N, LIU X, et al. Characteristics of Pore Volume Distribution and Methane Adsorption on Shales [J]. Adsorption Science & Technology, 2015, 33 (10): 915-937.

[73] WANG R, ZHANG N, LIU X. The calculation and analysis of diffusion coefficient and apparent permeability of shale gas [J]. Research Journal of Applied Science, Engineering and Technology, 2013, 6 (9): 1663-1668.

[74] WENIGER P, KALKREUTH W, BUSCH A, et al. High-pressure methane and carbon dioxide sorption on coal and shale samples from the Paranú Basin, Brazil [J]. International Journal of Coal Geology, 2010, 84 (3-4): 190~205.

[75] XU H, TANG D, ZHAO J, et al. A new laboratory method for accurate measurement of the methane diffusion coefficient and its influencing factors in the coal matrix [J]. Fuel, 2015, 158 (0): 239~247.

[76] YANYAN CHEN L W, MARIA MASTALERZ, ARNDT SCHIMMELMANN. The effect of analytical particle size on gas adsorption porosimetry of shale [J]. International journal of coal geology, 2015, 138 (0): 103~112.

[77] YOU L, FEI W, YILI K, et al. Evaluation and scale effect of aqeous phase damage in shale gasreservoir [J]. Natural Gas Geoscience, 2016, 27 (11): 2023~2029.

[78] YUAN W, PAN Z, LI X, et al. Experimental study and modelling of methane adsorption and diffusion in shale [J]. Fuel, 2014, 117 (Part A): 509~519.

[79] ZHAI Z, WANG X, JIN X, et al. Adsorption and Diffusion of Shale Gas Reservoirs in Modeled Clay Minerals at Different Geological Depths [J]. Energy & Fuels, 2014, 28 (12): 7467~7473.

[80] ZHANG T W, ELLIS G S, RUPPEL S C, et al. Effect of organic-matter type and thermal maturity on methane adsorption in shale-gas systems [J]. Organic Geochemistry, 2012, 47 (0): 120~131.

[81] 毕赫，姜振学，李鹏，等．渝东南地区龙马溪组页岩吸附特征及其影响因素 [J]. 天然气地球科学，2014，25 (02)：302~310.

[82] 陈德飞，康毅力，李相臣．压裂液对煤岩气体解吸能力的影响 [C]. 2013 年煤层气学术研讨会，中国浙江杭州，2013.

[83] 陈晋南．传递过程原理 [M]. 北京；化学工业出版社．2004：272，3，7.

[84] 陈勉，金衍，卢运虎．页岩气开发：岩石力学的机遇与挑战 [J]. 中国科学：物理学 力学 天文学，2017，47 (11)：6~18.

[85] 陈尚斌，张楚，刘宇．页岩气赋存状态及其分子模拟研究进展与展望 [J]. 煤炭科学技术，2018，01)：36~44.

[86] 陈尚斌，朱炎铭，刘通义，等．清洁压裂液对煤层气吸附性能的影响 [J]. 煤炭学报，2009，01)：89~94.

[87] 陈作，薛承瑾，蒋廷学，等．页岩气井体积压裂技术在我国的应用建议 [J]. 天然气工业，2010，30 (10)：30~32.

[88] 丛连铸，陈进富，李治平，等．煤层气压裂中压裂液吸附特性研究 [J]. 煤田地质与勘探，2007，05)：27~30.

[89] 崔永君，李育辉，张群，等．煤吸附甲烷的特征曲线及其在煤层气储集研究中的作用 [J]. 科学通报，2005，50 (增刊Ⅰ)：76~81.

[90] 崔永君，杨锡禄．多组分等温吸附测试中的体积校正方法探讨 [J]. 煤田地质与勘探，2001，29 (05)：25~27.

[91] 丁文龙，许长春，久凯，等．泥页岩裂缝研究进展 [J]. 地球科学进展，2011，26 (02)：135~144.

[92] 董大忠，邹才能，李建忠，等．页岩气资源潜力与勘探开发前景 [J]. 地质通报，2011，30 (Z1)：324~336.

[93] 端祥刚，胡志明，高树生，等．页岩高压等温吸附曲线及气井生产动态特征实验 [J]. 石油勘探与

开发，2018，45（01）：119~127.
[94] 段利江，唐书恒，夏朝辉，等．煤吸附气体诱导的基质膨胀研究进展［J］．地球科学进展，2012，27（03）：262~267.
[95] 方朝合，黄志龙，王巧智，等．页岩气藏超低含水饱和度形成模拟及其意义［J］．地球化学，2015，44（03）：267~274.
[96] 付广，薛永超，杨勉．利用声波时差资料研究岩石扩散系数的方法［J］．石油地球物理勘探，1999，34（06）：698~702.
[97] 付静，孙宝江，于世娜，等．裂缝性低渗透油藏渗流规律实验研究［J］．中国石油大学学报（自然科学版），2007，3（81）：81~84.
[98] 付永强，马发明．页岩气藏储层压裂实验评价关键技术［J］．天然气工业，2011，31（04）：51~54+127.
[99] 高家碧 孙，王章瑞．瞬时脉冲致密岩石渗透率测试仪的研制［J］．仪器仪表学报，1991（04）：31~37.
[100] 辜敏，鲜学福，杜云贵，等．威远地区页岩岩心的无机组成、结构及其吸附性能［J］．天然气工业，2012，32（06）：99~116.
[101] 郭平，王德龙，汪周华，等．页岩气藏储层特征及开发机理综述［J］．地质科技情报，2012，31（06）：118~723.
[102] 郭为，熊伟，高树生．页岩气藏应力敏感效应实验研究［J］．特种油气藏，2012，01）：95~97+140.
[103] 郝石生，黄志龙，高耀斌．轻烃扩散系数的研究及天然气运聚动平衡原理［J］．石油学报，1991，12（03）：17~24.
[104] 何更生．油层物理［M］．北京；石油工业出版社．1994：6.
[105] 何余生，李忠，奚红霞，等．气固吸附等温线的研究进展［J］．离子交换与吸附，2004，20（04）：376~384.
[106] 胡景宏，何顺利，李勇明，等．压裂液强制返排中支撑剂回流理论及应用研究［J］．西南石油大学学报（自然科学版），2008，04）：111~114+118.
[107] 胡涛，马正飞，姚虎卿．甲烷超临界高压吸附等温线研究［J］．天然气化工，2002，27（02）：36~40.
[108] 黄维安，邱正松，岳星辰，等．页岩气储层损害机制及保护水基钻完井液技术［J］．中国石油大学学报（自然科学版），2014，03）：99~105.
[109] 吉利明，罗鹏．样品粒度对黏土矿物甲烷吸附容量测定的影响［J］．天然气地球科学，2012，23（03）：535~540.
[110] 贾长贵．页岩气高效变黏滑溜水压裂液［J］．油气田地面工程，2013，32（11）：1~2.
[111] 近藤精一．吸附科学［M］．北京；化学工业出版社．2006：84，6，107，49.
[112] 康毅力，杨斌，李相臣，等．页岩水化微观作用力定量表征及工程应用［J］．石油勘探与开发，2017，44（02）：301~308.
[113] 康毅力，杨斌，游利军，等．油基钻井完井液对页岩储层保护能力评价［J］．天然气工业，2013，33（12）：99~104.
[114] 康毅力，张晓怡，游利军，等．页岩气藏自然返排缓解水相圈闭损害实验研究［J］．天然气地球科学，2017，06）：819~827.
[115] 李传亮，朱苏阳．页岩气其实是自由气［J］．岩性油气藏，2013，25（01）：1~3+15.
[116] 李海燕，彭仕宓，傅广．天然气扩散系数的研究方法［J］．石油勘探与开发，2001，28（01）：

33~5.
[117] 李建忠，董大忠，陈更生，等．中国页岩气资源前景与战略地位［J］．天然气工业，，2009，29（05）：11~16+134.
[118] 李靖，李相方，李莹莹，等．储层含水条件下致密砂岩/页岩无机质纳米孔隙气相渗透率模型［J］．力学学报，2015，06）：932~944.
[119] 李靖，李相方，李莹莹，等．页岩黏土孔隙气-液-固三相作用下甲烷吸附模型［J］．煤炭学报，2015，40（07）：1580~1587.
[120] 李靖，李相方，王香增，等．页岩黏土孔隙含水饱和度分布及其对甲烷吸附的影响［J］．力学学报，2016，48（05）：1217~1228.
[121] 李靖，李相方，王香增，等．页岩无机质孔隙含水饱和度分布量化模型［J］．石油学报，2016，37（07）：903~913.
[122] 李前贵，康毅力，罗平亚．致密砂岩气藏多尺度效应及生产机理［J］．天然气工业，2006，26（02）：112~113.
[123] 李世臻，曲英杰．美国煤层气和页岩气勘探开发现状及对我国的启示［J］．中国矿业，2010，19（12）：17~21.
[124] 李武广，杨胜来，陈峰，等．温度对页岩吸附解吸的敏感性研究［J］．矿物岩石，2012，128（02）：115~120.
[125] 李武广，杨胜来，陈峰，等．温度对页岩吸附解吸的敏感性研究［J］．矿物岩石，2012，32（02）：115~420.
[126] 李相臣，康毅力，陈德飞，等．钻井完井液对煤层气解吸—扩散—渗流过程的影响——以宁武盆地9号煤层为例［J］．天然气工业，2014，34（01）：86~91.
[127] 李相臣，康毅力，罗平亚，等．考虑应力作用的煤岩水相自吸实验研究［J］．天然气地球科学，2011，22（01）：171~175.
[128] 李相臣，康毅力，尹中山，等．川南煤层甲烷解吸动力学影响因素实验研究［J］．煤田地质与勘探，2013，41（04）：31~34.
[129] 李祥春，何学秋，聂百胜．甲烷水合物在煤层中存在的可能性［J］．天然气工业，2008，28（3）：130~132.
[130] 李小波，吴淑红，宋杰，等．模拟化学驱微观渗流的介观方法［J］．大庆石油学院学报，2011，35（5）：19~53.
[131] 李治平，李智锋．页岩气纳米级孔隙渗流动态特征［J］．天然气工业，2012，32（04）：50~53.
[132] 林永学，王显光．中国石化页岩气油基钻井液技术进展与思考［J］．石油钻探技术，2014，42（04）：7~13.
[133] 刘乃震，柳明，张士诚．页岩气井压后返排规律［J］．天然气工业，2015，35（03）：50~54.
[134] 刘曰武，高大鹏，李奇，等．页岩气开采中的若干力学前沿问题［J］．力学进展，2019，49（00）：1~236.
[135] 柳广弟，赵忠英，孙明亮，等．天然气在岩石中扩散系数的新认识［J］．石油勘探与开发，2012，39（5）：559~565.
[136] 路保平，丁士东．中国石化页岩气工程技术新进展与发展展望［J］．石油钻探技术，2018，46（1）：1~13.
[137] 吕玉民，汤达祯，许浩．韩城地区煤储层孔渗应力敏感性及其差异［J］．煤田地质与勘探，2013，41（06）：31~34.
[138] 聂百胜，杨涛，李祥春，等．煤粒瓦斯解吸扩散规律实验［J］．中国矿业大学学报，2013，42

(06): 975~981.
[139] 聂海宽, 张金川. 页岩气聚集条件及含气量计算——以四川盆地及其周缘下古生界为例 [J]. 地质学报, 2012, 86 (02): 1~13.
[140] 潘继平. 中国非常规天然气开发现状与前景及政策建议 [J]. 国际石油经济, 2019, 27 (02): 51~59.
[141] 蒲泊伶, 蒋有录, 王毅, 等. 四川盆地下志留统龙马溪组页岩气成藏条件及有利地区分析 [J]. 石油学报, 2010, 31 (02): 225~230.
[142] 钱斌, 朱炬辉, 杨海, 等. 页岩储集层岩心水化作用实验 [J]. 石油勘探与开发, 2017, 44 (04): 615~621.
[143] 秦勇. 国外煤层气成因与储层物性研究进展与分析 [J]. 地学前缘, 2005, 12 (03): 289~298.
[144] 任凯, 葛洪魁, 杨柳, 等. 页岩自吸实验及其在返排分析中的应用 [J]. 科学技术与工程, 2015, 30): 106~109+123.
[145] 任闽燕, 姜汉桥, 李爱山, 等. 非常规天然气增产改造技术研究进展及其发展方向 [J]. 油气地质与采收率, 2013, 02): 103~107+118.
[146] 申颖浩, 葛洪魁, 宿帅, 等. 页岩气储层的渗吸动力学特性与水锁解除潜力 [J]. 中国科学: 物理学 力学 天文学, 2017, 47 (11): 88~98.
[147] 时钧. 化学工程手册 [M]. 北京; 化学工业出版社. 1996: 11.
[148] 万志军, 冯子军, 赵阳升, 等. 高温三轴应力下煤体弹性模量的演化规律 [J]. 煤炭学报, 2011, 36 (10): 1736~1740.
[149] 汪翔. 裂缝闭合过程中压裂液返排机理研究与返排控制 [D]; 中国科学院研究生院 (渗流流体力学研究所), 2004.
[150] 王波, 李伟, 张文哲, 等. 延长区块陆相页岩水基钻井液性能优化评价 [J]. 钻井液与完井液, 2018, 35 (03): 74~78.
[151] 王道富, 高世葵, 董大忠, 等. 中国页岩气资源勘探开发挑战初论 [J]. 天然气工业, 2013, 33 (01): 8~17.
[152] 王飞宇, 贺志勇, 孟晓辉, 等. 页岩气赋存形式和初始原地气量 (OGIP) 预测技术 [J]. 天然气地球科学, 2011, 22 (03): 501~510.
[153] 王倩, 王鹏, 项德贵, 等. 页岩力学参数各向异性研究 [J]. 天然气工业, 2012, 32 (12): 62~65.
[154] 王瑞, 杨晨曦, 茹浩昱, 等. 页岩和煤在容量法等温吸附实验中的误差对比 [J]. 非常规油气, 2021, 8 (3): 43~48.
[155] 王瑞, 张宁生, 刘晓娟, 等. 页岩对甲烷的吸附影响因素及吸附曲线特征 [J]. 天然气地球科学, 2015, 26 (03): 580~591.
[156] 王瑞, 张宁生, 刘晓娟, 等. 页岩考虑吸附和扩散的视渗透率及温压之影响 [J]. 西安石油大学 (自科版), 2013, 27 (02): 49~53.
[157] 王瑞, 张宁生, 刘晓娟, 等. 页岩气扩散系数和视渗透率的计算与分析 [J]. 西北大学学报 (自科版), 2013, 43 (01): 75~88.
[158] 王瑞, 张益, 王鹏, 等. 一种页岩气容量法等温吸附实验测试界限确定方法, CN113588489A [P/OL]. 2021-11-02.
[159] 王瑞. 页岩储层气体吸附和扩散影响因素和规律研究 [D]. 北京; 中国石油大学 (北京), 2015.
[160] 王社教, 李登华. 鄂尔多斯盆地页岩气勘探潜力分析 [J]. 天然气工业, 2011, 31 (12): 1~7.
[161] 王香增, 高胜利, 高潮. 鄂尔多斯盆地南部中生界陆相页岩气地质特征 [J]. 石油勘探与开发,

2014，41（3）：294~304.

[162] 吴世跃，赵文．含吸附煤层气煤的有效应力分析［J］．岩石力学与工程学报，2005，24（10）：1674~1678.

[163] 熊伟，郭为，刘洪林，等．页岩的储层特征以及等温吸附特征［J］．天然气工业，2012，32（01）：113~116+130.

[164] 徐士林，包书景．鄂尔多斯盆地三叠系延长组页岩气形成条件及有利发育区预测［J］．天然气地球科学，2009，20（03）：460~465.

[165] 许友生．一种新的模拟渗流运动的数值方法［J］．物理学报，2003，52（03）：626~629.

[166] 薛海涛，卢双舫，付晓泰，等．烃源岩吸附甲烷实验研究［J］．石油学报，2003，24（06）：45~50.

[167] 杨峰，宁正福，孔德涛，等．页岩甲烷吸附等温线拟合模型对比分析［J］．煤炭科学技术，2013，41（11）：86~89.

[168] 杨建，康毅力，王业众，等．裂缝性致密砂岩储层气体传质实验［J］．天然气工业，2010，30（10）：39~41+117~118.

[169] 杨其銮．关于煤屑瓦斯放散规律的试验研究［J］．煤矿安全，1987，（02）：9~16+58~65.

[170] 杨其銮．煤屑瓦斯扩散理论及其应用［J］．煤炭学报，1986，（03）：87~94.

[171] 杨晓东，林文胜，郑青榕，等．超临界温度甲烷吸附的晶格理论及实验［J］．上海交通大学学报，2003，37（7）：1137~1140.

[172] 姚军，孙海，李爱芬，等．现代油气渗流力学体系及其发展趋势［J］．科学通报，2018，63（04）：425~451.

[173] 游利军，康毅力，陈一健．致密砂岩含水饱和度建立新方法—毛管自吸法［J］．西南石油学院学报，2005，01）：28~31+94~95.

[174] 游利军，康毅力．油气储层岩石毛细管自吸研究进展［J］．西南石油大学学报（自然科学版），2009，04）：112~116+206~207.

[175] 游利军，谢婷，康毅力，等．水相毛管自吸调控——裂缝性致密气藏经济开发的关键；proceedings of the 渗流力学与工程的创新与实践——第十一届全国渗流力学学术大会，中国重庆，F，2011［C］.

[176] 于洪观，宋吉勇，李延席，等．煤层中甲烷水合物存在可能性探讨［J］．天然气工业，2006，26（8）：41~43.

[177] 于荣泽，卞亚南，张晓伟，等．页岩储层非稳态渗透率测试方法综述［J］．科学技术与工程，2012，12（27）：7019~7027.

[178] 于荣泽，卞亚南，张晓伟，等．页岩储层流动机制综述［J］．科技导报，2012，30（24）：75~79.

[179] 袁俊亮，邓金根，张定宇，等．页岩气储层可压裂性评价技术［J］．石油学报，2013，34（3）：523~527.

[180] 张金川，金之钧，袁明生．页岩气成藏机理和分布［J］．天然气工业，2004，24（7）：4.

[181] 张金川，陶佳，李振，等．中国深层页岩气资源前景和勘探潜力［J］．天然气工业，2021，41（01）：15~28.

[182] 张金川，徐波，聂海宽，等．中国页岩气资源勘探潜力［J］．天然气工业，2008，28（06）：136~140.

[183] 张金川，薛会，卞昌蓉，等．中国非常规天然气勘探雏议［J］．天然气工业，2006，26（12）：53~56.

[184] 张庆玲，曹利戈．煤的等温吸附测试中数据处理问题研究［J］．煤炭学报，2003，28（2）：131~135.

[185] 张庆玲，崔永君，曹利戈．煤的等温吸附实验中各因素影响分析［J］．煤田地质与勘探，2004，32（2）：16~19.
[186] 张士诚，牟松茹．页岩气压裂数值模型分析［J］．天然气工业，2011，31（12）：81~84+129~130.
[187] 张雪芬，陆现彩，张林晔，等．页岩气的赋存形式研究及其石油地质意义［J］．地球科学进展，2010，25（06）：597~604.
[188] 张志英，杨盛波．页岩气吸附解吸规律研究［J］．实验力学，2012，27（004）：492~497.
[189] 赵金，张遂安，曹立虎．页岩气与煤层气吸附特征对比实验研究［J］．天然气地球科学，2013，24（1）：176~181.
[190] 赵立翠，高旺来，赵莉，等．页岩储层应力敏感性实验研究及影响因素分析［J］．重庆科技学院学报（自然科学版），2013，15（03）：43~46.
[191] 郑力会，魏攀峰．页岩气储层伤害 30 年研究成果回顾［J］．石油钻采工艺，2013，35（04）：1~16.
[192] 中国国家标准化管理委员会．沉积岩中干酪根分离方法［S］．北京；中国标准出版社．2010.
[193] 中国国家标准化管理委员会．煤的高压等温吸附实验方法　容量法［S］．2004.
[194] 中国石油勘探开发研究院廊坊分院．页岩气实验测试技术与资源评价方法［C］．2011 年非常规油气资源有效开采技术论坛．成都．2011.
[195] 中国石油天然气总公司．岩石中烃类气体扩散系数测定［S］．北京；石油工业出版社．1995.
[196] 周建文 杨，李毅．确定岩石扩散系数的非稳态模型及其应用［J］．天然气工业，1998（02）：22~26+3.
[197] 周来，冯启言，陈中伟，等．煤膨胀对 CO_2 吸附结果拟合的影响与修正方法［J］．煤炭学报，2009，34（5）：673~677.
[198] 周理 李，周亚平．超临界甲烷在高表面活性炭上的吸附测量及其理论分析［J］．中国科学（B 辑），2000，30（01）：49~56.
[199] 周文，苏瑗，王付斌，等．鄂尔多斯盆地富县区块中生界页岩气成藏条件与勘探方向［J］．天然气工业，2011，31（02）：29~33+122~123.
[200] 朱苏阳，杜志敏，李传亮，等．煤层气吸附-解吸规律研究进展［J］．西南石油大学学报（自然科学版），2017，39（04）：104~112.
[201] 朱苏阳，李传亮，杜志敏，等．煤层气的复合解吸模式研究［J］．中国矿业大学学报，2016，45（02）：319~327.
[202] 邹才能，董大忠．中国页岩气形成条件及勘探实践［J］．天然气工业，2011，31（12）：1~14.
[203] 邹才能，潘松圻，荆振华，等．页岩油气革命及影响［J］．石油学报，2020，41（01）：1~12.
[204] 邹才能，杨智，张国生，等．常规非常规油气“有序聚集”理论认识及实践意义［J］．石油勘探与开发，2014，41（01）：14~26.
[205] 邹才能，张光亚，陶士振，等．全球油气勘探领域地质特征、重大发现及非常规石油地质［J］．石油勘探与开发，2010，37（02）：129~145.
[206] 邹才能，赵群，丛连铸，等．中国页岩气开发进展、潜力及前景［J］．天然气工业，2021，41（01）：1~14.
[207] 邹才能，朱如凯，白斌，等．中国油气储层中纳米孔首次发现及其科学价值［J］．岩石学报，2011，27（06）：1857~1864.
[208] 邹才能．非常规油气地质［M］．北京：地质出版社，2011.
[209] 邹雨时，张士诚，马新仿．页岩气藏压裂支撑裂缝的有效性评价［J］．天然气工业，2012，32（09）：52~55+131~132.